100兆円で何ができる?

地球を救う10の思考実験

ローワン・フーパー 著
Rowan Hooper
滝本安里 訳
Anri Takimoto

化学同人

HOW TO SPEND A TRILLION DOLLARS

Saving the world and solving the biggest mysteries in science

Rowan Hooper

Japanese translation rights arranged with Profile Books Limited
c/o Andrew Nurnberg Associates Ltd, London
through Tuttle-Mori Agency, Inc., Tokyo

日本語版に寄せて

執筆した当時は、一〇〇兆円の建設的な使い方について、さまざまな想像をめぐらせたものの、こんなすぐに世界中で巨額の資金が使われることになるとは思わなかった。しかも、あの有名なビリオネアのイーロン・マスクが、どうやらわたしの提案を取り入れるなんて。

英語で書かれた本書が出版されたのは、新型コロナウイルス感染症の大流行がまだ初期の頃、二〇二一年のことだ。これを受けて世界の中央銀行は、自国の経済を押し上げようと、国債を購入して市場に供給する資金を増やすという量的緩和に乗り出した。こうして二〇二〇年から二〇二二年の間に、世界の経済におよそ一一〇〇兆円が投入されたのだが、わたしはその様子を夢中で見ていた。日本銀行は量的緩和策を倍のスピードで押し進め、自国の経済に一一〇兆円を投入している。本書を貫く「資金は調達できる」をタイミングよく示してくれた。

世界が新型コロナウイルス感染症への対応を続ける状況で、ロシアによるウクライナ侵攻が始まり、世界のエネルギーと流通の安定が危ぶまれた。その危機を発端にして、環境を汚染するだけの時代遅れな石油関連の技術へと舵を切る国が多く現れた。しかし、その一方で、再生可能エネルギーへの移行も加速した。アメリカでは二〇二二年にインフレ抑制法が可決され、気候や再生可能エネルギーに三七兆円が投資されることになった。世界の気候に関する取り組みの刺激となるだろう。

日本のエネルギー方針は混在する。岸田文雄首相は、原子力発電の再稼働を含む計画に一五〇兆円を投資する政策を決定するなど、原子力を再び活用しようとしている。ところが、岸田首相は、二〇二一年に、人間の活動が地球温暖化を招いたのか「科学的な検証」が必要だ、と世界の指導者として懸念される発言をした。もちろん人間の活動が気候変動の原因であることに疑問の余地はない。二〇二二年の日本では、実に嫌な新記録が続いた。東京では、六月の最高気温が三五度以上の猛暑日が五日を超えて続き、記録を取り始めて以来、もっとも長く連続した猛暑日となった。群馬県伊勢崎市では、国内で六月としては最高の気温となる四〇・二度を記録した。また、関東甲信越では「平年」より二二日も早く梅雨明けした。

けれど、期待できる出来事もある。日本の温室効果ガス排出量は、最新の二〇二〇年のデータによると、七年連続で減少して、もっとも少ない排出量に達したのだ。だが、さらなる行動が必要である。

本書を執筆しながら、わたしは、この本を契機に富裕層が環境技術へ投資してくれたら、と期待していた。そして第7章では、一〇〇兆円の賞金を懸けたコンテストを設立して二酸化炭素を貯蔵するための技術革新を刺激しようと提案した。うれしいことに、本書を読んでくれたイーロン・マスクが、わたしのアイデアを採用し、Xプライズ財団による二酸化炭素の除去コンテストに一〇〇億円の資金を提供した。日本の富裕層も本書をきっかけに行動に出てほしい。けれど、日本語に翻訳されるだけでもわたしは十分うれしい。一〇年近く暮らした日本や、日本の皆さんには、深い愛情を感じる。富裕層の行動のきっかけになるのも良いけれど、こうしてたくさんの人に本書を届けられるという喜びはひとしおである。

二〇二三年一月

ローワン・フーパー

母のメアリーに捧げる

１００兆円で何ができる？ ❍ 目次

日本語への翻訳にあたり、外国通貨の金額は、英語版が刊行された二〇二一年一月当時の為替レートを基準にして、円に換算しています。ただし米ドルは、便宜的に一ドル＝一〇〇円で換算しています。

はじめに　一〇〇兆円プロジェクト

突然、多額の資産を手に入れた白昼夢を見たとしよう。城や南の島の隠れ家を購入し、友人をすべて援助し、世界のために少しばかり良いことができる。ところが、それがとんでもない額だったらどうだろうか。一〇〇兆円を持つことになり、しかも、それを一年間で使い切ることになったら？　世界のためになること——人間の暮らし、あるいは地球環境の保全、あるいは科学の大きな飛躍にしか使えないというルールがあったら？

一〇〇兆円——一〇〇〇億円の一〇〇〇倍——は、いっぺんに使うには笑うしかないほどの大金だが、世の中の仕組みという範疇ではたいした額ではない。世界のGDPの一パーセント前後だ。アメリカの軍事費一・五年分で、大きな戦争があればもっと短い期間しかまかなえない。量的緩和策というまやかしでいとも簡単に集められるような金額だ。量的緩和策は、公的には国債の大量の買い入れによるものだが、金が自然発生したようで疑わしい。二〇〇八年の金融危機以降、アメリカだけで緩和策のために四五〇兆円以上が投入された。[1]　ほかのすべての経済大国がこうした幽霊のような政策に資金を投じた。

こうした規模の金額を有するのは政府だけではない。世界の二大企業であるマイクロソフト社とアマゾン社は、それぞれ一〇〇兆円を超える価値があり、アップル社の株価は二〇〇兆円にもなる。アマゾン社のジェフ・ベゾスCEOの個人資産はおよそ一九兆円で、二〇二六年までには――世界初の――トリリオネアになりそうだ。世界の一パーセントの富裕層だけで一京六二〇〇兆円と目のくらむような資産を所有する。なお、これは世界の富の四五パーセントを占める。[2]

これだけの金額がおびただしく動いているのだ。二〇二〇年初めの時点で、投資ファンドには、一四五兆円分の彼らが言うところの「ドライパウダー」、つまりわたしたちが「現金」と呼ぶものが山積みになって投資されるのを待っている。[3]そのお金で何ができるのかを考えてみよう。なんてことない、ちっぽけな一〇〇兆円の使い道だ。太陽系の彼方まで探査機を送れるだろう。マラリアを根絶できる――もっと言うと、あらゆる病気を治癒できるだろう。月に基地を建て始められるだろう。ほかの恒星を目指した恒星間ミッションを打ち上げられるだろう。自然の本質を空前のレベルで探求するための巨大衝突型加速器を建設できるだろう。世界の貧困を解決できるだろう。新しい種類の量子コンピュータを組み立て、人工意識の開発に臨めるだろう。人類の寿命を延ばすことに取り組めるだろう。その一方で、世界を再生可能エネルギーへ移行することに臨めるだろう。熱帯雨林を購入し、保存できるだろう。すべての絶滅危惧種を救おうとできるだろう。溶けゆく北極圏を再び凍らせられるだろう。大気中の二酸化炭素（CO_2）の量を削減できるだろう。持続可能な農業改革に新たに取り組めるだろう。新しい生命体さえ創造できるだろう。

浮かれているように聞こえるかもしれないが、言わせてほしいのは、こうした発想はすべて科学者が考えて実際に取り組んでいるものの、資金不足により停滞しているプロジェクトなのだ。世界は途方もないくらいの機会に満ちているのに、その圧倒的大部分はまったく手を付けられていない。取り組んでいる最中の課題のほとんどが失敗するか、あるいは進んだとしてもほんのわずかで気がつかないくらいだ。腹立たしいくらいにのろのろとしている。また、世界の問題――そのほとんどをわたしたちがもたらした――は解決にあまりに費用がかかるので、わたしたちは放置したまま悪化させたり、誰かが何とかするだろうと未来へと蹴り入れたりしている。その典型が気候変動だ。つかまえようとする機会の多くは、財源不足か、政治や社会に実行しようという意志が欠如していることにより駄目になってしまう。人類史上もっとも偉大で、もっとも大胆で、もっとも輝かしいもので、最大の難問たちと対峙しているというのに。一〇〇兆円あれば、そうした計画を実行に移せるだろう。少なくとも挑戦することをとても楽しむことはできそうだ。これが執筆を始めた時のわたしの見方だった。

そして、新型コロナウイルス感染症が流行した。

金融危機が起こった二〇〇八年以降の世界で、突然、資金が見つかった。二〇二〇年三月、アメリカ議会は、新型コロナウイルス感染症の影響を緩和する目的で、二二〇兆円規模の経済刺激策を承認し、その年は、最終的に追加で二〇〇兆円を借金／創出した。同じ頃、G20参加国の首脳らは五〇〇兆円の財政刺激策に同意した。欧州連合は一三〇兆円の経済支援策を通過させた。国際エネルギー機関は二〇二〇年六月に、世界中の政府がパンデミック後の経済を始動させるために数か月で九〇〇兆円を投入するだろう、と予測した。別の予測では一二〇〇兆円規模になるとされる[4]。二〇二〇年には、世界全体で六〇〇兆円を超える資金が量的緩和策を通じて創出された(5)。

経済刺激策のための数千兆円が、今この時に切り刻まれ、分割され、割り振られ、不当に吸い上げられている。わたしたちがそのお金を使えるとしたらどうするだろうか。資金の一部を転用し、政府や銀行のあちこちから少しずつ削り取るか、一〇〇兆円の量的緩和を実行するかして、知らぬ間に使えればいいのに。可能性を想像しよう。達成できることを想像してみよう。例えば、世界保健機関(年間予算はたったの四八〇〇億円)なら、新型コロナウイルス感染症の地球規模でのワクチン接種や治療の取り組みに、一〇〇兆円をどのように使うだろうか。あるいは、気候変動に関する政府間パネル(IPCC:年間予算は二〇〇億円)がこのような資金を手に入れ、地球温暖化の影響を緩和するために使うことになったらどうするだろうか。一〇〇兆円あれば、プロジェクトを確実に進められるだろう。それが本書のテーマだ。新型コロナウイルス感染症への対応から、資金というのは見つかるものだ、とわかっている。それに数か月ものロックダウンやソーシャル・ディスタンスから、文明が変われるということも知った。さらに言うと、わたしたちは社会が変化すべきだと認識し始めている。わたしは本書を執筆しながら、リン゠マニュエル・ミランダがミュージカル『ハミルトン』の中で「俺はチャンスを諦めたりしない」と歌っているのを、よく思い浮かべた。というのも、新型コロナウイルス感染症がもたらした衝撃と立ち直る機会が、わたしたちのチャンスだからだ。二〇二〇年のアメリカ大統領選のジョー・バイデンの勝利もまた、劇的な変化が生まれる可能性を濃くしている。

とにかく、まずは基本ルールを設定しよう。『マイナーブラザース/史上最大の賭け』という映画をご存じだろうか。リチャード・プライアー演じる主人公が、三〇〇億円の遺産を相続するために、三〇日間で三〇億円を使い切らなければならないというストーリーで、三〇日より後に資産を所有したり、現金を配ったりすることは許されない。一〇〇兆円プロジェクトでは、人類と地球を救うことを大まかに目指すものに資金を使うことをルールにする。人類の福祉や環境の保護・再生、科学の発展、知識の拡大に資金を使えるが、新しい国家を立ち上げたり、既存の国家をゆるがせたりするためには使えない。もちろん、軍事やメディア、政治、投資の目的のほか、財政刺激策に費やすことはできない。もしそうなると、FOXニュース社（時価二兆円）を買収して、政治的に独立した運営をするメディアへと焼き直したり、（例えば）再生可能エネルギーへの投資を呼びかけるロビー活動や、化石燃料企業に対抗する気概のある政治家を応援したりするのに、数千億円を使ってしまいそうだ。さらに言えば、力技で炭素税を導入するため、一〇〇兆円を使って財政的な圧力をかけようとするかもしれない。宗教を立ち上げるというアイデアでも遊んでみた。だがこれは別の機会だろう、たぶん。とにかく、一〇〇兆円プロジェクトをきちんと管理できるようにしたかった。そうなると、人類や地球上のすべての生物の未来を保護することだけに限定して考えるのがやっとだろう。

　わたしたちは山積みにされたお金の上に座っている。現金の海を漂っている。一〇の章それぞれで巨大プロジェクト――プロジェクトの集合体であることも多い――を取り上げ、一〇〇兆円がその計画を実現できるのかを検討していく。これは世界でもっとも大きく、もっとも切実な問題であり、わたしが興奮し、感動し、悩まされた物事の入り交ざった個人的なリストである。世界の指折りの科学者たちが研究中のプロジェクトや、世界のために是が非でも解決すべき問題を取り上げていく。

　時間は止まらない。資金を使おう。

Aritira _ ኤርትራ
Djbuti - ጂቡቲ
Sudan
Kenia - ኬንያ

第1章　人類の標準を上げる

ゴール　世界から貧困を一掃すること。特に極度の貧困にある世界の数百万人の生活を、貧困ラインより持ち上げ、貧困のわなから脱却させ、一日二〇〇円を上回る暮らしを生涯送れるようにすること。

本書の調査で取材した数十人のうち、たった一人だけ——偶然にもハーバード大学の教授だ——が、物に資金を使うという前提であれこれ想像することを拒否した。「貧困に資金を使うべきだ」と彼は言った。「そうだろうけど、あくまで思考実験だ」とわたしは返し、「現金を配ることはしないで、科学計画か何かだけに資金が使えるとしたらどうなるだろうか」と続けた。「道徳的に間違っているし、貧困層に現金を渡すべきだ」と彼は言い張った。まるで、わたしが本当に大金を持っていて、彼の納得しない物に使おうとしているかのようだった。初めのうち、わたしは苛立ったが、それからこう思った。なら、検証してみよう。一〇〇兆円を現金で支給したら何が起こるだろうか？
　公的資金を給付すべきかと尋ねると、たいていの人は「無駄遣いするだけだ」と答える。確かに、そうかもしれない。しかし、貧しい人の金の使い道を問うことと、彼らの収入を上げる努力をわたしたちがすべきか尋ねることは、そもそも実質的には同じである。そして、この問いの答えは、間違いなくイエスだ。新型コロナウイルス感染症の危機を切り抜ける時には、環境にやさしく持続可能なだけでなく、包括的で平等な世界を再建しなければならない。

　地球規模での感染の大流行を受けて経済に深刻な問題があるにしても、わたしたちの生きる社会は、歴史上もっとも豊かだ。わたしたちの資産——ここでいう資産は社会の資産という意味であって、個人が隠し持つ一兆円のことではない——は、皇帝や女王、首領という昔の世界一の大富豪のそれをはるかにしのぎ、過去の時代の何十億もの人のほとんどは想像さえできない規模だ。すなわち、手段があるなら、わたしたちは人々を貧困から脱出させようとすべきなのである。いたって単純なことだ。

　というよりも、何かをしようとあれこれ考えている間は、単純そうに思えるものだ。道路を建設するのか？　下水道は？　教育を補助すべき？　妊産婦の保健ケアを充実させる？　栄養の改善は？　全員にウシを一頭ずつ買い与えて、世話をさせようか？

　支援計画の中には、実際に人々のためにウシを購入するものがあるが、最善の結果につながらない場合がある。誰もがウシを欲しがるわけではないのだ。ウシに餌と水をやり、小屋を用意してやるのは手間だ。「聞いてちょうだい。ありがたいけど、ウシを買う分のお金をもらって、どう使うのかは自分で決めたい」と人は言う。ウシは、経済で言うところの代替資産ではないので、簡単に交換できない。そのうえ、環境にやさしくない家畜だ。

　ウシの支給は、食料や医療品の援助とよく似ている。小麦粉や砂糖の袋は、深刻な飢餓の真っ只中には非常に歓迎されるものの、そうでない場合には種《たね》——できれば地元の環境で栽培できる穀物の種——が好まれる。「もっとうれしいのは」と彼らは言う。「現金がもらえること」善意のマラリアの管理計画から配られた蚊帳《かや》も、結局、彼らは漁の網に使うのが落ちだ。プランピー・ナッツの緊急支援も、マラリア対策の蚊帳も、村の井戸で使えるポンプでさえも、適切に使えば非常に役に立つのに、それでも人は現金のほうを求める。

現金を配るという発想には、慈善活動というより社会を動かすための改善策としての、長い歴史がある。一七九七年にトマス・ペインが、地主は相続税を納めなければならず、それを財源にあらゆる人にベーシック・インカムを払おう、と提唱したのが始まりだ。多くの思想家や著述家、政治家は、すべての市民に労働の有無にかかわらず、毎月、一定の額を支給するべきかどうかを、長年、検討してきた。驚いたことに、負の所得税という似た提案が、一九六九年のニクソン政権で立法されかけたこともある。ただし、これは給付金額が少なすぎるという理由で民主党に棄却された。

　それ以降のアメリカでは、富の不平等がめまいのするような水準にまで拡大している。経済学者のトマ・ピケティは「この格差は、歴史上どんな時代の社会よりも、世界中どんな場所にある社会よりも大きいだろう」と述べた。(1) アメリカはかつてないほど豊かな国であるのに、西側諸国の中でももっとも貧困率が高い。もしも、ニクソンの負の所得税が下院議会を通過していたら、どうだったろうか？(この「もしも」遊びはむなしい——わたしは二〇〇〇年のフロリダの再集計とジョージ・W・ブッシュの当選について、よく「もしも」を想像する——ニクソンの「もしも」と同じくらい魅力的で、むなしい)

コロナウイルス感染症が流行する前から、普遍的な、つまり無条件の（ユニバーサル・）ベーシック・インカム（UBI）の発想は、保守系のアメリカン・エンタープライズ公共政策研究所のチャールズ・マレーやマーク・ザッカーバーグ、イーロン・マスク、ヒラリー・クリントン、ブラック・ライブズ・マターといった多岐にわたる人たちから、すでに支持されていた。感染症の大流行が世の中を変えると、UBIを求める声が新たに高まった。支持者によると、保証された収入は、新型コロナウイルス感染症による経済的な打撃の緩衝材となり、さらに、流行の拡大を遅らせることさえできる。多くの労働者が具合が悪いのに無理して仕事に戻ろうとはしなくなるからだ。アイルランドでは、大流行で失職した人を対象に部分的なUBI形式の給付を行い、(2) アメリカでは数百万人の市民のために一二万円の一時給付を行った。アレクサンドリア・オカシオ＝コルテス下院議員は、新型コロナウイルス感染症による危機を機会だとみなし、UBIの再検討を呼びかけた。(3) UBIの支持者は、フィンランドで二〇一七年と二〇一八年に実施された、二〇〇〇人に無条件に月七万二八〇〇円を支給するという試験の結果にも勢いづいている。その試験によると、UBIを受け取ったグループは、標準的な失業給付金を受け取った一七万三〇〇〇人の対照グループよりも、二年間の試験期間中に六日間多く働き、経済的にも精神的にも健全だった。

しかし、ＵＢＩは費用がかかる。二〇二〇年のアメリカ大統領選で一時候補になった起業家のアンドリュー・ヤンは、アメリカの成人すべてに毎月一〇万円支給することを提案した。すばらしい提案だが、この計画には年間二八〇兆円ものコストがかかる。連邦政府全体の年間予算は四〇〇兆円しかないので、ＵＢＩを成り立たせるのは難しい。ということは、一〇〇兆円プロジェクトでも扱えない。いくら大金とはいえ、一〇〇兆円ではＵＢＩの制度をアメリカ国内だけで始めるための資金が足りない。まして世界全体など言うまでもない。それゆえ、現金を配ろうとするなら、別の理論的根拠について考える必要がある。

簡単な計算をしよう。一〇〇兆円を世界の人口七七億人で割ると、一人あたりの受給額は一万三〇〇〇円という、（たいていの人にとっては）人生を変えるに満たない額になる。ＵＢＩに対する大きな異論の一つが、金額の重さが人によって大きく異なることだ。ところが、仮に一〇万円のＵＢＩを始めたら、貧しい人にも大富豪にも同じ一〇万円が支払われる。西側諸国の貧困を甘く見積もりたくはないのだが、明快さと効果を求めて、計算から先進国の人を除こう。アメリカや西ヨーロッパの貧困にある人は栄養失調などの病気で死ぬことはほとんどないだろう、というのが完璧ではないにせよわたしの言い分だ。例えばアメリカでは、貧困は課税前の世帯収入で判別され、四人家族が二四三万三九〇〇円以下で生活する場合に貧困とみなされる。その数は、およそ四〇六〇万人だ。アメリカでは、栄養失調などの病気が平均寿命の足を引っ張ってはいるものの、アフリカの一部や南アジアのような飢餓はなく、大富豪が国内に六〇七人もいるのだ[4]。

もちろん、近年では大富豪はいたる所にいる。ナイジェリアでもっとも裕福なアリコ・ダンゴートには一兆四〇〇億円の資産がある。ところが、ナイジェリアの貧困の度合いは突き抜けているので、『クリスマス・キャロル』の未来の幽霊に訪問されたダンゴートがある朝、全財産をナイジェリアの貧困層に譲ることにしても、おそらく貧困の深刻さはほとんど変わらないだろう。ナイジェリアには極度の貧困にある人が九〇〇〇万人いるので、ダンゴートの資産を配っても一人あたり一万一五〇〇円しか受け取れない。インドでもっとも裕福なムケシュ・アンバニの資産は約五兆六〇〇〇億円（石油で得た資産だ）だが[5]、アンバニが突然、ザッカーバーグのような衝動に駆られて、全資産の九九パーセントをばらまいたとしても、同様にインドの貧困問題は解決しないだろう。大富豪の全員が慈善活動の熱に浮かされたら何ができるのかについては、本書の中で後から触れようと思う。ひとまず本章のゴールから顧みると、発展途上国の貧困を軽減するための課題のほうが、西側諸国の貧困よりも重要になる。どこかで線を引かなければならないのだ。

先進国を除いた人に一〇〇兆円を平等に配っても、一人あたりたったの一万六一〇〇円しか支給できない。そこで一定額以上を稼いでいる人を除外する。世界銀行によると、世界の人口の約一〇パーセントにあたる七・六億人には、一日の収入が二〇〇円以下しかない（この割合、つまり極度の貧困にある人の割合は人類史上もっとも小さい）。

わたしたちの一〇〇兆円を極度の貧困にある七・六億人に平等に分配すると、一人あたりの支給額は一三万一五〇〇円になる。どう見積もってもわずかな額だが、極度の貧困で暮らす人には人生を変えるような金額だ。ただし、本当に実行できるのだろうか？　このような規模の資金を持つという責任に、わたしは頭を悩ませた。このようにお金をばらまくのは無責任で、ただの浪費ではないだろうか？

慈善プロジェクトや国の研究の中には、現金を支給した場合の展開について検討したものがあり、その調査によると、人を貧困から脱却させるには現金支給がもっとも効果的で、効率的だと示唆する証拠が次々に出てきている。ギブ・ディレクトリーのような慈善団体に加えて、福祉を取りまとめる州政府も、幅広い方法で試験を行っている。

一度にまとまった金額を支給されるか、毎月少なめの額を一年間、あるいはもっと長い期間に受け取れるのか。無条件に支給されるのか、使い道に決まりがあるのか――例えば、子供の教育費に使い道を限定する。村の住人全員がもらえるのか。女性だけが受け取れるのか、を試験で検証している。

わかっていることを見ていこう。まず、定番の疑問だ。支給された現金を無駄にしないだろうか？

無条件にもらえる収入に依存できるなら、貧しい人はギャンブルに注ぎ込んで浪費するだけだろう、と懐疑派は言う。経済学者の呼ぶところの「誘惑品」であるアルコールやタバコなどの嗜好品に、彼らは消費するはず。これが大方の予想だ。ケニアでは慈善活動への寄付者が、支援金がアルコールの購入に浪費されることを懸念していた。ニカラグアでは官僚が、「アルコールを買う金を取り上げようと、夫は妻の帰りを待っている」とほのめかした(6)。ウィリアム・ジェームズによる心理学者の誤謬が頭に浮かぶ。自分自身に抱いている懸念が、他人への懸念として投影される。

誤謬かどうかはさておき、そうした懸念が普及したことが、支援機関が貧困にある人や災害を受けたコミュニティを、現金よりも物やサービスで支える理由の一つになっている。世界銀行は、ワシントンDCに腰かけて気をもんでいるよりはと、現金支給の実際の効果――現金を与えられたら、人はどうするのか――を調べることに決めた。ラテンアメリカとアジア、アフリカの貧しい世帯に現金を支給した三〇の研究をまとめ、検討した。

この再検討により、ほとんど例外なく、支給された現金を浅はかな贅沢品に「浪費」するどころか、余分な収入を得た場合よりも誘惑品を購入しないことがわかった[7]。この報告書の著者のデビッド・エバンスとアンナ・ポポーヴァは、現金支給がタバコやアルコールに浪費されていない力強い証拠だ、と結論づけた。「確かにペルーでの考察には、受給者は受け取った直後にレストランでローストチキンを頼んだり、チョコレートを購入したりする傾向がある」と認めた。だが、もっとも禁欲的な政治家であっても、貧しい人がひとかけらのチョコレートを買うことぐらいに目くじらは立てないだろうと考える。

なるほど、現金は浪費されないのだ。しかし、一〇〇兆円の現金をすべてばらまくのなら、確実に違いを生みたい。人生を永続的に変える、すなわち、一年間だけ暮らし向きを良くするのではなく、受給者が新しい人生を歩めるようにしたい。こうした観点の研究もある。

わたしは、以前はウシ――ウシを支給する計画――に興味がなかった。インドの総合農村開発計画（ＩＲＤＰ）のような取り組みのせいでもあるのだが、その計画は、役立たずの不十分な目標設定の下でウシを支給した、と批判されていた。ところが、ウシの支給が機能した例がある。バングラデシュでは、国でもっとも貧しい一三〇〇の村の二万一〇〇〇超の世帯が参加した、七年間にもわたる無作為試験が大規模に行われた。こうした村の多くでは、最貧にある女性たちが収入を得るための選択肢は、畑で日雇いの季節労働に就くか、家事代行をするかの二つしかない。時給はそれぞれ、三四円と二七円だ。貧困のはしごを一段登って、ほんのわずかだけ豊かになると、女性は家畜を育てる。その時給は七二円だ。日雇い労働は季節性のため、こうした仕事に就く女性は一年に二か月弱しか働けず、それが貧困に拍車をかける。研究者や支援職員が世界中で目にする貧困のわなの一つだ。

バングラデシュでの試験では、極度の貧困世帯を特定し、その世帯に資産と技術を与えた。つまり、少額の現金に、資産として家畜（たいていはヤギかウシ）と、家畜を育てるための知識と能力を提供した。畜産は二年間で世帯あたり一一万二〇〇〇円の価値にまで成長した。さらに四年後と七年後の後追い検証によって、無作為に介入された世帯の女性は、より収入の高い仕事に就いている傾向があることが示された。女性が家畜の世話にあてる時間は二一七パーセントも増え、働いている日数は二二パーセント上昇し、ほかにも仕事ができそうな余裕さえあった。比較対象の村の女性と比べると、資産による給付を受けた女性は、一日の収入が一二五円未満という貧困ラインを下回る人の割合が一四パーセント低かった。この一回限りの支援プログラムは、彼らの人生に持続可能な変化を起こし、極度の貧困から脱却させて新しい軌道に乗せたのだ(8)。

バングラデシュの試験で前向きな結果が得られると、エチオピア、ガーナ、ホンジュラス、インド、パキスタン、ペルーで、一万四九五人を対象に同様な試験が実施された。

極度の貧困家庭に資産を与える計画が繰り返された。参加者はヒツジやヤギ、ニワトリ、ウシなどを選ぶことができ、アドバイスが得られた。選択肢は習慣や国によって変わる。エチオピアでは、ほとんどの人がヒツジやヤギを選ぶのに対して、ペルーでは、食料として育て販売するためのモルモットが選ばれた。資産をすぐに売却する人がいれば、長期的な収益のために資産を維持する人もいたので、給付の結果にはばらつきがあった。参加した世帯は給付金も受け取り、希望者はさらに研修を受けられた。こうしたばらつきに加えて、異なる場所のさまざまな文化という大きな違いがあったにもかかわらず、すべての試験結果で、極度の貧困にある人たちの生活は、対照グループより、かなり大幅に向上した。計画が二年目を過ぎると、受給グループの世帯は資産を増やし、食料の消費量が増え、肉体的・精神的に健康になり、政治への参加が増えて、女性の権限が向上した。貧困のわなから抜け出すための「大きな後押し」を提供する、というこの計画の基本アイデアが機能しているようだ(9)。

スリランカの別の調査では、男性に一回だけ現金を支給した。五年後、男性の収入は受給額の六四パーセントから九六パーセントまでの間で増えていた(10)。ウガンダの試験では、貧困に陥り、戦争被害を受けた女性に一万五〇〇〇円を支給し、五日間のビジネス研修を行ったところ、良好な収益を上げるようになった(11)。

ギブ・ディレクトリーは、ＵＢＩや現金支給の試みの多くで出資や取りまとめを行う慈善団体で、最初の給付から数か月、数年たった試験の追跡調査も行っている。そこにケニアの農村から、受給者の声の一部が届いた。「食べ物を買うお金が手に入るので、息子からの送金がなかったらお腹を空かせるのではないか、という息子の心配が減った」（ドーカス、八七歳）。「自分のビジネスの資本を増やし、株を増やせた。おかげで売り上げが伸びて、利益が増えた」（アイリーン、二三歳）。「給付を受け取った後に健康診断に行き、健康状態を改善したので、強いストレスを抱えずに仕事に出られる」（グレース、六八歳）

このような直接、現金を給付する計画は完璧ではない。遠隔地の農村でビジネスを立ち上げるのは容易ではないし、仲間の村民同士で客を取り合うのは緊張につながりかねない。給付額が不十分だと、誰が資金を管理するかを世帯内で争うという報告もある。しかし、こうした引っかかりは想定内だ。

大地溝帯のある村では、ギブ・ディレクトリーの現金受給者が、家に太陽光発電パネルを設置するのに金を使った。ほかには、支給された現金で、泥壁の家の屋根を藁ぶきからブリキ板に替える、という使い道が多かった。金属の屋根は少なくとも一〇年はもち、安全性と清潔さが改善し、雨水を集めるのに利用できる。おかげで、灌漑のために長い道のりを、水をくみに行かなくてすむ。藁ぶきの屋根は一、二年に一度は取り替えなければならず、その材料と人員にかかる一万円から一万五〇〇〇円という費用は、日給わずか六五円という人からすれば、とんでもなく高額なのだ。

現金支給について完全には理解していないことが多数ある。ミクロ経済学——現金を支給された後の個人のお金の使い道や行動の変化のこと——は保留するとして、広範囲な経済への影響を見ておくことは必要だ。まとまった現金の支給が、インフレや雇用の創出、財政に与える影響を調べた研究がある。その結果によると、現金の支給が、経済を好調の波から締め出すことはないようだった。しかし、国全体に現金をばらまくことで発生するかもしれない影響などは、これまで実施されてきた比較的小規模な（最大で数億円の規模の）検証の結果とは、かなり異なるだろう。

プリンストン大学のヨハネス・ハウスホファーは、経済用語で言う一般均衡、つまり需要と供給、価格のバランスへの影響に多大な注意を払う必要があると、わたしに話してくれた。実社会で起きた例があるので見てみよう。ハウスホファーのチームが、ケニア農村部にある一万五〇〇〇を超える貧しい世帯に一回限りの一〇万円の現金支給をしたところ、消費と資産の獲得について予想通り大きな影響があったものの、インフレへの影響は小さかった[12]。

やや趣向の異なる例がアラスカ州にあり、一九八二年以降、毎年すべての住人に石油の配当金が支給される。二〇一五年の配当金は一人あたり二〇万七二〇〇円だった。シカゴ大学のデイモン・ジョーンズは、配当金の支給による影響を対照の州――ワイオミング州やワシントン州などの人口や保有資産がアラスカ州と同程度の州をアメリカ国内で選んで作った「人造アラスカ」――と比較した。そして、配当金がアラスカ州の就業率に悪い影響を与えてはいないと結論づけた。[13]

ノルウェーでは、政府系石油ファンド（時価は一〇〇兆円）を、年金を支給するための投資先としてだけでなく、政府の予算の年間変動を滑らかにするためにも利用する。インフレや失業をあおることはたいてい望まれないだろうし、農村地域での現金の支給はインフレにつながる可能性があるので、注意深く監視することが必要になる。[14]

この二、三〇年で世界中の貧困のほとんどは、大幅に改善されている。しかし、ギャップマインダー財団のオーラ・ロスリングが指摘するように、残された人々――残り一〇パーセントの人々――に手を差し伸べるのがもっとも難しい。彼らはもっとも貧しく、最果ての地に住んでいる。発展途上国の経済状況を記した論文では、「辺境」と「農村」が「極端な貧困」のキーワードだという。例えば、バングラデシュで試験を実施された村のほとんどが、モンガという北部にある食糧不足の地域で、貧しい国のもっとも貧しい場所にあり、試験に参加した女性のわずか七パーセントしか読み書きができなかった。

貧困撲滅計画は、これまでにすばらしい成果を上げており、世界銀行と国際連合によると、二〇三〇年までに極度の貧困を一パーセント未満にまで減らすことができる。しかし、残された人々にまで手を届かせるには、現金支給のような新しい取り組みを行うことになりそうだ。[15]

さらにほかのアイデアがある。最悪の貧困に暮らす人には逃れる方法がない。彼らは文字通り、逃れる方法を見ることができない。祖先もたいていは同じような暮らしをしてきたので、貧困から抜け出せた人を誰も知らない。貧困になると、展望が得られず、希望が持てず、良くなるだろうという夢も見られない。単純に、変わることがわからないのだ。助けとなるようなロールモデルは存在しない。それなら、現金ではなく、何か目標を与えた場合、彼らはどうなるだろうか。これは、これまでにない種類の計画で、「高い志のための介入」というものだ。オックスフォード大学のケイト・オーキンがエチオピアで実施している試験について話してくれた。

アディスアベバの東にある遠隔の村で、二〇一〇年と二〇一一年に数千件の世帯が、映像を見るだけという簡単なプロジェクトに招待された。映像は、似たような境遇の村の人々についての一時間のドキュメンタリーで、食べ物を売る小さなビジネスの立ち上げや小さな農場経営で成功する様子を描いていた。本物の俳優がオリジナルの脚本で演じるそのドキュメンタリーは、村の住民が貧困のはしごを一段ないし二段登る過程を詳細に映していた。貧困にあった登場人物たちは、比較的裕福になった。何をしたのか、ビジネスの初期段階から目標を達成するために取った手段を、登場人物たちが説明した。比較対照としてあるグループの村民はエチオピアのテレビ番組を見て、もう一つのグループの村民はインタビューを受けただけだった。

六か月後、オーキンのチームは村に戻り、村民に話を聞いた。志を刺激する映像を見たグループでは対照グループと比べて、小学校に通う子供が二〇パーセント増えて、収入のうち教育に使う割合が二八パーセント増えた。村民はより多くを貯蓄に回し、地元で懸命に働いていると申告した。五年後もその効果は健在で、世帯の収入の四〇パーセント近くを子供の教育にあて、一日に働く時間が増え、種や肥料などの農業製品への投資を増やしていた。すべてはあの一時間の映像を見たことから始まったのだ。

映像などの心理的介入を、物資の介入と置き換えるべきだと言うつもりはない。経済的介入と比べて、規模の面で効果が小さい。「しかし、貧困に生きることは、自分の可能性についての考え方に影響していることが、試験により浮き彫りになった」とオーキンは述べる。「達成できると信じられるように、またトライしようという自信が持てるように、人々を励ます介入には長期的な効果があり、貧困撲滅のための重要なツールの一つかもしれない」と続けた。二〇一九年にノーベル経済学賞を受賞したマサチューセッツ工科大学（ＭＩＴ）のアジビット・バナジーも同様に主張する。[16]

バナジーはちなみに、新型コロナウイルス感染症の大流行中のケニアで、現金給付の効果を検証した経済学者グループの一人だ。現金（一日七五円）が支給された人は、飢えに苦しんだり、うつを含む病気を報告する傾向が低かった。効果は控えめだが、ＵＢＩは厳しい時期に人が立ち直る力を高めてくれる、という発想を支持する結果だ。[17]

九九〇年代後半のメキシコのプログレッサ計画は、現金支給の取り組みの先駆けだった。[*18] 子供をきちんと学校に通わせることを条件に、貧しい世帯の母親に現金を支給した。計画は成功し、数千人の子供が就学できるようになった。この計画は、さまざまな取り組みに着想を与え、ブラジルでは国家規模のボルサ・ファミリアという計画につながった。ボルサ・ファミリアは国内の財政的不平等を一五パーセント改善し、極度の貧困率を九・七パーセントから四・三パーセントにまで下げた。波及効果により、栄養失調による子供の死亡率まで半減させた。

ボルサ・ファミリアは無条件ではない。一定の収入を下回る世帯だけに支給されるのだが、二〇一五年の時点でも人口の四分の一、すなわち、およそ五二〇〇万人が支給対象であった。ペルーには条件付きの現金支給の構想があった。登録された村では、子供を通学させ、五歳未満の子供に健康診断を受けさせ、子供の身分証明書を手に入れた場合に、世帯を代表する女性が二か月に一度、一万四三〇〇円を受け取れるものだった。

条件付き支給計画には管理費が高いという批判がある。世帯の資産調査や母親への確認に、メキシコの計画では費用の六〇パーセントが使われていて、ニカラグアの同様な計画では予算の五〇パーセント、ホンジュラスでは三一パーセントを占めていた。「教育用」と表示を付けて現金を支給するという代替案では、資金がアルコールやタバコに使われずに、子供の教育に使われるのかは、実質的に両親を信頼するしかない。

モロッコの教育省は、貧しいコミュニティにある世帯を対象に、比較的少額の現金を教育に使うよう「表示して」支給する、または、確認をするという条件付きで現金を支給し、このアプローチを試した。チームは、学校でのおよそ四万四〇〇〇人の子供たちの調査と、四〇〇〇超の世帯の詳細な調査から、退学率が七〇パーセント低下したことがわかった。世帯が、表示給付と条件付き給付のどちらに割り振られたかで、教育結果にほとんど差はなかったが、管理費の差は非常に大きかった[19]。ところで管理費の節約は、保守派の論客がＵＢＩを支持する理由の縮図と似ている。ＵＢＩは、政府の福祉と社会保障計画の階層を取り除くので、節約になるという理由だ。例えば、政治学者のチャールズ・マレーは、アメリカにＵＢＩ制度があれば、政府はメディケアやメディケイドを廃止することができ、受給者にＵＢＩで保険料を払うように要求できると示唆している[20]。

「何かしらの条件付きの現金給付のほうがいいかもしれない」とロンドン・スクール・オブ・エコノミクスのベンジャミン・モルは忠告する。「そうでなければ、一時的に暮らしを良くするだけで、彼らはまた、以前の状態に戻ってしまうかもしれない」と続けた。鍵となるのは一時的な上昇を避けることで、そのために貧困のわなや落とし穴という、人を貧困ラインの下に閉じ込めておく原因を特定することが大切だ。

＊今もプログレッサという名で知られるこの計画は、ずっと批判を受け続けており、導入して二一年後にメキシコ政府によって廃止された。

わたしたちの資金の少なくとも一部は、条件付きと表示しておくことが非常に重要になる場合がある。本章は人類の標準を高めることがテーマで、純粋に経済的な面からの貧困に、主眼を置いてきた。しかし、もう一つの不平等がある。それが教育だ。教育に力を入れることは、貧困問題の解決策の中でもっとも持続的な方法だろう。例を挙げると、インドネシア政府は一九七三年から一九七九年の間に、六万一〇〇〇の学校を新設して国内の学校数を倍増させた。約四〇年後、その計画は世代を超えた非常にすばらしい成果へとつながっていることが、調査により明らかになった[21]。

先に、バングラデシュの試験に参加した女性のほとんどが読み書きできなかったことに触れた。同様な事実は、貧しい国の多くで見られる。サハラ以南のアフリカでは、中学校を終えた女の子のたった八パーセントしか読み書きができない。南アジアでは、中学校に通える女の子は五〇パーセント未満だ。世界規模で見ると、男の子よりも女の子のほうが教育を受ける機会がなく、現在、およそ一億三〇〇〇万人の女の子が学校に通えない。

ブルッキングス研究所によると、学校に通ったことのない女性は、一二年間の教育を受けた女性よりも、四、五人多くの子供を産む[22]。学校に通った女性のほうが、収入が高く、幼すぎる結婚はせず、ＨＩＶやマラリアに感染しない傾向があり、より豊かな土地で農業を営むので、家族の栄養状態が良くなる。第7章では、二酸化炭素の価格を検証し、大気中から一トンの二酸化炭素を取り除くための費用を見ていく。大気中の二酸化炭素を吸収すると言えば、植林を思い浮かべるか、少し踏み込んでも技術的な方法を考えるのが一般的だろう。しかし、女の子が教育を受けられるようにすることが、どんな方法よりも費用対効果が大きい。人々を貧困から脱出させ、かつ、気候変動の脅威に取り組むためにわたしたちにできる、唯一の強力な方法ではないだろうか。

国際連合は、年間三・九兆円を追加するだけで、低所得国と低中所得国に普遍的な教育を保証できるだろうと見積もる（国連が現在、教育のための国際援助計画に使う費用は一・三兆円だ）。普遍的な教育が、たったの三・九兆円でかなう。人間の基本的な権利の一つを保証する費用だということはもちろん、気候変動がもたらす一つの甚大な被害金額と比べると、この費用は衝撃的なくらい小さい。世界をカーボン・ニュートラルな状態にするための情報を提供する団体であるプロジェクト・ドローダウンは、女の子への教育と、そこから波及する世帯クラスでの削減は、二〇五〇年までに六〇ギガトン相当の温室効果ガスの排出量を減らせるだろうと推測する(23)。

わたしたちの資金の一部はただちに教育に使うべきだ。教育の水準を引き上げることは非常に重要なので、普遍的教育一〇年分を保証する金額をぜひ割り当てたい。その費用はおよそ四〇兆円だ。

残りの資金は現金支給の構想に使おう。現金を配ることは気持ちのいいことじゃないか？　たとえ一〇〇兆円を持っていないとしても。

達成したこと

一〇年の期間のうちに、世界中のすべての人が貧困から抜け出し、世界中のすべての人が教育課程を終える。貧困の後退期間には、人類の創造性と可能性が解放され、地球規模で福祉の水準が上がる可能性がある。

支　出

普遍的な教育……………………………………………………………………………………四〇兆円

現金支給構想……………………………………………………………………………………六〇兆円

合　計……………………………………………………………………………………………一〇〇兆円

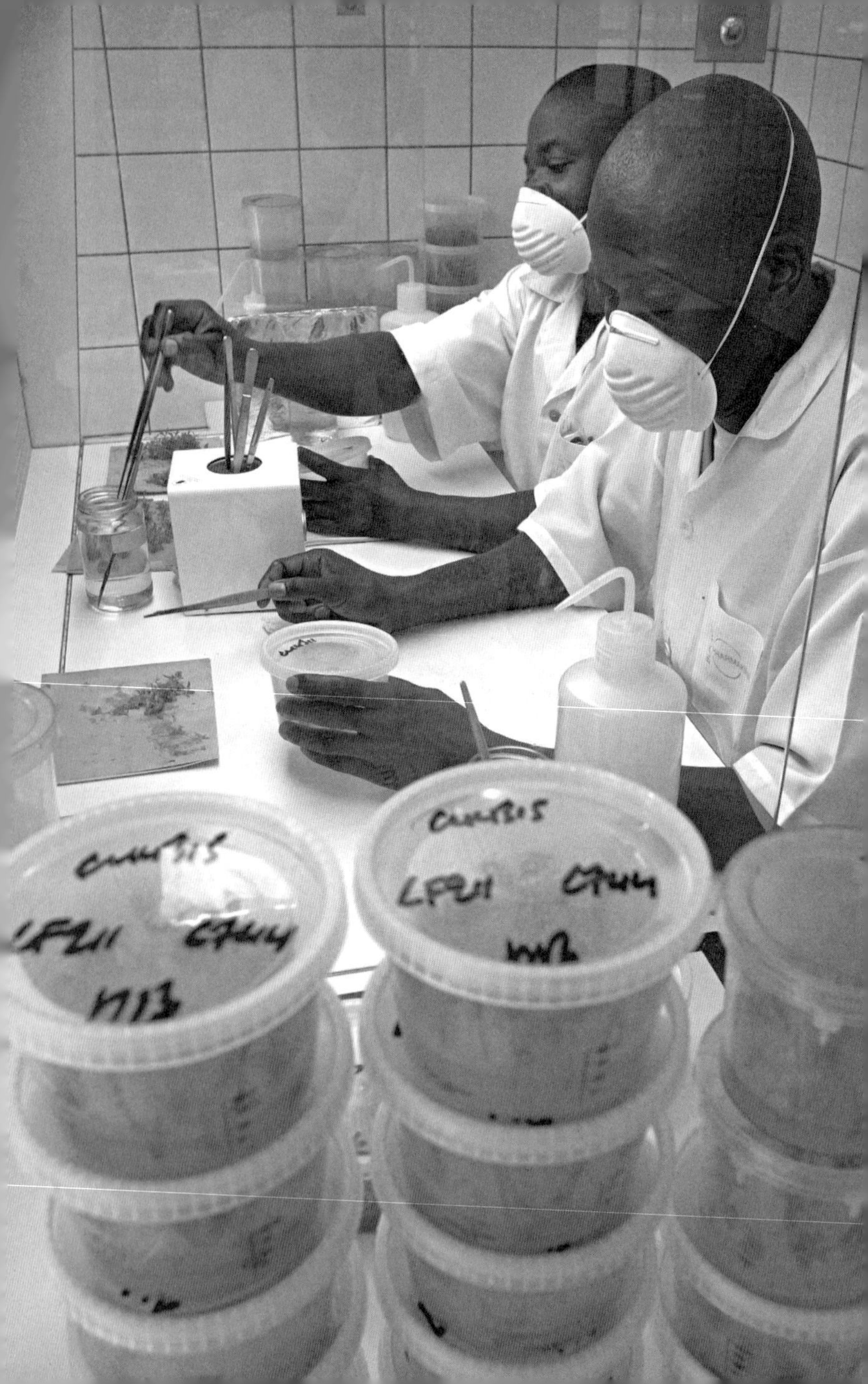

第2章　あらゆる病気を治す

ゴール　次の感染症の世界的流行から人類を守るため、ヒト生物学の新しい分野を創り、あらゆる既知の病気の治療や予防、処置を一新すること（完全に死を除外するわけではない）。可能であれば、人類が二つの種に分かれるのを避けること。

二〇二〇年という年は――多くが望んだようなものではなかったが――人類にとって非常に重要な年になった。転換になる年に期待されたのは、気候変動に真剣に取り組み、力を合わせ、経済や農業、エネルギーの革新になり得る変化の波に乗ること、すなわち、より良い世界へと導いてくれる文明の盛り上がりであった。だがその代わりに、多くの科学者が何年も恐れていた、感染の大流行（パンデミック）が起こった。

新型コロナウイルス（SARS-CoV-2）による人類と経済への多大な影響は今もなお続いている。

原稿を書いている時点で一〇〇万人以上が亡くなり、数億人の生活が混乱し、経済的に破綻している。経済への影響は二〇〇兆円で、その規模は拡大している。(1) それでもこの悲劇は、陥ったかもしれない事態よりは、きわめて軽い。何も対応しなければ、二〇二〇年だけで四〇〇〇万人が死亡しただろう、と世界保健機関（WHO）は報告する。(2]。ウイルス自体も、感染力と致死率がより高いものであった可能性もあった。それから、わたしたちが新型コロナウイルス感染症を経験したからといって、よりたちの悪い感染症の大流行が起こらないわけではない、という非常に残念な事実がある。新型コロナウイルス感染症は世界を一変させ、この惨事はこれから数年続くだろうが、本章のゴールでは、この流行を警告として受け止める。パンデミックへの脅威に対する意識を向上させるのに、この警告を利用する必要がある。さらには気候変動による脅威も、この警告はほのめかす。新型コロナウイルス感染症への対応から、わたしたちは生活様式を変化し、適応できることがわかったし、本書の観点から言えば、政府が予算を――とりわけ公衆衛生の課題についての予算を見つけることが、で、き、る、と示された。

わたしたちは、大流行がもたらす危険を知っていた。一九一八年のスペインかぜの大流行では、全世界で五〇〇〇万人から一億人が死亡した。イギリスは、リスクレジスターという、国が陥る可能性のある非常事態を集めて評価したものを管理しており、二〇二〇年初頭にそのリストの先頭にあったのは、インフルエンザの大流行だった。二〇〇七年（コード名：冬の柳）と二〇一六年（同：白鳥）に大規模な演習が実施され、一九一八年のような病気が大流行した場合に医療サービスや経済、人口がどうなるのかをシミュレートした。わたしたちには、どこに懸念があるのか知識があり、今はそれを実際に経験している。

この章では、次のパンデミックの発生に備えるために投資する。また、流行をより広義にとらえることにする。二〇一八年、二億二八〇〇万人がある病気に感染し、およそ四〇万五〇〇〇人が死亡した。その多くが五歳未満の子供で、そのほとんどがサハラ以南に住む。その病気、すなわちマラリアは、絶えずわたしたちと共にある。

マラリアはいつの時代も文学の世界に登場する。『テンペスト』の中では、キャリバンが、沼地と暖かい気候との結びつきで悪名高いマラリアで、プロスペローを呪う。「お天道様が沼という沼から吸い上げる、ありったけの毒が、プロスペローに降りかかれ。じわじわと病気にしてしまえ！」シェイクスピア以前では、一四世紀にチョーサーが、一三世紀にダンテがマラリアを登場させていた。古代ローマの時代から医学的に認められたマラリアの症例が存在するし、それより前のホメロスやアリストテレスの頃にも引用がある。最古とされるのは、古代中国の医学書『黄帝内経』の中で、紀元前二七〇〇年頃にマラリアとその症状についての議論があったというものだ。

もしかしたら、これまでに存在した人類の半分がマラリアの犠牲になったかもしれない。マラリアは世界最大の災いではあるが、予防し、治癒することができる。事実、わたしたちは善処しており、マラリアによる死亡例はこの二〇年で半減している。それでも、マラリアはなかなか消えない。全力を尽くせる、真の遺産となるべき課題を探しているなら、人類がもっとも死に追いやられた敵を打ち負かすのがよいだろう。というわけで、新型コロナウイルス感染症とマラリアが、わたしたちのリストにある。わたしたちの一〇〇兆円で根絶できそうな病気は、ほかにもあるだろうか。

結核は細菌性の感染症で、低・中所得国で猛威を振るい、毎年およそ二〇〇万人が命を落としている。根絶が進まない要因は、結核に対する生物学的な知識が欠けているのではなく、慢性的に物資が足りない一方で、抗生物質への耐性が増していることなのだ。わたしたちは、この状況を変えることができる。さらには、住血吸虫症などのほかの熱帯病にも対処できる。この病気は人を衰弱させる寄生虫症で、毎年二億人が苦しんでいる。だが、もっともっと大きく考えよう。あらゆる病気から解放された世界を思い描くのだ。数多くの科学者や医師は、がん、循環器疾患、脳神経疾患の三大死因の治療と治癒に励んでいる。彼らのチャンスを押し広げ、あらゆる疾患を取り除くことで、人類の経験をがらりと変えられるかどうか、見ていこう。

プリシラ・チャンは、娘がまだ乳児だった二〇一六年九月、自分の子供がすくすく育つだけでなく、同世代の子供全員が病気とは無縁に成長できるようにしたい、と発表した。「病気を治すことを目標にした基礎科学研究に投資している」とチャンは述べた。乳がんやアルツハイマー病、糖尿病、脳卒中だけでない——あらゆる病気を治療すると宣言した。

フェイスブック社（現メタ・プラットフォームズ社）のマーク・ザッカーバーグ最高経営責任者を夫に持つ医師のチャンは、チャン・ザッカーバーグ・イニシアチブ（CZI）を立ち上げて、二一世紀末までにあらゆる病気を予防し、治療し、管理するための研究に三〇〇〇億円を投資すると発表した。この夫婦が持つフェイスブック株（時価およそ六兆円）の大半を、ゆくゆくはこのプロジェクトにつぎ込むようだ。チャンとザッカーバーグは、こうした取り組みにより寿命が一〇〇歳まで延びるだろうと予想する。[*]「病気にかかる人がいなくなるわけではない」とザッカーバーグは言う。「だけど、病気を治療し、管理することができるようになるだろう」

つまり、わたしたちの考えていることをまさに実行しようとしているのだ。一〇〇兆円より規模は劣るものの、枠組みを提供してくれるのは確かだ。資金があれば解決できる課題なのか、どのように解決できるのかを検討する助けとなる。わたしたちは、チャンとザッカーバーグ、さらにはビル・ゲイツにならうことができる。ビル&メリンダ・ゲイツ財団は、多くの感染症の撲滅を目標に、すでに一億人を超える子供の命を救っている。だが、まずは課題をかみ砕くところから始めよう。

チャンとザッカーバーグのプロジェクトは、心疾患、脳神経疾患、がん、感染症の四つの主要な疾患分野に力を入れる。これらの病気により、年間それぞれ一八〇〇万人、九〇〇万人、九六〇〇万人、八五〇〇万人が亡くなっている。[3] これはおおよその数字だが、多くの人が避けられたであろう死因のせいで命を落としている、とわかるには十分だ。さらに、脳神経疾患は世界中の障害の最大要因であり、毎年二億七六〇〇万の「障害調整生存年」が失われている。健康負担の指標である、この障害調整生存年（ＤＡＬＹ）は、疾患または障害により失われた年数を示すものだ。

＊オラクル社のラリー・エリソン共同創業者も劣らずに、「死すべき運命に打ち勝つ」と宣言している。「わたしは死など意に介さない」と述べた。またペイパル社のピーター・ティール共同創業者は、死は解明すべき課題にすぎないと言う。

チャン・ザッカーバーグ・イニシアチブの目的は、こうした四つの主要な分野を確実に前へと推し進めるテクノロジーを発展させ、築くことだ。例えば、脳のスキャンの結像や解釈を助けるＡＩのソフトウェアや、がんを知るための巨大データベース中の機械学習、病気のかなり初期段階に発生するシグナルをとらえるための継続的な血液検査――まるでスマートウォッチのフィットビットの進化版だ――を遂行するための技術、全細胞種のマッピング（地図作り）などのテクノロジーである。

ヒト細胞アトラス計画では、ヒトの体にある三〇兆個の細胞それぞれの百科事典を作ることを目指す。医学書によれば、細胞は約二〇〇の種類に分かれている。十数種類なら、すぐに挙げられるだろう。肝細胞、血液細胞、神経細胞、心臓細胞、腎細胞、さまざまな筋肉細胞、網膜の細胞など。だが、思い浮かべられる種類などたかが知れている。網膜だけでも、少なくとも一〇〇もの異なる種類の神経細胞が存在する。免疫系を構成する白血球は数百種もあり、細菌やウイルスなどの侵入、微生物の認識・分類・攻撃や、免疫反応後の掃除など、それぞれの細胞が微妙に異なる役割を果たす。ヒトの体を構成する細胞の種類を、系統的に分類した地図はない。ヒトの細胞を知らずして、どうやってヒトを知るのだろうか？

これは単なる実存主義的な問いではない。病気や傷ついた臓器と取り替えるための新しい組織を実験室で育てるためには、どの細胞を培養するのかを正確に知る必要がある。細胞の遺伝子を編集する場合も然りだ。だからヒト細胞アトラス計画は大きな役割を持つ。二一世紀の医療は、人体の詳細な地図なしには、その能力を存分に発揮できなくなっているのだ。

一つの例を挙げると、子供に比較的多い腎臓のがんで、腎芽腫というものがある。現在は化学療法で治療する病気だ。化学療法は大人にもつらく、副作用に苦しむのだから、子供がつらいのは当然だ。ところが、このがん細胞は成熟前の細胞と似ているので、強い薬で排除するよりも腎細胞へと成熟させるほうが賢明だということが、この病気を分析することでわかった(4)。さらに例を挙げよう。たった一つの遺伝子の変異が原因だと知られる数少ない病気の一つということを考慮すれば、嚢胞性線維症については実によく理解されていると踏む人もいるだろう。ところが、科学者が肺と気管の細胞をきちんと整理してみると、この病気が肺塩類細胞というまったく新しい種類の細胞の仕業であることが判明した(5)。

わたしたちの体で起こっていることをより正確に知ることで、対処の仕方が変わるであろう病気や健康状態は、まだまだたくさんある。もしかしたら、すべての治療が変わるかもしれない、それほど大事なことなのだ。新しい地平を切り開くチャンスだ。二一世紀の医療という呼び名では器が小さすぎるように感じる――細胞の地図がもたらす衝撃の大きさを体感してもらえるだろうか。化学療法や抗生物質、臓器移植を過去のものとする、まったく新しい時代の医療が始まるだろう。

こうした時代が実現した時、すべての人が新しい医療を利用できるようにするのだ。そのために、わたしたちはヒト細胞アトラス計画に出資する。現実に戻ろう。試算の規模を正しくとらえるために、低所得国の遠隔の村の住人を選んだり、「すべての人に」高度な医療を届けるという主張に懐疑的であったりする必要はない。高所得国に暮らすわたしたちの誰もが、医師が病状に耳を傾けなかったり、誤診したり、無視したりした結果、悲惨な結果をもたらす事例を思いつくものだ。あらゆる医療行為をすべての人に届けることはイギリスでも難しく、世界全体となると言うまでもない。

世界経済フォーラムの白書の中で、ワシントン大学グローバルヘルス科のジェニファー・マロアは、予防ができるような類の苦しみから世界を解放するのは「簡単に」達成できると述べる[6]。ブロックチェーン［訳注：暗号技術によって取引履歴を過去から一本の鎖のようにつなげ、データを正確に維持する技術］やインターネット、人工知能（ＡＩ）などの新しいテクノロジーを利用するだけでよいと提案するのだ。

こうしたテクノロジーで十分なのだろうか。これ以外に科学技術はないのか。チャン・ザッカーバーグ・イニシアチブは、あらゆる病気を治す計画の根幹には次の三点がある、と見ている。

（一）科学者と技術者を引き合わせること。
（二）道具とテクノロジーを築くこと。
（三）科学に出資する機運を育むこと。

三点目が重要だ。地球規模で病気を治すには、少なくとも二つの大きな問題に対処する必要がある。すなわち、貧困（前章ですでに扱った）と気候変動（次章で扱う）の問題だ。さらに、一〇年で三〇〇億円という投資はかなりの変化を生むものの、あらゆる病気を治すには足りないという問題がある。

チャンとザッカーバーグはこの事実に気づいており、資金の投入だけではこの問題には不十分であることを知っている。さらに言うと、チャン・ザッカーバーグ・イニシアチブは合同会社であり、慈善団体ではない。ザッカーバーグは持ち株をコントロールするほか、政治や自社の利益のために投資することができる。ザッカーバーグの株を新しい団体に移すことで税金の支払いを逃れることができるうえ、団体からの支出が個人企業であれば不透明になる、という批判がある。それはそれで憂慮されるものの、わたしたちの観点から見れば、非常に大きな野望のために投資するのなら仕方のないことかもしれない。なぜなら、チャンとザッカーバーグの設立したサンフランシスコにある非営利の医学研究機関、バイオハブに六〇〇〇億円を投資するか、一〇年で三〇〇〇億円、または長期間に六兆円を投資するかというのは、あらゆる病気から人類を解放し、全人類の寿命を延ばす前においては、大河の一滴にすぎないからだ。

公衆衛生を地球規模で大幅に進展させ、持続させるために乗り越えるべき課題は、覚悟が求められ、野心的で、難しく、複雑で、費用がかかる。それに、これは富裕層が話題に上げ、投資する対象ではなさそうだ。すなわち、ユニバーサル・ヘルスケア（UHC）の出番なのだ。

世界銀行は一九九三年の世界開発報告で、世界規模の保健の分析を初めて報告した。税務大臣たちを対象にしたこの報告書は、医療への支出が、個人の幸福だけでなく、景気をよくすることができるだろうと示した。報告の発行から二〇年の区切りに、ランセット国際委員会は、二〇三五年までに健康の「グランドコンバージェンス」というものを達成するための投資について、骨子をまとめた。ここでは、低・中所得国での感染症による死亡、子供と妊婦の死亡例を、もっとも優秀な中所得国の水準にまで引き上げることを目指している。ここでの優秀国は、ちょうど同じアルファベットで始まるため、4Cと呼ばれる中国（China）、チリ（Chile）、コスタリカ（Costa Rica）、キューバ（Cuba）のことだ。グランドコンバージェンスが二〇三五年には数千万件の死亡を防ぐことができるだろう、と報告書は予測する。(7)

委員会は四つの重要なメッセージを打ち出した。一つ目は経済への影響で、おそらくこれまでにも政府内で何度も話し合われてきたことだ。医療の投資に対するリターンは大きい。長期間、不健康な状態になるのを避けることで、延びてきた寿命の価値（医療業界では頭文字を取ってＶＡＬＹと呼ぶ）を高め、これが経済的リターンを生み、わたしたちの注いだ保健ケアの投資が九倍から二〇倍になる。特筆すべきは――本書を通じて、おわかりになるだろうが――巨額に感じられる支出が、経済的に大きな見返りをもたらすことがしばしばある、ということだ。

二つ目は、グランドコンバージェンスが一世代待つことなく達成できるということだ。すなわち、投資家は比較的、短期間で儲けられることになる。政府は、初期事業費を計上した直後から収支を合わせられることに自信が持てる。ほんの数年で効果が見えるというのは、コンバージェンスを展望図から実行可能な政策へと昇華させる役に立つ。

三つ目は、政府が医療の財政政策を存分に生かしてないということだ。言いかえると、アルコールに加えて特にタバコを増税すれば、低・中所得国での非感染性疾患や傷病による死亡例を著しく小さくすることができる、ということだ。例えば、中国でタバコの値段を一・五倍にするだけで、年間二〇〇〇万人の死亡を防ぎ、二兆円の税収を五〇年にわたって生み出すだろう。インドで同じ期間に同額の増税を行った場合、年間四〇〇万人の命を救い、二〇〇〇億円の追加税収をもたらすだろう。次章で扱うように、石油会社への補助金を減額するだけでも医療全般を向上させることになり、中でも呼吸器疾患の減少に効果をもたらす。

そして、四つ目がもっとも重要だ。すべての人に健康を届けることが、医療におけるグローバルコンバージェンスを達成するために、もっとも効果的な方法なのだ。ランセット委員会の骨子は新型コロナウイルス感染症以前に作成されたものの、その中で、ＵＨＣが感染症の大流行の効果的な抑止力になることを、複数の国による危機への対応を通じて示している。

世界でも最大級の医療研究の慈善団体、ウェルカム・トラストのジェレミー・ファラー代表は、およそ四五〇〇億円を寄付している。地球規模での保健の課題解決を実体験した当事者として、ファラーは一〇〇兆円の使い方の指南を受けるのに適役である。「支出の基盤はユニバーサル・ヘルスケアに置くべきだ」と話してくれた。だが、わたしたちの寄付の規模には感心しなかった。「大した金額ではない」と即座に答えた。「本当に進展させるためには、相当の資金が必要だ。だが社会のほかの事業と比べると、きわめて少額だ」

地球規模の保健を押し進めることの基盤は、ユニバーサル・ヘルスケアでなければならない、とファラーは強調した。「ほかに持続可能なものはない」と彼は言う。保健ケアの公正な制度は、妊婦や子供の医療を向上させて、介護を改善し、感染症の蔓延に対抗する。「制度のほとんどが公正ではないし、効率が悪く、必要とされるサービスを持続的に提供しない」

二五〇万人以上が感染するなど、アメリカで新型コロナウイルスの感染者数が驚異的なスピードで増加していた二〇二〇年中頃、キューバでは、それまでの感染者数が一一三〇万人の人口に対して、わずか二四四八人にとどまっていた。[8]大流行を抑制できた理由の一つが、キューバの強力な医療体制にある。キューバには人口一〇〇〇人あたり八・一九人の医師がいるのだが、この率は世界でも有数の高さである。[9]

一〇〇兆円は、世界の医療体制を変えるのには不十分だ。そこで考えがある。わたしたちの資金の一部を使って、ある一つの国にUHCを導入させる。この幸運な国が旗艦になる、すなわち、他国に対するUHCの広告塔になってもらうのだ。

UHCへの転換が困難で、そのために印象的な指標となるような、大きな国を選びたい。ベトナム、インドネシア、ネパールはどれも候補になるが、エチオピアを選ぼうと思う。同国の元保健大臣で、世界保健機関の現在のトップであるテドロス・アダノムがエチオピア出身であることがまた、わたしたちの計画の助けとなるだろう。

一億人の人口を有するエチオピアは、経済大国でありながら、人口一〇万人あたりの医師の人数はおよそ三人だ。妊婦と子供の死亡率が比較的高い主な理由は、出産のほとんどが、訓練を受けた現代の助産師の立ち合いなしに自宅で行われているからだ。衛生状態の不良や不適切な栄養管理もまた、健康問題を悪化させている。ビル・ゲイツがアフリカでもっとも優秀な医療体制だと述べたガーナの制度に、わたしたちはならうべきである。ガーナでは、例えば、およそ一〇〇〇の出産に対して約五人の助産師が存在しており、このおかげで、エチオピアと比較して妊婦の死亡率が大幅に低くなる。ガーナは国民健康保険制度を通じて、すべての人に医療サービスを提供している。エチオピアの医療への支出は一人あたりおよそ七三〇〇円なのに対して、ガーナは一万四五〇〇円もかけている[10]。

エチオピアの医療体制を変換すれば、たくさんの恩恵がもたらされることになるが、その一つが、訓練を受けた専門的な医療従事者が移住せず、国内にとどまるようになることだ。さらにわたしたちは、ほかの国に目を向けて学ぶことが必要だろう。例えばインドネシアでは、ＵＨＣとして国民健康保険を導入し、二〇一九年までに全国民の八三パーセントにあたる二億二一〇〇万人までを保険でカバーしている[11]。

というわけで、わたしたちの資金の一部はＵＨＣの実例を見せるために使う。また、ワクチンの開発・普及の両方にまとまった金額を使うべきだろう。新型コロナウイルス感染症の危機が起こる以前にワクチンをあまり重んじていなかったために、現在の状況がある。ワクチンの開発・臨床試験・公平な普及というのは巨大で巨額の事業であることを、ワクチンがまったく保証されない状況に陥った今になって初めて、わたしたち全員が痛いほど知ることになった。

ビル&メリンダ・ゲイツ財団は、ガビというワクチンアライアンスと協力し、低・中所得国のワクチンを財政的に支援しており、こうした活動にはわたしたちもテコ入れできる。ただし、これは生易しいものではなく、大金を投入するだけで解決するような課題ではない。

ポリオとの戦いが、わたしたちの直面する課題について実例を示してくれる。ポリオは、主に子供が感染して不可逆の麻痺になり、時には死亡することもある感染症で、ウイルスが原因である。ポリオの撲滅運動は大きな成功を収めていて、一九八八年には年間三五万件もあった感染者数を、二〇一八年にはわずか三三件にまで減らした。一二五か国でエンデミック［訳注：特定の地域などで、普段から継続的に病気が発生すること］であったポリオだが、現在、ウイルスがしつこくはびこるのは、たったの二か国しかない。ところが、ポリオのウイルスは感染力が高い。一人の子供が感染してしまうと、一年のうちに世界中で数十万人もの感染につながる恐れがある。そのため、天然痘ウイルスを一九八〇年に撲滅させたのと同じように、ポリオウイルスは完全に根絶しなければならない。

現在、野生株ポリオウイルスがエンデミックにあるのはアフガニスタンとパキスタンだけで、この二か国の不安定と暴力がウイルスの根絶を大きく妨げている大きな理由だ。さらに、新型コロナウイルス感染症でロックダウンしていた期間中に、ポリオワクチンの接種が中断したせいで、ウイルスが再び数を増やしてしまった。このほか、ポリオが残っていたナイジェリアは二〇二〇年に根絶宣言をしている。

こうした非常に困難を極める地域で活動する職員への出資を拡大し、安全を高め、物資を増やすことで、わたしたちはウイルス根絶に向けた機運を高められるだろう。ナイジェリア北部では、ポリオのワクチン接種と根絶のために働く医療従事者の少なくとも六七人が、ボコ・ハラムと思われる戦闘員に殺害された(12)。また、接種率を引き上げるためには、ワクチンの安全性に対する理解を得ることも必要だ。例えばアフガニスタンでは、反ワクチン運動の広がりを抑える必要がある。すべての国で病気の監視とデータ収集を向上させて、ウイルス根絶に向けた進捗管理を改善し、ウイルスが残っている遠隔の地域で必需品――飲料水と食べ物――の供給に取り組む。

ウイルス根絶の取り組みのおかげで、一五〇〇万件の死亡と一八〇〇万例の麻痺を予防してきた。ポリオで苦しむ子供はいない、と請け合いたい場合にはこれで十分だが、金銭的価値に目を輝かせたい人のために教えると、ポリオ根絶により四兆円から五兆円もの費用が削減できたと推定される(13)。

ガーナでは二〇〇三年頃にポリオが消滅し、それ以降、はしかで亡くなる子供もいなくなった。ワクチンの高い接種率のおかげで、いくつかの病気については九〇パーセント超の国民が免疫を持つ。ワクチンに対する国民の理解がこれほど高いのは、地域診療所や保健所が、すべての乳児にワクチンを接種させるために、親にワクチンの恩恵を説明する普及活動を行ったからだ。

こうした人生を変える前向きなメッセージが、ワクチン接種が一般的ではない国を動かすのに必要だ。WHOは二〇一九年に医療の大きな脅威となる事柄のリストを作成したのだが、その中には、ワクチンへの躊躇、と呼ばれる課題が含まれる(14)。ワクチン接種をしようという人数の減少は、新型コロナウイルス感染症以前からの大きな懸念であり、コロナの時代にあって、その落ち込みは一層大きくなっている。

ワクチンを躊躇することによる健康への悪影響は大きい。日本では、二〇一三年に（副作用の広がりが報道されたせいで）ＨＰＶワクチンを接種する人数が落ち込み、子宮頸がんにより推定で五〇〇〇人が死亡してしまった。これは、ワクチンを接種していれば防ぐことができたであろう。ワクチンに気乗りしなかったり、あからさまにワクチンに反対したりすることは、人々を病気や死にさらすだけでなく、病気の根絶を妨げることにもなる。

WＨＯのリストには、きめ細かい見通しとともに、「疾病Ｘ」とラベル付けされた脅威が並んでいた。「深刻な感染症の流行になり得る未知の病原体に備える」ための余白を、ＷＨＯは事実上、残していたのだ——翌年の新型コロナウイルスによって、この余白はきっちり埋められることになった。なお、この感染症は（かなりの確率で）コウモリからヒトへ伝播し、それからヒトからヒトへの伝染が始まった。

実際に動物から深刻な病気が伝染することは、容易に予測できた。ＨＩＶ、狂犬病、炭疽、エボラ出血熱、インフルエンザのほか、ＭＥＲＳとＳＡＲＳ（この二つはコロナウイルスの仲間である）、腺ペストもそうだ。すべて動物からヒトに感染する人獣共通感染症だ。ニパという、あまり知られていない人獣共通ウイルスには、深刻な懸念がある。そのウイルスはオオコウモリからブタに伝染し、それからヒトに伝染する。そのことが一九九九年にマレーシアの村で最初に確認された。致死率は四〇パーセントから七五パーセントと衝撃的な高さだ（新型コロナウイルス感染症の致死率は三パーセント）。ニパの感染症には治療法やワクチンがないため、もしウイルスが変異してヒト同士の感染が容易になってしまうと――さあ、何を懸念するのか、おわかりだろう。

第４章では、自然界との関係をどのように変化させられるのかを検討する。一つの結論では、新たなウイルスがヒトに感染する確率を減らすよう、努めることになるだろう。しかし本書では、すでに発生している感染症に対処することが目的だ。感染症の大流行から保護し、対応するための国際機関が必要だ。ＷＨＯの傘下で動いてもいいだろう。

二〇〇九年には、ブタインフルエンザＨ１Ｎ１型の大流行が確実だという脅威が広がると、開発されたワクチンは富裕国に買い占められてしまった。ワクチンアライアンスのガビは、より貧しい国がワクチンを購入できるよう費用を補助しており、これは新型コロナウイルス感染症のワクチンについて、世界各国の政府から善意による補助がない場合には（それに、そういった援助はあてにできない）、わたしたちが取るべき行動だ。また、感染症流行対策イノベーション連合（ＣＥＰＩ）も支援する。新型コロナウイルス感染症を含む多くの新興感染症のために、ワクチンを開発する機関のＣＥＰＩは、ワクチンの試験を完了するために二〇〇〇億円を至急必要としているが、ワクチンを求めるすべての人への供給を確実にするための製造能力の拡大に、さらなる資金が必要である。

これは大金のようだが、わたしたちが通常通り働き、経済を回すよう動き出せば、採算は取れる。インペリアル・カレッジ・ロンドンの免疫学者ロビン・シャトックは、ＣＥＰＩの出資のおかげで、新型コロナウイルス感染症が発生した時点で、すでに疾病Ｘに取り組んでいた。彼のチームは記録的な速さでワクチンを設計し、臨床試験を始めることができた。ワクチンが効かないという結果になるかもしれないが（一七〇を超える新型コロナウイルス感染症ワクチンが開発中）、とにかく、開発に成功したワクチンを公正に、廉価で供給できるようにするため、わたしたちはＣＥＰＩに投資して支援しよう。

わたしたちは、世界中のワクチン接種率を高めるのに貢献できる、それから、基礎となる研究レベルに照準を合わせることもできる。ワクチン開発の多くは、いまだに二〇〇年前の技術を基にしているうえ、ワクチンが開発されている病気は三〇種類にも満たない。新型コロナウイルス感染症のワクチンはもちろん、ＨＩＶやマラリア、結核に有効なワクチンが効かなくなることがある。そのうえ、一九四〇年代以降に特定された新興感染症の数は三二〇以上もあるのだ。

ＲＮＡ・ＤＮＡワクチンなど、ワクチン開発の新しいアプローチにわたしたちは出資する。ＲＮＡやＤＮＡには、病気を引き起こすウイルス細胞や細菌細胞の表面にあるタンパク質を合成するための遺伝情報がある。その遺伝情報を持つワクチンが体内に入ると、体の中の細胞が遺伝情報を読み、対応するタンパク質をつくる。この反応は、免疫応答を展開する免疫系を刺激するので、まるで本物の病原体と遭遇した時のように体を防御するのである。ロビン・シャトックのワクチン候補はＲＮＡワクチンで、これは新型コロナウイルス感染症のワクチンとして、アメリカでも有望視されている。

汎用性のあるインフルエンザワクチンを創ることができれば、人類の健康にとっていまだに最大の脅威の一つ、すなわち、インフルエンザの大流行から守られるようになるだろう。新型コロナウイルス感染症が発生した当初は、インフルエンザの大流行ではないかと懸念し、感染症の原因ウイルスを、コロナウイルスではなくインフルエンザウイルスだと見たせいで、複数の政府が初期対応を誤ってしまった。そういった経緯で、汎用性のあるインフルエンザウイルスワクチンの開発は必須だし、こうしたワクチンは薬剤耐性菌の発生に対抗する助けにもなるだろう。治療の効果がないスーパー耐性菌に進化するという、抗生物質耐性の問題もまたＷＨＯの脅威リストに載っている。年間一五〇万人以上が、耐性菌に感染したために命を落としている。これは、容易に急拡大し得る問題なのだ。

非感染性疾病のワクチン開発も検討できる。すでに子宮頸がんや肝臓がんで成功しており、さらに消化性潰瘍やリンパ腫、白血病、炎症性腸疾患などの多くの病気には、こうしたワクチンの標的と似たものがある。１型糖尿病にもあるかもしれない。

ワクチン接種と言えば、子供に着目しがちだが、高齢者を対象にしたワクチン接種プログラムへの投資も検討したい。ワクチンを接種すると、病気や障害がなく生活できる時間が延びるだろう。ここにも経済的な見返りがある。「最貧国の最低限の予防接種には、一〇〇円投資するごとに二一〇〇円のリターンがあり、さらに広範な社会的利益を含めると、リターンは五四〇〇円まで上昇する」とガビ事務局長のセス・バークレーは言う。「これは、どの医療的介入よりも大きい」人類への影響は変革そのものになるだろう。「感染症のない世界は平均寿命を延ばし、貧困を根絶して、世界規模で経済を押し上げるのに貢献するだろう」とバークレーは語る。

さらに、これも見ていこう。プリンストン大学の感染症生物学者のジェシカ・メトカーフは、グローバル免疫観測所という地球規模の免疫系プログラムを提案し、大衆から免疫サンプルを集め、新しい病原体の発生の兆候を科学者が見つけようと呼びかけてきた[15]。新型コロナウイルス感染症が最後の脅威ではない、と彼女は考える。グローバル免疫観測所は「未来の感染症の大流行を迅速に検知し、分類し、退治する」ための助けになるだろう。

二〇〇〇年に活動を始めたガビは、低・中所得国で七・六億人を超える人々のワクチン接種を支援し、一三〇〇万人以上の命を救ってきた。二〇二一年から二〇二五年の期間中、三億人のワクチン接種のために七四〇〇億円の予算を計上していた——新型コロナウイルス感染症の費用を組み込む前の予算だ。わたしたちは、この予算を承認して、大規模な研究開発プログラムを立ち上げ、ウイルスの検出、ワクチン応答と開発のための国際的な研究所を設立するために、一〇兆円を出資できる。

マラリアについては世界保健機関（ＷＨＯ）に参加しよう。ＷＨＯのマラリア戦略では、今後一〇年に毎年八七〇〇億円を費やす予定だ。わたしたちがそこに一〇兆円を追加したら、何ができるだろうか。疫学の古典的な概念では、特効薬を全員に一斉に与えて、流行り病を排除することになっている。狙い通り、病は消えるだろう。わたしたちの資金があれば、利用可能な最良の抗マラリア薬（現在はアルテミシニン併用療法：ＡＣＴ）を、世界中でこれを必要とするすべての人が確実に受け取れるような試みができるだろう。しかし、たとえ資金があっても、サハラ以南のアフリカの僻地には届けられないし、蚊の生息密度のコントロールなしには、マラリアはあっという間に再流行してしまう。そのため、わたしたちは病気と同じくらい、蚊とも闘わなければならない。殺虫スプレーや殺虫仕様の蚊帳が現行のコントロールの最前線で、これは二〇〇〇年以降のマラリアの減少に貢献している。ところが、後述のマラリア原虫に寄生され、生き残った蚊の中には、必ず変異したものが存在するので、結局はマラリアが再び発生することになる。

マラリアは、蚊に寄生する微生物のプラスモディウム属のマラリア原虫が原因だ。長年、マラリアを根絶しようとしても、その度に、マラリア原虫か寄生された蚊——もしくはその両方——がしつこく生き残り、防除策への耐性を持つように進化して、再発生を繰り返してきた。そのため、蚊が発生しないよう水たまりをなくし、進化を攻撃する対策を取ることが必要だ。ビル&メリンダ・ゲイツ財団から支援を受ける国際研究コンソーシアムの「ターゲット・マラリア」は、解決策を研究している。狙いは、遺伝子ドライブという遺伝子編集の方法を利用して、メスの蚊の繁殖能力をなくすことで、ある意味では初めて、耐性進化を受けないという結果を出している。遺伝子ドライブでは、ある遺伝子を次世代に、通常の半々の確率ではなく、強制的に一〇〇パーセント伝達させることで、蚊が生き残ろうとする自然淘汰を妨害する。操作された遺伝子のせいで、メスの蚊は卵を生産することができなくなる。実験室の試験では、蚊の個体数は増加した後、遺伝子が拡散するとともに、急激に減少した。まとめると、繁殖できなくなる遺伝子を仕込んだメスの蚊を作成し、それを蚊の中に放つのだ。大規模な遺伝子操作・繁殖プロジェクトを自然環境のきわめて広範囲で実行すれば、その地域にいるマラリア蚊を排除することができる。現在、遺伝子ドライブ法の大規模試験がフロリダで実行中で、そこでは（有効な予防策のない）デング熱を伝播する種類の蚊を根絶しようとしているのだが、これはすでにブラジルの野外試験では成功している。[16]

地域から一つの種を完全に排除することがもたらす生態系への影響を心配するのは当然だ。しかし過去には、薬剤を使う排除がしばしば行われていた。薬剤はターゲット以外にも、背筋の凍るような被害を与えることを考えれば、殺虫剤を使わずに一つの種を取り除こうという行為は、環境にやさしいと言える。マラリア蚊を捕食する動物は数種いる。ところが調査によれば、マラリア蚊がいなくなっても、地元の生態系に大きな影響は与えにくいそうだ。[17]

熱帯病に終止符を打ち、公平なユニバーサル・ヘルスケア（ＵＨＣ）への移行を始め、チャン・ザッカーバーグ・イニシアチブなどの計画による研究開発を進め、がんや糖尿病、循環器疾患などの一般的な疾患の治療や予防の突破口を開くことができれば、地球規模で平均寿命が加速度的に延びるだろう。この伸び率はすでに大きい。現在の平均寿命は七二・六歳で、これは一九五〇年の世界の最長寿国（ノルウェー）の平均寿命よりも長い。ところが、この平均寿命の中には、中央アフリカ共和国の五三歳から日本の八五歳までの不均衡が隠れている。[18]

二〇二〇年、マーク・ザッカーバーグは、二〇二〇年代の終わりにはすべての人の寿命が延びているだろうと予測した。「科学研究が病気の治療と予防に貢献し、おかげで平均寿命が二・五歳延びるだろう」とフェイスブックに投稿した。そこに異論はない。ランセット誌で発表された二〇一七年の論文では、死亡率と長寿の長期的な傾向を評価し、それはチャン・ザッカーバーグ・イニシアチブの投資がない場合でも変わらなかった[19]。あらゆる病気を根絶し、予防し、治療するという偉業を達成できるならば、すべての人が一〇〇歳前後まで生きるようになる。この一〇〇歳前後というのが、人類の自然な寿命のおよその限界である。

死そのものを病気として治療するならば、何歳まで寿命を延ばせるのだろうか？

二〇一五年三月二七日から二〇一六年三月一日までの約一年間、スコット・ケリーは国際宇宙ステーションに滞在した——アメリカ人では最長の宇宙滞在日数だ。スコットの滞在が注目を集めるのは、一卵性双生児の兄弟で元宇宙飛行士のマークが地球に残っているからだ。双子の兄弟の生理機能とゲノムを比較することで、NASAの科学者は、宇宙環境への曝露がスコットの遺伝子の活動や構成にどのような変化を起こすのか、観察できる[20]。例えば、スコットのDNA修復に関わる遺伝子がより活性化されていたようだ——放射線の被曝量が地球よりも宇宙のほうが多いことを考慮すると、当然だ。ただ、不可解なことに、スコットのテロメアが長くなっているようだった。テロメアとは染色体の末端にある糸状のもので、年齢とともに短くなる傾向がある。宇宙でテロメアが伸びた理由は不明だが、地球に帰還して数か月後には、スコットのテロメアの長さは通常に戻った。またスコットのDNAには、潜在的にがんの発端となり得る不安定な変異があることにも、懸念がある。

ニューヨーク、コーネル大学の遺伝学者クリストファー・メイソンは、宇宙飛行が人間の生理機能に与える影響を研究しており、マウスで対策や予防治療を試験している。データが集まれば、二〇年以内に、宇宙旅行や火星の生存に適した人間を設計できるようになるだろうと、メイソンは言う。わずかな時間でも地球の外に出れば、遺伝子は変化し始める。「もしもではなく、いつ、わたしたちは進化するのかが問題だ」とも語る。(21) ここでは、生理機能を遺伝子操作して人間が生き残れるようにするほうが賢明だ、という論理があるのだ。

地球という足かせから抜け出して、銀河に飛び出すというサイエンス・フィクションは豊富にあり、例えば、イアン・M・バンクスの『カルチャー』シリーズやアン・レッキーの『叛逆航路』、キム・スタンリー・ロビンスンの『太陽系動乱』など、挙げればきりがない。こうした小説の中では、人類は人間を定義する重要な境界線の一つである「死」からも脱出している。人間は数千年も生き、修復され、機能が向上され、増強され、必要とあれば新しい肉体に交換される。死という根本的な事実を変えられるかもしれないという発想は、目のくらむような展望だ。しかし、ある筋によれば、これこそが一つの種としてのわたしたちの目標なのである。

中国深圳の元南方科技大学の賀建奎《フージェンクイ》が、このアプローチで重要な一歩を踏み出した。しかし、それは史上最大の物議をかもした医療行為の一つでもあった。彼は、二人の人間の胚の遺伝子を編集して着床させ、乳児――二人の女の子――になるまで成長させ、誕生させた。二〇一九年に医療規則を犯したとして、投獄刑と罰金刑に処せられた。CCR5という遺伝子を操作し、乳児がHIVに感染しないようにするためだったと述べた。彼の利用したCRISPR／Cas9（クリスパー・キャスナイン）という技術は、遺伝子の位置を変更したり、変化させたり、機能をなくしたりできる。こうした類の遺伝子操作は、ＣＲＩＳＰＲの開発された二〇一二年より前から可能であったが、以前の技術は非常に複雑で、時間と費用のかかるものだった。現在では、安く簡単に操作できる。賀の実験が成功なのか、遺伝子編集を受けた女の子が発病するのかは非常に不透明だ。しかし、医学界・科学界からの非難を受けたのは当然である。操作が安全だったのか、両親はきちんと説明を受けたのか、結果は捏造されたのかはわからない。しかしながら、ついにパンドラの箱が開かれてしまった。

望めば、まったく同じ実験を簡単に準備できる。わたしでも、本当にやろうと思えば、一〇〇兆円など使わなくても同じことができるだろう。ＣＲＩＳＰＲは、もはや専門家だけが操作できるような難しい技術ではなく、ユーチューブ動画やインターネット上の操作ガイドを入手して、趣味で行えるものになりつつある。器具は安価（数十万円）で集められるようになり、人間の胚でさえも購入できてしまう。胚や器具の購入は違法ではない［訳注：日本では胚の売買は倫理指針で禁止する見解があるものの法規制はない］。しかし、わたしの住むイギリスでは、生殖目的で人間の胚の遺伝子を編集することは、少なくとも違法である。操作が非常に簡単であることが、実行してはならない、という信念を軽くしてしまう。賀があれだけ批難されたのに、ロシアの科学者デニス・レブリコフは、胚の遺伝子を編集し、女性に着床させて、出産させるつもりだと発言している[22]。

生殖系、すなわち精子や卵子を変えようと遺伝子編集を利用する研究室を承認するつもりは、わたしにはないので、ほかの話に移ろう。わたしたちが、こういった行為を実行する段階にはいない。仮に安全が証明されたとしても、人間の遺伝子を編集するという倫理的な問題がまったく解決されていない。耳の不自由な両親が、我が子もまた確実に耳が不自由になるように、遺伝子操作を頼んだことを発端にした物議を見てみよう。イギリスの体外受精関連の法律では、胚の検査で、耳の障害に関連する遺伝子が見つかった場合には、対応しなければならない。ところが、一部の聴覚障害団体にとっては、この行為は差別的である。彼らにとって耳の障害は、望まないものや劣った特徴ではなく、残していきたい生き方や文化なのだ。心臓病やがんに関連する遺伝子を破壊したい人もいれば、肌の色に関連する遺伝子を編集したい人もいるかもしれない。低身長やてんかん、自閉症、同性愛について編集したい人もいるだろう。

囊胞性線維症や遺伝性のがん、心臓病など、遺伝子の状態がよくわかっている病気について、狭い範囲を編集することは社会が容認するようになったと言えるだろう。これは理にかなっているようだが、うっかりすると、種の形成に乗り出してしまう恐れがある。遺伝子を編集された人間は、欠陥遺伝子を取り除く行為をやり直したくないと、「野生種」の人間との生殖を避けるかもしれないからだ。即座に人間という種が二層化するだろう。宇宙旅行もので描かれるような、大規模な遺伝子編集が行われた未来では、こうした結果に陥るのかもしれない。

現在行われている遺伝子編集は、次世代に受け継がれない遺伝子を変化させ、病気を治療するためのものだ。二〇二〇年には、ベータ・サラセミアと鎌状赤血球貧血症の二人の患者が、骨髄細胞の遺伝子を編集して病気の原因となる変異した遺伝子を相殺する治療を受けた。ベータ・サラセミアと鎌状赤血球貧血症では、赤血球中で酸素を運ぶタンパク質であるヘモグロビンに関わる遺伝子が変異している。症状が重い場合には、定期的な輸血が必要だ。研究者が目を付けたのは、患者の骨髄細胞内の、産まれると造られなくなる胎児ヘモグロビンという種類のヘモグロビンの生産を開始する遺伝子を活性化することだ。科学者は患者から骨髄細胞を取り出し、遺伝子を編集して胎児へモグロビンの生産を開始させ、その骨髄細胞を患者に戻す。すると細胞は胎児へモグロビンを造れるようになるので、患者は輸血しなくて済むようになる。この試みは、ヒトの次世代に受け継がれる遺伝的条件をCRISPR遺伝子編集により変更した、初めての症例となった。

この場合の編集は、変更は卵子や精子ではなく、骨髄細胞の中だけで起こされた。そのため、持続的に遺伝可能な変化ではないため、遺伝することもないだろう。ただし、生殖に関わる遺伝子編集が行われるようになっていくのは避けられないようである。

オープンで透明性の高い方法で、遺伝子編集の研究に投資することで、少なくとも研究を安全に進めることができる。わたしたちの団体はWHOの指針に従い、使用するすべての器具と方法にアクセスできるようにし、倫理学者やマイノリティ・グループに研究について知らせ、研究対象が受け入れられるものかを判断してもらうつもりだ。

また、遺伝子研究に潜在する偏りをなくすために取り組むこともできる。ヒトのゲノム配列の決定のお祝いムードで見失いがちだが、アフリカの人々とアフリカ系の子孫の遺伝子情報は、世界の遺伝子情報のたった二パーセントでしかない[23]。ヨーロッパ系の遺伝子情報が大量にあるという偏りのせいで、地球規模で病気を正確に予想したり、診断したり、治療したりできなくなっている。これもまた、わたしたちが変えられることだ。

まとめると、詳しくは第8章で扱うが、動物や食用作物における遺伝子編集の投資や研究に力を入れたい。遺伝子編集を通して寿命を延ばそうという取り組みが実行中であるものの、現時点ではマウスを扱ったものしかない。科学者は、老化を加速する原因となる遺伝子疾患を持つように繁殖させた実験マウスを使って、老化の研究をしている。ソーク生物学研究所のファン・カルロス・イズピスア・ベルモンテ研究室では、ＣＲＩＳＰＲ／Ｃａｓ９編集をマウスの治療のために利用する。これは、Ｃａｓ９タンパク質で、ほかの遺伝活動を阻害することなく、老化の原因となる悪い遺伝子だけをピンポイントで攻撃（ノックアウト）するという方法だ。Ｃａｓ９を持つウイルスに感染させると、マウスはより活動的になり、より丈夫に育ち、心臓が強くなった。また、マウスの寿命は約二五パーセントも延びた[24]。

この発想を利用すると、最終的には、ヒトの老化の原因となる分子を治療できるようになる。繰り返すが、わたしたちはこうした研究を支援するものの、力を入れるのは、あくまでもユニバーサル・ヘルスケアだ。それに、老化の遺伝子治療の実現はずっと先のことで、しかも長期間、エリート集団だけが受けられる治療になりそうだ。

わたしが気の短い若者だった頃、ださくてアナログだ、と思い込む世界に生まれたことに、いら立ちを感じていた。コンピュータは未発達で、話しかけたりできなかった。宇宙旅行もできなかった。化石燃料を燃やすことで世界が牛耳られていた。かっこいい物事の登場を目撃するには、早く生まれすぎたと思っていた。だが、こうした感覚は、ありがたいことに年月とともに薄れていった。

今では、信じられないほどの「かっこいい」が登場し、住む世界は、祖父母たちが子供を育てていた一九五〇年代からは、ほとんど想像できない世界だということをわかっている。それでも、どうしても未来を目撃したいのだ。わたしたちの今の行動は、何年も後に実を結ぶからだ。

今世紀の終わりまでに、すべての病気を治し、予防し、治療すると提唱することは、常軌を逸しているし、傲慢にさえ思える。だが、チャン・ザッカーバーグ・イニシアチブを率いる、遺伝学者で神経科学者のコーネリア・バーグマンは、長い視野でとらえる。「同じくらい時間を逆戻りしたら、現代医療のほとんどが信じがたいものでしょう」と彼女は言う。「臓器移植や脳深部刺激療法から、免疫系を操るがん治療までがね[25]」これから八〇年で、現在の最高の医療が、ほとんど当てずっぽうに思えるくらいの変化を起こすのは、ほとんど確実だ。病気の発生率をきわめて低いレベルにまで引き下げてくれるかもしれない。

ただし、警告がある。二酸化炭素の排出を削減し、気候変動を止めなければ、医療と保健を改革するための確かな計画も意味をなさない。地球温暖化による死亡者数は、今世紀末までには、あらゆる感染症による死亡者数よりも多くなるだろう、と気候影響研究所は報告する[26]。化石燃料から離れることは、わたしたちの時代にもっとも困難な挑戦であり、もしかしたら史上もっとも困難なものかもしれない。この挑戦については次章で触れる。

達成したこと

数千万人の命を救い、地球規模で寿命を一〇年延ばした。

支出

エチオピアへのユニバーサル・ヘルスケアの導入……一〇兆円
新興の病気に対するワクチンの開発・予防接種プログラムと
　遠方へのワクチン配布プログラム……一〇兆円
マラリアなどの熱帯病の根絶……一〇兆円
結核の根絶……二兆三〇〇〇億円
HIVなどの感染症の治療と根絶……三兆円
抗生物質耐性……一兆円
人体の全細胞種のマッピングの完成……五〇〇〇億円
心臓病、神経病、がんの治療……各一〇兆円で計三〇兆円
体内の損傷細胞の治療と健康寿命の四〇年延長……二〇兆円
合　計……八六兆八〇〇〇億円

SKOLSTREJK
FÖR
KLIMATET

第3章　カーボン・ゼロに向けて

ゴール　二酸化炭素の排出量を大幅に削減し、世界を化石燃料から引き離すこと。できるだけ早急に再生可能エネルギーへと移行し、送電網を作り直すこと。輸送や産業をカーボン・ゼロにすること。エネルギー効率を大幅に引き上げること。実は厄介なのだが、住まいを変えること。

火星では、それは薄い空気の中を雪のように降り注ぎ、南極に氷で覆われた極冠を形作る。金星では大気の組成のほぼ全体を占め、地表温度を鉛の融点よりも高い摂氏四五〇度にまで押し上げる。地球では、大気のわずか〇・〇四パーセントしか存在しない微量ガスである。ところが、これが曲者《くせもの》だ。微量とは思えない影響を与える分子があるとすれば、それが二酸化炭素（CO_2）である。

一五〇年以上前から、大気中の二酸化炭素が地球を暖めることを、科学者は知っていた。アメリカの科学者（で女性権利の運動家）のユーニス・フットは、一八五六年に初めて「大気中の二酸化炭素が地球を暖めること」を実験により示した。[1] しかし、一九世紀だったので、女性の発見はほとんど取り合われず、アイルランド出身の物理学者ジョン・ティンダルが、一八六〇年に二酸化炭素の温室効果を初めて発見した、と評価されることが多い。その四〇年後、スウェーデンの科学者スヴァンテ・アレニウスが、石油の燃焼が実質的に地球の温度を上昇させていると示唆した。政治家もまた、この事実を何十年も認識していた。一九六五年、アメリカ大統領直属科学諮問委員会は、温室効果ガスの排出により地球が温暖化し、「地球の温暖化は人類に有害である」と報告した。一九八二年にマーガレット・サッチャーが、国際連合に対して気候変動の危険性を警告した。「行動を起こすには十分だ」と彼女は言った。「未来の世代が代償のもとで生きることのないように、わたしたちが変化を起こし、犠牲になるべき」ほかにもまだある。一九八八年には、NASAの気候科学者ジェームズ・ハンセンがアメリカ議会に訴えた。「温室効果が観測されていて、現在進行形で地球の気候を変えている」

どうなったかは、周知の通りだ。わたしたちは我慢しなかった。石油や天然ガス、石炭を燃焼して、温室効果ガスの排出量を減らさなかった。現状を維持するどころか、排出量の増加を加速させた。一九八八年の世界の二酸化炭素排出量は年間二〇〇億トンだったのに、現在の排出量は年間三七〇億トンだ。産業革命以降に排出された二酸化炭素量の半分が、この三〇年間に排出されている。

コロナ禍でも状況は変わらない。ロックダウンや移動の制限は生活や旅行に大きな打撃となったが、リーズ大学のピアーズ・フォースターらの分析によると、気温上昇への影響はほとんどゼロに等しかった。[2] 二酸化炭素の排出量は一時的に下がったものの、下がり方は不十分だし、下がっている期間が短かった。結果を出すためには、危機から再建する際に、環境にやさしい経済へと回復していくように投資することだ。世界経済は落ち込んでいるが、前例のない額の資金がある。企業のプロモーション映像のようになってしまう嫌いはあるが、これは、より良い未来のために、よりクリーンな世界を作り、わたしたちの暮らしを立て直す機会なのだ。

　本章では、化石燃料から再生可能エネルギーへの移行を加速させ、わたしたちの住める世界を創るためにできることを検討する。カーボン・ニュートラル、もしくはカーボン・ネガティブの状態を確実に作らなければならない。つまり、二酸化炭素を大気に排出する量と同じかそれ以上の量を吸収する世界を、遅くとも二〇五〇年までに作らなければならない。なぜか？　はっきりと目標を定めないと、食料不足や干ばつ、絶滅、経済の崩壊、洪水、強制的な移住に苦しむ世界を目撃することになるからだ。より正確に言えば、（すでに起きているので）こうした事態がより頻繁に起こる世界を目撃することになる。

地球の二酸化炭素濃度は、ハワイ島の中心にある世界最大の火山であるマウナロア山の山頂付近で、以前から測定されている。マウナロア山の山頂は隔離されていて、標高が高く、植物が生えないので、外因に左右されずに大気を測定するには理想的な場所だ。そこでスクリップス海洋研究所は、一九五八年から、この地で二酸化炭素濃度をモニタリングしている。二〇二〇年に二酸化炭素濃度は四一六ｐｐｍに達した。氷河に閉じ込められている大気から、産業革命以前の濃度がおよそ二八〇ppmであることがわかっている。数十万年もの間、保たれてきた二酸化炭素の濃度だ。

二酸化炭素濃度の上昇が気候変動の主な要因であり、そのために産業革命以前と比べて、地球の温度が平均しておよそ一・一度上昇している。メタンや亜酸化窒素、ハイドロフルオロカーボン（HFC）など、地球を温暖化させるガスはほかにもあり、まとめて温室効果ガスとして知られるものの、やはり二酸化炭素の影響がもっとも大きいため、その削減に集中すべきなのだ。

海面上昇や、頻度が増したうえに規模も大きくなった山火事、威力の増したハリケーン、異常な高温・干ばつ・洪水がもたらす影響が、ニュースの定番になっている。しかし、これは始まりにすぎない。わたしたちが大気中に放出する二酸化炭素量を増やすほど、被害は深刻さを増していく。それどころか、あと〇・五度気温が上昇して産業革命以前より一・五度高い状態になると、それに呼応して被害がきわめて大きくなるだろう。すなわち「加速する危険」とは、あと〇・五度の上昇により、影響が指数関数的に悪化するだろうということである。ある科学者の国際チームは、二度以上上昇すると、ますます手に負えなくなるので、自然界と人間界に対する脅威になると、最近結論づけた[3]。気候変動に関する政府間パネル（IPCC）は、地球の温度を二度上昇させてしまうと、かなり深刻な危険が起こり始めるとしている。

地球の温度が二度高かった最後の時代には、海面が今よりも四メートルから六メートル高かった。今世紀の中頃までに上昇が二度に達したとしても、氷河が完全に溶け切るまでには数世紀かかるだろう。といっても、ロンドンや上海、ムンバイ、ニューヨーク、さらには数千キロメートルにも及ぶ海岸線が、海の下に沈むのを目撃することにはなる。港やふ頭など、世の中を回し続ける経済インフラのほとんどが破壊される。文明の完全な再構築を目の当たりにすることになる。十中八九、病気や飢え、政情不安や戦争の増加を経験するだろう。

こうした事態に対抗するためには、一〇〇兆円という金額は桁外れに少なく思える。北極圏の温暖化を野放しにしただけで、経済的損失は今世紀末までに六七〇〇兆円にも及ぶのだ。もし三度も上昇――現在の状況では、わたしたちの向かうところ――させてしまったならば、大げさな言葉を使わないＩＰＣＣでさえも、「破滅」や「終末」などの言葉を使い始めるだろう。アマゾンの熱帯雨林を失うだろうし、地球規模での食料危機をはっきりと予測できる。これが、わたしたちが現在、向かっている未来なのだ。この未来への道の途中には地球システムの臨界点があり、これは例えば、グリーンランドや南極の氷がすべて溶けることを確実にするレベルにまで温暖化が進んでしまったら、たとえ後から二酸化炭素を回収したとしても、数世紀の間は必ず海面が上昇してしまうという地点だ。

気候変動がもたらす影響は国外でも国内でもばらつきがあり、グローバルサウスがもっとも被害を受ける。インドなどの国は、これまで地球をあまり温暖化させてこなかったのにもかかわらず、影響に苦しめられる。アメリカ国内では、北部よりも南部のほうが熱波や干ばつ、海面上昇に悩まされる。(4)ただし、影響は誰もが感じるようになるのだ。気候変動の影響の圏外だと考えられていた国でさえも、感じることになる。二〇二〇年、イギリスの小麦の収穫量は、熱波のために三分の一も減少した。(5)

一様に肝心なのは、わたしたちは二酸化炭素を大気中に放出することをやめなければならず、すでに放出した分の多くを取り除かなければならない、ということだ。すべての人（うーん、ほとんどすべての人かも）がこれを知っている。二〇一五年にパリで開催された気候変動に関する締約国会議では、世界の指導者が、温暖化を二度以内に、可能であれば一・五度以内に抑える努力をすることに同意した。そうするためには、二酸化炭素の排出量を大幅に削減する必要があり、それは、会議で合意した量よりもはるかに多くなる。国際連合環境計画によれば、合意した量では、今世紀内に三度から四度、地球が温暖化してしまうそうだ。さらに、この「歴史的」協定が結ばれた後も、排出量は増加している。グレタ・トゥーンベリは、二〇一九年の北欧理事会環境賞の受賞を拒否して当然であり(6)、国際連合で世界の指導者の行動の欠如を糾弾する権利があった。「絶対に許さない」と彼女は言った。「よくもそんなことを」

地球温暖化については破滅の予感がする。化石燃料業界についての報告書や、業界による報告書を目にすれば、とりわけそのように感じられる。ガーディアン紙の依頼を受けた、ノルウェーのコンサルティング会社ライスタッド・エナジー社の分析では、世界最大の石油企業は、二〇三〇年までに生産量を三五パーセント以上引き上げるという計画のもとで、生産量を拡大すると予測している(7)。そのほとんどがアメリカの石油元売りによるものなので、わたしたちは、アメリカへの巨額の投資についてはよく考えねばならない。一方で、グローバルエナジーモニター社の報告によれば、二〇一八年一月から二〇一九年六月までの期間に、中国は石炭使用料を四三ギガワット増やし、さらに一五〇ギガワットの追加が控えているそうだ。これは欧州連合全体の消費量とほぼ同じで、中国はすでに大量の二酸化炭素を排出しているというのに、これだけの量が上積みされようとしている。

そういうわけで、アメリカや中国でのわたしたちの投資先は詳しく調べるようにして、ほかの国には支援を送ろう。インドはとりわけ、現在の化石燃料を使うというレールから外れてもらう必要がある。インドの一次エネルギーの半分以上を石炭が占め、(8)このまま化石燃料の消費量を増加させ続けると、上昇を二度以内に抑えるという目標を確実に達成できないほどの量の二酸化炭素が排出されることになる。わたしたちの一〇〇兆円だけですべてをまかなうことはできないが、わたしたちの投資が引き金となってますます多くの環境にやさしい投資が集まり、排出量を除去量が上回る世界を手繰り寄せるほどの大きなドミノ効果を生み出す、とぜひ期待したい。

歴史の流れという、人を駆り立てる前向きな兆候がある。バイデン大統領は気候変動への取り組みを選挙運動の中心に据え、また石油や天然ガスの業界大手でさえも、健全なビジネス戦略と財政の清廉性を求める方向へと移行しなければならない、ということを理解している。二〇二〇年八月、BP社のCEOは、二〇五〇年までに社として二酸化炭素の排出を実質ゼロにし、二〇三〇年までには石油の生産量を四〇パーセント削減すると誓約した（BP社は、記録的な赤字を発表している最中に、この誓約を立てた）。習近平国家主席は国連で、二〇六〇年までに中国はカーボン・ニュートラルを達成する、と発表した。中国は世界一の排出国で、その量は飛び抜けており、世界の排出量の二八パーセントを占めているので、この発表は大きな流れを生み出すだろう。*(9)韓国と日本も続いて、二〇五〇年までに実質ゼロを達成すると誓った。

カーボン・ゼロへの移行には大きなお金が生まれることも、楽観視できる理由の一つだ。エコノミストのニコラス・スターンが二〇〇六年の報告で、将来の出費を抑えるために、今、投資しておくべきだと鋭い経済感覚に訴えて以来、わたしたちは少なくともそのことを知っているし、二〇一六年の続報はスターンの知見を補強していた[10]。スタンフォード大学の報告では、温暖化を一・五度以内に抑えることで、今世紀末までに二〇〇〇兆円を節約できると結論づけた[11]。二〇一八年のＩＰＣＣの報告書によると、気温上昇を一・五度のレベルにとどめておくためには、エネルギー部門に二〇五〇年まで毎年およそ二五〇兆円、エネルギー需要の施策には毎年七五・五兆円の出資が必要だ。この金額は、とてつもなく大きいだろう――実際、大きい――それに、これまでの出資額をはるかにしのぐ額だ。しかし、上昇を抑えることによる経済効果は、出資の四倍にも五倍にも膨らむのだ[12]。

再生可能エネルギーへの移行を速めるべきだ。すなわち、常に発生し続ける風力（wind）、潮力（wave）、太陽光（solar：合わせてＷＷＳエネルギーと言われる）などのいわゆる自然エネルギーを、エネルギー源として大量に利用できるようにしなければならない。これは、節約したり、人類の苦しみや環境破壊を削減したりする「だけ」にとどまらない。今、排出量を削減するほど、悲惨な事態が起こるまでの時間を引き延ばすことができるのだ[13]。地球の気温上昇を一・五度以内に抑えるための、大気中に放出できる二酸化炭素の量には限りがあり、その量は（ほかの温室効果ガスを考慮すると）一般的には五七〇ギガトン相当だとされている。すなわち、現在の排出ペース（年に四〇ギガトンの排出量）では、およそ一五年しか残されていない。

気を引き締めよ。巨大プロジェクトがあるにしても、これが現実なのだ。

良い知らせから紹介しよう。再生可能エネルギーの値段がこれまでより下がり、最低価格とみなされていた値段よりも、さらに下がっている。現時点でも、既存の火力発電所から送電するよりも、風力や太陽光の発電設備を新設するほうが、安価に電気を得られる場合が多くなっている。

風力が業界をリードする。風力は豊富にあるので、きちんと風をつかまえれば、必要なだけの電力を確保できる。これは何年も前から周知のことである――一九九一年の研究で、カンザス州、ノースダコタ州、テキサス州の三つの州の風力だけで、アメリカ全体の電力をまかなえるだろうとわかっていた[14]。今日ではアメリカ国内に大量の風力発電機が導入されており、しかもテキサス州だけで、国の風力発電の四分の一を発電している[15]。二〇一八年には、風力により、世界で五九七ギガワット――全需要の六パーセント――の電力が発電された[16]。しかしながら、まだ足りない。風力発電の占める割合を――大幅に、迅速に――増やす必要がある。

イギリスでは二〇一九年、（これまで陸上風力発電計画のほとんどを却下してきた）政府が、陸上風力発電所を承認した。風力発電はほんの四年以内に、既存のガス火力発電所より安価に発電できる

＊サンフォード・C・バーンスタイン社（現アライアンス・バーンスタイン）の分析は、中国が二〇五〇年までにカーボン・ニュートラルを実現するためには、五五〇兆円、すなわち年間およそ一八兆円の費用がかかることを示唆する。

ようになる、と予測される。既存の火力発電所を維持するよりも、たとえ発電所を新設しても風力発電のほうがコストがすぐに下がることが、この新しい契約から示される。風力発電の値段が大幅に下がった主な理由は、タービンの大型化にある。より多くの風をとらえ、より長期間、より安定して電力を届けられるようになったのだ。二〇一七年にはリバプール沖で、世界最大のタービンが発電を開始した。三二基のタービンの高さは一九五メートルもあり、大観覧車のロンドン・アイより高い[17]。

タービンの巨大化には軽量化が必須だ。その一つの解は超伝導モーターだ。従来の方式よりも使用する磁石の数が少ないので、値段も抑えられる。超伝導モーターは、より効率良く電力を運ぶうえ、軽量化も実現できる。数メガワット規模の超伝導タービンの初めての実地試験が行われている[18]。

ケニアでは、企業としては国内で史上最大の投資があり、二〇一九年にアフリカ大陸最大の風力発電所が建設された[19]。アフリカ諸国では、早急に再生可能エネルギーへの移行を進めないと、拡大するエネルギー需要をまかなうために石炭火力発電所が増設されてしまうので、この風力発電所の建設は励みになる。より貧しい国で再生可能エネルギーへの移行を進めるには、大規模な投資が必要であり、わたしたちは風力発電と太陽光発電（ＰＶ）の両方に投資して支援することができる。そのうえ、風力に関してはコストが下がり続けている。

さまざまなエネルギー源の発電コストは、建設費や操業コスト、設備の寿命、供給エネルギー量を計算することで比較が可能であり、これを均等化発電原価（ＬＣＯＥ）と呼ぶ[20]。コストの計算や推測にはさまざまな方法があるものの、再生可能エネルギーのコストはキロワット時あたり五円から一〇円の間に収まっていて、たいていの火力発電や原子力発電よりも安い。財務分析企業のラザード社がまとめたＬＣＯＥの報告によれば、現在では、大規模な太陽光発電所と陸上風力発電所は一貫してもっとも安価な発電方式である[21]。実際、近年、火力発電所や原子力発電所を新設するよりも、太陽光や風力の発電所を建てるほうがコストを抑えられる。さらに驚きなのは、既存の石炭発電所や原子力発電所から送電するよりも、新たに再生可能エネルギーの発電所を建てたほうが安く済むということだ。

太陽光発電の規模もまた、急速に拡大している。世界最大の太陽光発電所であるＵＡＥのヌールアブダビ・プラントは、二〇一九年七月に一・二ギガワットの容量で送電を開始した。しかし、世界一の座は長くないだろう。エミレーツ社が同国のアル・ダフラ地域で、二ギガワット規模の発電プロジェクトを進めている。さらにサウジアラビアのメッカ州では、二・六ギガワット規模の太陽光発電所を建設する計画が現実味を帯びてきたようだ[22]。

わたしたちの巨額の投資は、再生可能エネルギー業界のカンフル剤にはなるだろうが、始動させた後も経済がきちんと機能するようにしなければならない。また、世界中の電力網を見直し、再生可能エネルギーを大量に送電する方法を検討すべきだ。

再生可能エネルギーの抱える大きな問題は、必要な時に電力を得られる保証がないことだ。コストが十分に抑えられたとしても、発電量のピークが――快晴でも強風でも――需要のピークと常にそろうとは限らず、余剰分を貯めておくことも難しい。政府が再生可能エネルギーへの投資に腰が重くなっている主な理由の一つであり、化石燃料企業に少なからず補助金を出し続ける説明——言い訳だね——になっている。「再生可能エネルギーは明かりを灯し続けられない」が、その一方で火力発電所なら、燃料を実際に保管して必要な時に燃やせる、という発想だ。電力網もこの発想に基づいている。電力網とは、エネルギーを生み出し、保管し、送り出すための系統だ。石炭・天然ガスの火力、原子力、風力、太陽光、地熱、潮力、水力といったあらゆる方式の発電所には、巨大で複雑な系統があり、毎日の、または季節的な変動、需要の急拡大に応じて送電しなければならない。すなわち、電力網の柔軟さの確保が重要になるのだ。

再生可能エネルギーの保管手段もまた改善すべきだ。これまでの方法では水力に変換してきた。余ったエネルギーをポンプで水をくみ上げるのに使用し、必要な時に発電できるようにしておいた。ところが、ダムを建設したり大量に水を使用したりするのは、環境問題の解決のためには好ましくない。

バッテリー技術は進んでいるものの、投資が必要であるし、どちらかと言えば、小規模な供給問題を解決してくれるものである。ただし、オーストラリアのジェームズタウンにある、テスラ社の巨大施設のような特殊な例外もある。その施設には、現在、世界最大の蓄電池があり、オーストラリア南部の三万世帯分の電力を一時的に貯められる。さらに規模が大きく、一個で五万三〇〇〇世帯分以上をまかなう蓄電池を設置するというジェミニ・ソーラー・プロジェクトが進行中で、ラスベガスの北東にあるネバダ砂漠に巨大施設が建設される予定だ。わたしたちはバッテリー技術にも投資しよう。

化学的に電気を貯蔵する方法もある。定番のリチウムイオン蓄電池でも、かなりの時間、電力を貯蔵できるが、化学結合にエネルギーを閉じ込める方法なら、安定して保管できる。再生可能メタンもまた、注目株だ。二酸化炭素からメタンを合成することで電気を化学的に閉じ込める方法で、後からメタンを燃やしても、二酸化炭素は閉じられた範囲を循環するだけになる[23]。

そうは言っても、水素がもっとも魅力的な候補だろう。再生可能エネルギーの余剰分を利用した電気分解で、水を酸素と水素に分解して水素を作る。水素は、再びエネルギーを得る時に燃焼させるまで、燃料電池に保管しておく。副生産物は水だ。

水素はまた、（天然ガスに代わる）住宅暖房や、バイオ燃料を作るのに利用できる。海運や、列車やバス、トラックなどの大型交通の動力源にもなり得る。さらにセメント業や鉄鋼業など、化石燃料を使う重工業での二酸化炭素排出量を大幅に削減できる。風力や太陽光の場合と同じくらいの規模とスピードで、水素の製造と貯蔵のコストは下がるだろう。経済のあらゆる場面で利用できるくらい経済的にしたい。「水素経済の達成には金がかかる」とカーボン・アナリストのクリス・グドールは言う。「しかし、ほかに選択肢はまったくない。再生可能エネルギーと水素の組み合わせが、もっとも安価に脱炭素を実現できる[24]」

水素経済への支援は引き潮で、よそに流れ続けている。その大きな理由は、現行では水素が、主にメタンなどの化石燃料から直接、製造されていることにある。少量の水素は水の電気分解を利用して作られているものの、それも化石燃料の電源に頼っているのだ。再生可能エネルギーによる水の電気分解で合成された正真正銘のグリーンな水素の実現には、何が必要なのだろうか。しかも、大規模に実現するためには。テクノロジーがすでに存在し、水素に頼った経済への移行は、ゆっくりではあるものの、すでに進行中であるということには救われる。例えば、ＩＴＭパワー社はシェフィールドに世界最大のグリーンな水素製造プラントを開設した。

（わたしたちの基準で言うところの）控えめな投資で、この業界での移行が加速する。すでに電気分解による水素の製造コストは、再生可能エネルギーを利用しても、従来の化石燃料とは大差がない[25]。ブルームバーグＮＥＦによる二〇二〇年の報告書[26]では、再生可能エネルギーによる水素の製造コストは天然ガスによる場合と同じくらい安価で、しかも二酸化炭素を排出しないことが示されている。このクリーンな水素は、鉄鋼業や海運業などの脱炭素が難しい業界でも、温室効果ガスを三四パーセント削減すると報告されている。経済はすでに移行へと動いているので、この動きを加速させるために、わたしたちが多額の投資をする必要はない。テクノロジーが成熟すれば、コストは下がるし、電気分解の技術が進めば、水素の製造による余剰電気の貯蔵も簡単になる。

電力網の安定性や柔軟さは、電力のある地域とない地域間での電力の交換を促進することでも改善するだろう。スペインでは、風力発電の送電をレッド・エレクトリカ社の一社だけで担当するおかげで、きめ細かに供給を調整したり、風の吹かない地域へ直接、送電したりすることが可能になっている。こうした形式が、すべての国や地域の国営送電網に導入されるべきであり、そうすれば、余剰な電力を国家間で取引できるようになる。

確かにコストはかかるが、すぐに回収できるだろう。アメリカのエネルギー省は二〇一九年の報告書で、「スーパーグリッド」というアメリカ全体をつなげる新しい送電網を八兆円で建設できると示唆した。現在はロッキー山脈で東部と西部に分かれている電力網が、新しい電力網ではつながる。その恩恵はとても大きく、タイムゾーンを超えて送電できれば、再生可能エネルギーにつきまとう夜間の電力供給問題にも対処できるだろう。スーパーグリッドの売りは、一六兆円以上の経済効果がもたらされる、と予想されることだ(27)。この計画が（まだ？）進まない理由はただ一つ、トランプ政権が炭鉱業を守るために却下してきたからだ(28)。

スタンフォード大学の大気／エネルギープログラムのディレクターであるマーク・ジェイコブソンは再生可能エネルギーの専門家で、複数ソースの再生可能エネルギーを使用することで電力網の問題を解決している。二〇一七年にジェイコブソンは、カリフォルニア大学バークレー校のチームとともに、二〇五〇年までに世界全体がカーボン・ニュートラルなエネルギーへと移行するための、画期的なロードマップを作成した。単純な電気だけでなく、交通や空調などの設備に利用されるエネルギーや、産業に利用されるエネルギーなど、あらゆる形態のエネルギーの移行を目指すものだ。チームは、一三九か国で再生可能エネルギーへと完全に移行しても、安定した電力網を維持できることを実証した(29)。

ジェイコブソンの報告は余剰エネルギーの貯蔵方法についての仮定が信頼できない、と一部から批判された。チームはこうした懸念に応えるため、一三九か国を二〇の地域に分けた。シミュレーション試験では、三〇秒ごとに各地域の電力網の安定性を確認することを五年間続け、エネルギー単位あたりの最終的なコストを決定した。「風力、水力、太陽光だけで安定した電力網を達成するための解決案の多くは、実現可能である」と新しい論文では宣言する。さらに、以前の結論に反して新しい論文では、再生可能エネルギー単独でも電力網は安定するとしている[30]。

ジェイコブソンは、世界が再生可能エネルギーへと低コストで移行するにあたって、科学技術的・経済的な障害はないと語る。低コストが指すのはエネルギーの末端価格であり、必要なインフラの整備や移行にかかる金額は含まれない。研究によれば、二〇五〇年までに再生可能エネルギーのコストは、化石燃料エネルギーのコストの七五パーセント未満になる。わたしたちが大気汚染による健康障害に陥らなくなることが、その主な理由だ。

科学技術的・経済的障害がないなら、何が壁になるのだろうか。どの段階でも壁になるのは、政治だ。中国がエネルギーの移行でリードし、他国をけん引することを望むという意見がある。ところが、おわかりのように、中国は現在、国内外に（多国間インフラ構想の一帯一路の一環で）石炭火力発電所を次々と建設している最中で、欧州連合全体の排出量を上回ってしまっている。

地域レベルで変更するほうが簡単かもしれない。ジェイコブソンは、小規模での移行を助けるローカル・ロードマップを作成中だ。小さく始めて徐々に拡大していく方針になら、わたしたちも手を貸せる。実用性や経済的な恩恵を示せれば、移行の拡大につながるだろう。しかしながら、エネルギーの移行は急ぐ必要がある。アメリカとヨーロッパでは確実に石炭が尽きるので、石炭火力は役目を終えなければならないのだ。天然ガスや石油が、石炭の座を継いでしまうことを防ぐために、わたしたちは再生可能エネルギーに投資すべきだ。ニュージャージー州、メリーランド州からペンシルベニア州、オハイオ州までにまたがるラストベルトでは、州の政策により、二〇三〇年までに再生可能エネルギーの施設を設置して発電量を一三パーセント高める計画だが、それには三五〇〇億円のコストがかかる。ただ、それが稼働すれば、気候変動による被害を二八〇〇億円、健康への恩恵により四七〇〇億円の費用を浮かせられるだろう。現在のラストベルトでの発電は、ほとんど石炭に頼っているので、大気汚染による健康問題が広範囲に起きている。[31] アメリカズ・プレッジ——アメリカの排出量の半分以上を占める都市や州、企業が署名する——などの団体は、パリ協定の達成に尽力する。わたしたちが多額の投資を行うことで、再生可能エネルギーへの投資を促し、トランプ政権下で無駄にした時間を取り戻せるよう応援しよう。

ジェイコブソンは、喫緊に資金が必要な部分を指摘している。最初に挙げるのはもちろん、陸海を問わず、太陽光発電と風力発電である。それから、電気自動車や建造物のヒートポンプ（暖房、冷房どちらも）が続く。産業用エネルギーは特に脱炭素化が難しい。火力で動かしている炉を、アーク放電の炉や誘導炉、水素によるものに置き換える必要がある。温かさや冷たさを維持して電気を貯める必要があり、高電圧直流送電を拡大し、ガスレンジを電磁調理器に置き換えなければならない。

わたしは念のためジェイコブソンに、一〇〇兆円は十分な額なのかと尋ねた。「全然足りない」と彼は答えた。「これから二〇五〇年までの間に、ロードマップでは一京《けい》円（一〇〇兆円の一〇〇倍）ほどの資金が必要だ」この答えに、わたしはまず出鼻をくじかれてしまった。だが、このロードマップは、あらゆるエネルギー・セクターを地球規模で移行させるためのものであり、しかも三〇年分である（つまり一年間では三〇〇兆円あまりになる）。それに、電気や交通に加えて、世の中に欠かせない建造物や空調、鉄鋼・セメント製造などの工場の稼働、農業と漁業（本書では第8章に独立させた）も含まれる。そのうえ、わたしの扱わなかった軍事までも勘定に入れている。

ジェイコブソンの分析では、一京円という「京の桁」は、実際には七三〇〇兆円の計算になり（すなわち年間では二〇〇兆円に近づく）、エネルギーの節約のほか、汚染による健康や環境への被害にかかる社会的費用で、移行に伴う費用が相殺できる様子を示している。[32] グリーン・ニューディール政策に対応するジェイコブソンのロードマップの下では、アメリカは二八万八〇〇〇基の大型風力発電機を建て、一万六〇〇〇台の大型ソーラーパネルを設置し、三一〇万人の雇用を創出し、七八〇兆円を投資することになる。わたしたちの資金では、すべてをまかなうことはできないが、カーボン・ニュートラルに向けた止まらない流れを開始させることはできる。この流れは、トランプ政権がパリ協定から撤退したにもかかわらず、一一のアメリカの州で進められていたものだ。

発電に注目してきたので、風力や太陽光に巨額の投資を行うことが当然なことに感じているだろう。ここで、ジェイコブソンのロードマップからしばらく離れよう。

元NASAの気候科学者のジェームズ・ハンセンは、気候変動の問題と危険性について初めて声を上げた人物で、一九八八年のアメリカ議会で証言した人物である。コロンビア大学の気候の科学・認識・解決プログラムのディレクターを務め、気候変動への行動を促す活動家であるハンセンは、本章を執筆するにあたって、わたしが相談したい人物リストの上位にいた。彼は、資金の使い方について快くアドバイスをくれた。再生可能エネルギーに力を入れているのは明らかなその彼が、資金の一部を原子力に投じよ、と提案した。

チェルノブイリや福島での事故や、放射性廃棄物の将来的な保管のために、原子力は環境問題の専門家の間で意見が分かれる。こうした事故の報道のせいで、原子力発電は火力よりも比較的安全だ、ということが理解されにくい。原子力がカーボン・フリーな電力の割合が高いことも然りだ。原子力発電所の稼働を止める、というのは時期尚早である。稼働を止めてしまうと、二〇一〇年以降のドイツのように、発電量を補うために石炭と天然ガスに頼りがちになり、結局は二酸化炭素の排出量を増やしてしまうことになる[33]。

原子力に伴う別の問題は、建設にとんでもない費用がかかることだ。イギリスのサマセット州に建設中の原子力発電所ヒンクリー・ポイントCの建設コストは、現時点で三兆三〇〇〇億円に達している。判定は難しいものの、風力や太陽光の開所コストと比較すると、ヒンクリー・ポイントの電気料金はメガワット時あたり一万三八七五円になるだろう。それに対して、イギリスの洋上風力発電はメガワット時あたり六〇〇〇円未満だ[34]。そのため、化石燃料を廃絶するために原子力を利用するつもりなら、ほかのやり方を考えるべきだ。ヒンクリー・ポイントのような巨大で高価な反応炉の代わりに、工場レベルの小型の反応炉を使うのだ。これこそハンセンが推す案であり、多くが賛同する。

モジュール式原子力発電所であれば、セントラル工場で作製したものを出荷し、イケアのキャビネットのように現地で組み立てることができる。より多くの核燃料を燃やし、それだけ多くの放射性廃棄物に悩まされる従来型の反応炉よりも、効率が良い。小型炉はより安全で、メルトダウンすることがないと言われる。「五〇年以上にわたり、小型炉を運営するための基本知識を蓄積してきたのに、政府は投資しないことを選択した」とハンセンは言う。今こそ、判断を正そう。「工場で作られるモジュール式原子力反応炉は、石炭などのエネルギー源の発電施設よりコストが小さく、エコロジカル・フットプリントが最低限に抑えられることを保証する」

国際原子力機関によれば、アルゼンチン、ロシア、中国などで五〇の小型モジュール炉（SMR）の設計や計画があり、もうすぐ着工しそうだ[35]。オレゴン州ポートランドにある原子力プラント企業のニュースケール・パワー社は、小型モジュール炉の推進計画[36]の中で予算を三〇〇〇億円と見積もる[37]。認証を得て、二〇二六年にはユタ州にSMR施設が開所される。イギリスでは、国立原子力研究所がSMRの将来に「前のめり」で、地球規模の大きな市場を視野に入れている[38]。わたしたちはニュースケール社に投資して、生産を加速させよう。SMRの最大の障害になるのは、経済が動き出せるような規模にまで生産が達していないことだ。二〇基、三〇基という大型注文が来るようになれば、これには乗り越えられるだろう。時間がここでも問題になる。原子炉が建設されるよりも早く脱炭素化する必要があるということが理由なのだが、この取り組みを加速するための巨額の資金は、ここにある。

SMRや従来型の原子炉は、放射性元素を分離させ、エネルギーを放出させる核分裂反応によって稼働する。核融合反応を起こす炉の建設の短期化にも注目していきたい。核融合反応は太陽が熱を生み出す時の反応であり、地球上で管理下で反応させる場合には、水素を一億度以上まで熱してプラズマ状態にし、その水素原子同士を衝突させてヘリウムを合成する。融合反応により莫大なエネルギーが生産される。もちろん、原子を加熱するのにかなりのエネルギーを使うが、得られるエネルギー量はその一〇倍にもなる。

スティーヴン・カウリーはアメリカのエネルギー省のプリンストンプラズマ物理研究所で所長を務める。ほかの原子力擁護派と同様に、風力や太陽光によるエネルギーのばらつきを指摘して、供給のバランスを取る必要があると説く。「核融合はいったん稼働させてしまえば、収支を合わせることができるだろう」と言うのだ。けれども「いったん稼働する」というのが困難で、核融合は二〇年後には稼働できると言われ続けたまま、何十年も過ぎてしまった。理論よりも実行がはるかに難しい科学的・工学的な難題であるのに、予算の規模は過去のレベルにとどまる。フランスの国際核融合実験炉（ＩＴＥＲ）のチームは、実験炉の建設に何年も取り組んでいるが、まだまだ道のりは長い。

カウリーは、三兆円あれば大型の核融合実験炉を造れると言う。ただし、そのためには独自の核融合計画を進める中国と協力する可能性があるだろう、と述べる。成都にある中国還流器2号（ＨＬ-2Ｍ）は、二〇二〇年に稼働を開始した。また、コストはかかるが利益の見込める核融合競争で勝負しているスタートアップ企業がある。その多くは小型の反応炉の作製を試みている。その一つ、コモンウェルス・フュージョン・システムズ社は、ビル・ゲイツやジェフ・ベゾスのほか、インドでもっとも裕福なムケシュ・アンバニから出資を受けている。イギリス原子力公社は二〇二〇年、九社による融合炉の開発に署名し、その中には、二〇四〇年までに「球状トカマクによるエネルギー生産（Ｓ

ＴＥＰ）」と呼ばれるものの開発を目指す計画がある。ＳＴＥＰにより世界最小の核融合炉が実現できるそうだ。*

一〇〇兆円は大金だけれど、世界のエネルギー産業は年間で七〇〇〇兆円の価値があると、カウリーは指摘する。つまりは、「こうした原子力への投資が、エネルギー産業と同じ規模になることを、最終的に目指さなければならない」そうだ。わたしは（一〇〇兆円と比べたら）少額を喜んで投資しよう。というのも、小型の核融合実験炉の開発で誰かがブレークスルーを起こすのをぜひ目撃したいからだ。それから将来的には、こうした融合炉が都市や宇宙船、重工業プロセス（おそらく地球の外にある）に電力を供給する様子を目の当たりにするだろう。しかし、わたしたちには即利用できるエネルギー源が必要なので、核融合反応は求める解決策ではなさそうだ。

紹介してきたように、再生可能エネルギーによる発電を利用するにあたって肝となる部分のいくつかは、すでに動き出している。競争が生まれて、価格はすでに下がっているので、これからは利用を拡大する方向に動くべきだ。わたしたちも、この領域に大部分を投資すべきである。ただし、ここには課題が山積みになっている。

二〇一七年の発電による温室効果ガスの排出量は、地球全体の排出量の二六パーセントにすぎない。すなわち、わたしたちの頼る化石燃料や温室効果ガスは、非常に幅広いところで利用されていることになり、こうしたものをすべて脱炭素化する必要がある。

温室効果ガスを単独で大幅に削減できる可能性があるのは、冷蔵庫である。以前には、空調設備も冷蔵庫と同様に、クロロフルオロカーボン（ＣＦＣ）を冷却ガスに使用していた。しかしＣＦＣは、オゾン層を破壊することがわかってから禁止されている。オゾン層を破壊する物質に関するモントリオール議定書が、ＣＦＣの使用を禁止することで、その動きは素早く決定的となった（一九九七年の京都議定書で、二酸化炭素の排出量を制限した後の動きを思い起こせば、その効果のほどがわかるだろう）。ところが、モントリオール議定書にもかかわらず、ＣＦＣが使われたままの古い設備がたくさんあり、廃棄の際に注意して取り除かないと、ＣＦＣが大気中に放出されてしまう。ＣＦＣやその代替冷却材、つまりハイドロフルオロカーボン（ＨＦＣ）の危険度は、分子あたりにすると二酸化炭素よりはるかに高くなる――数千倍も危険なのだ。ＣＦＣなどの化学物質は徐々に消えていくものの、ＣＦＣを使った冷蔵庫や空調機がすべて廃棄されるまでには、あと数年かかる。プロパンやアンモニアなどの代替品への移行を早めるために、出資すべきだ。

建造物にも早急に対応すべきだ。住宅は、二酸化炭素の排出量の二三パーセントを占める。多くの建造物の断熱は不十分で、化石燃料、または今しがた扱ったばかりのもっとも強力な温室効果ガスで

＊小型炉の建設費ははるかに少なく、新しい超伝導体があれば、融合温度まで熱して生成した水素プラズマを閉じ込めておくのに必要な磁場を簡単に作成できるようになる。人工知能などの機械学習の新技術により、反応に対する知見やプラズマの捕獲も、より簡単にできるようになっている。

空調を働かせている。高断熱、複層ガラス、屋上緑化、新しい照明（時代遅れの電球からＬＥＤ電球に、すべての照明を替えるべきだ）などの対策で、住宅や職場、店舗でカーボン・ゼロを目指す必要がある。初期投資は高額——個人の収入を超える——だが、政府の補助があれば実現可能だし、節電になるので、必ず投資は回収できる。二〇一九年にニューヨーク市は、エンパイアステートビルのすべての窓と空調と照明を交換し、三八パーセントも節電した。

ハンガリーの気候科学者でＩＰＣＣの副議長を務めるディアナ・ユルゲ・ヴォルサート自身は、大規模な改修に資金を投じることに疑問の余地はまったくないと語る。改修は幅広い業界に及び、把握しにくいものであるために、あまり耳にしない話題である。彼女は、改修のために窓口となり、組織的に取りまとめる高次の団体、すなわち都市や州、国の自治体が建築家のアドバイスを必要ごとに受けられる、ワン・ストップ・ショップのようなところが必要だ、と述べる。

これから建てる建造物もすべてカーボン・ニュートラルにする必要がある。すぐに思い浮かぶ手段は、建設資材を変えることだ。繰り返すが、これもまた実現可能だ。カリフォルニア州では、現在、すべての新築住宅はエネルギー消費を実質ゼロになるように建てなければならない。マサチューセッツ州ケンブリッジでは、二〇四〇年までに、すべての既存の建造物のエネルギー消費を実質ゼロにしなければならない。

世界で最初のトリリオネアとして、わたしは二酸化炭素の排出量がゼロのプライベートジェットを購入し、投資先のさまざまなプロジェクトを視察して回ることを楽しみにしていた。ところが、そんな飛行機は存在しないとわかった時の、わたしの落胆のほどを想像してほしい。とにかく、今はまだない。

航空機の排出量は、世界の温室効果ガス排出量の二・五パーセントを占める。あまり多くないのだが、高い高度で排出されるため、その影響は実際の排出量の二倍にもなるだろう。自動車や列車と異なり、バッテリーでは航空機を遠くまで飛ばせないため、航空機から炭素を取り除くのは、かなりの労力が要るだろう。解決策が開発中である。NASAは電気航空機のX57を開発中で、大手航空機メーカーはエンジンや燃料を検討し直したり、燃費の削減やデザインを変更したりしている。例えば、ロールス・ロイス社は電気と灯油のハイブリッド・エンジンを進めており、ほかのメーカーは廃棄物のリサイクルから作られる持続可能な航空燃料を開発している。

アメリカとイギリスを拠点にする航空会社のゼロアビア社は、定員六名の電気航空機の試作機で、テスト飛行を開始した。バッテリー駆動の航空機は、現時点では、小型で短距離の定期便との相性がよさそうだ。そのためゼロアビア社は、水素燃料電池を動力源にしている。二〇二〇年九月、灯油の代わりに水素を燃料に六人乗り飛行機を飛ばした。これは、水素を動力とした商用機として初めてのフライトだ。最終的に、飛行中に水素から発電することができ、廃棄物として熱と水が出る。ただし、水素の圧縮や液体化は、現在、かなりの高額である。わたしたちはこれを盛り上げよう。

一方、電気自動車は急速に成熟している。自動車用バッテリーが普及し始めたので、価格や性能の面でも引けを取らなくなってきた。例えばアメリカの警察では、ガソリンやディーゼルの車よりも、燃費や値段（と加速）の面で優れるテスラ社の車を使い始めた。テスラ社が子会社と連携して、太陽の軌道上に自動車を乗せられれば（スペースX社がテスラの車を打ち上げれば）、電気自動車の認知度が大きく高まるだろうが、個人の利用は一二億台のうちのわずかな割合にとどまっているのが現状だ。

石油で動く自動車を道路から減らす一方で、石油自動車の燃費を高める必要がある。もちろん、個人ならびに特にバスやトラックで、電気自動車へと切り替えることは大切だ。しかしもっとも重要なのは、公共交通機関を使用したり、歩いたり、自転車に乗ったりする方向へと転換することだ。電気自動車のカーボン・フットプリント——一台生産するのに排出される二酸化炭素量——は、従来の自動車よりも大きい。バッテリーに使われる希少元素が主な理由だ。わたしたちには、一〇億台もの石油自動車を一〇億台の電気自動車と、まるまる置き換えようというつもりはない。

テスラ社や日産などの電気自動車メーカーはよく健闘しているので、この分野への投資は小規模に抑え、ほとんどを移行の加速のために使うべきだ。列車インフラを改善したり、公共交通全体を現代的な自動充電式のスマート・ネットワークにしたりすることのほうが、非常に大きな効果をもたらすだろう——そうは言っても、わたしたちの一〇〇兆円は一瞬で食い尽くされる。

カーボン・ニュートラルな合成燃料にも投資すべきだ。こうした合成燃料は、植物性の材料から作られるバイオ燃料と、二酸化炭素と電気から合成されるエレクトロ・フューエルの二つに分類される。

バイオ燃料を作る一般的な方法は、サトウキビなどの穀物を粉砕し、エタノールになるまで発酵させ、それからエンジン内で燃やしても問題ないように精製し、燃料にする方法だ。バイオ燃料の合成の一番の問題は、人間や動物が消費するための穀物畑を譲ることになる点である。余っている土地など、わたしたちにはないのだ（第4章と第8章で扱う）。

エレクトロ・フューエルのほうが見込みがありそうだ。アメリカのエネルギー高等研究計画局（ARPA-E）では、微生物を利用したエレクトロ・フューエルの計画がかなり進行している。交通に利用する燃料が石油系燃料よりも安く製造できるのなら、もう笑いが止まらない。再生可能な原料から水素を取り出し、その水素からエレクトロ・フューエルを合成できるようになる可能性がある。また、細菌にアンモニアを分解させ、二酸化炭素を液体燃料に転化させることも可能になるだろう。

ほかには、二酸化炭素そのものを代謝するよう大腸菌を改変したり、太陽光をとらえる細菌を手に入れて、燃料を合成させようとしたりするチームがある。こうしたプロジェクトは多数存在するものの、価格の面からというよりも、規模の面でカーボン・ニュートラルな燃料合成に競争力を持たせるには、至っていない[39]。航空業や海運業への投資とは別に、この分野に投資すべきである。最近の見通しによれば、長距離の運転になると、合成燃料はバッテリーよりも競争力のある価格にできるからだ[40]。こうした研究者たちは、ダーウィンの進化論のように、幅広い形態の合成燃料を開発し、大量生産と脱炭素化の最適解を見つけていくことを推奨する。

世界の全排出量の三パーセントを占める船舶もまた、最終的には合成燃料や水素、あるいは太陽光のいずれかで動かせるようになるだろう。必要な規模で合成燃料を生産できるようになるまでは、「減速航海」が排出削減のための一つの方法なのかもしれない。船の速度を二〇パーセント落とすと、二酸化炭素だけでなく、硫黄酸化物や窒素酸化物の排出量を削減できる。[41]

世界で使用される半分から三分の二の石油は、乗用車やトラック、バス、列車、船、航空機の燃料である。交通が、二酸化炭素の排出に関連する総エネルギー量の四分の一を占め、その割合は増えている。[42] 本章で紹介した計画がすべて実行されれば、交通から持続可能な電力系統までにわたり、かなりの排出削減になるだろう。

カーボン・ゼロ交通への道のりは困難なものになるだろう。セメントや鉄鋼はもちろん、アルミニウムやプラスチック、アンモニアなどの重工業製品を再生可能エネルギーで製造するのは一層難しい。コンクリートと鉄鋼だけで産業分野の排出量の半分を占める。ジェフ・ベゾスは重工業を地球の外へ移そうと発言したが、その理由がこれなのだ。ただし、それを実現するまでの期間にも、地球で製造の脱炭素化をかなえる必要がある。

砂と石、水、セメントから成るコンクリートは、尋常ではない量の二酸化炭素を発生させる工程を経て作られる。高温の炉の中で石灰岩を熱してセメントを作る時に、大量のエネルギーを使用し、副産物として二酸化炭素を出す。二酸化炭素の一部を回収したり、電気炉を使ったりできるものの、規模がまるで小さかったり、採算がまだまったく見込めなかったりする。

鉄鋼はひたすらに悪だ。二〇一八年には一八億トンを製造した。鉄鉱石から鉄を取り出し、鉄鋼に変換できるほど炉を高温にする時にエネルギーを大量に使う。副産物として二酸化炭素を発生する。従来型の炉を電気アーク炉と取り換えて、水素を使って鉄鋼を製造しよう、という試みがある。ここでは、二酸化炭素ではなく水しか排出しない。しかし、この取り組みはまだ試作段階にある。こうした鉄鋼とコンクリートの製造工程では、気を引き締めていないと、かなりの大金が燃えてしまうだろう。

破滅的な気候変動を避ける、すなわち、温暖化を二度未満に抑えること以上に差し迫った任務はない。国際エネルギー機関（ＩＥＡ）は二〇〇九年に、世界が大規模な排出削減を遅らせるたびに、毎年五〇兆円の費用が上乗せされるのだと発表した。二〇一一年には、これまで避けていたクリーン技術への支出を二〇二〇年以降にする場合、それまでは一〇〇円で済んだ投資分を補うために、四三〇円も追加でかかるとも述べた。パリ協定は、国が決定する貢献（ＮＤＣ）を加盟国に達成させようというもので、二〇二五年または二〇三〇年まで有効だ。ところが、すべての国がＮＤＣを達成した場合であっても、きちんと段階的に達成していなければ、二一〇〇年までに気温が三・四度から三・九度上昇することになり、そのせいで生物の絶滅の危機や食料不安、海面上昇、干ばつなどが起こる（トランプ政権下での、アメリカのパリ協定からの離脱の影響は含まれない）。国連環境計画は、こうした悲劇を避けるためには、二〇三〇年まで年に七・六パーセントの排出削減をしなければならないと言う。これまでの取り組みに加えて、新型コロナウイルス感染症による地球規模でのロックダウンがあったにもかかわらず、年間の削減目標には一度も到達したことがないのだ。

わたしたちの資金の大部分は、風力と太陽光に向かわせよう。もちろん、水素エネルギーは盛り上げるべきだし、エレクトロ・フューエルや核融合にも少量の資金を投じたい。ただし、地球規模でインフラや重工業、製造を一新させることは望めないだろう。と言うよりも、期待すべきではない。つまりは、二〇〇年以上、化石燃料を礎にした世界の文明を変更することになるからだ。その代わり、できるだけ速やかに再生エネルギーの電力網が展開できるように投資しよう。ジェイコブソンが言うように、「再生可能エネルギーの利用自体がコストを引き下げ、競争力を高め、研究を進める」。

一〇〇兆円プロジェクトの条件として、政府に直接働きかけたり、政治活動に取り組んだりすることは禁止している。それに補助金は奥の手なのだ。国際通貨基金の報告から、化石燃料に支払われた補助金は、わたしたちが年間に費やすべき水準よりも小さく見せかけていたことが判明した。(43) 二〇一五年には、アメリカだけで六四・九兆円が、直接的・間接的な補助金として石炭、石油、天然ガスに支払われ（五兆円以上が軍事に使われた）、世界規模で見ると、二〇一五年には四七〇兆円、二〇一七年には五二〇兆円の補助金が出されていた。化石燃料の末端価格と、実際の供給コストに加え、人体への影響などの汚染による環境への負担が加味された場合の価格との差により、化石燃料への補助金は算出される。報告書によると、補助金をなくすことにより、世界の排出量をおよそ二五パーセント削減でき、大気汚染による早すぎる死を約半分にまで減らせる。

達成したこと

さまざまな機構と業界に投資し、カーボン・ゼロへの移行を加速する。繁栄と持続可能の両方を満たし、誰にでも平等に住みよい世界を保存する。

支　出

再生可能エネルギーの容量の拡大……八六兆円
水素経済の拡大（エレクトロ・フューエルとバイオ燃料を含む）……五兆円
低炭素の鉄道インフラへの促進……二兆円
電気自動車への促進……五〇〇〇億円
核融合の開発……五〇〇〇億円
モジュール式原子力の開発……三兆円
カーボン・ゼロ建造物の促進……一兆円
製造工程の脱炭素化……二兆円
合　計……一〇〇兆円

第4章　地球の命を救え

ゴール　地球の居住可能性を維持し、生物多様性を守るため、人間が引き起こす地球の生物への侵食を止めること。絶滅危惧種を救い、そのような生物の遺伝物質を収集すること。熱帯雨林、湿地、サンゴ礁など、生物の多様性の鍵となる地域をすべて保護すること。現在の壊滅的な種の絶滅率を低下させ、同時に、わたしたちと自然界との関係を見直すこと。

ハダカデバネズミは、それはもう醜い。体毛がなく、しわだらけで、四本の巨大な前歯が口から突き出ている。地球上の生命の不思議や多様性を祝福することから本章を始めるには、うまくない選択だが、ここに哺乳類のすばらしさの一つの例があるのは間違いない。地下生活を送るハダカデバネズミは、トンネルを掘るために前歯が大きく成長しており、さらに口から飛び出しているおかげで、土をかじる間も口を閉じておけるようになっている。小型のげっ歯類の中では例外的に長生きで、三〇年以上生きられる。もし人間がこのネズミの大きさになったら、六〇〇歳まで生きるのと同じだ。また、がんや痛みに苦しむことがなく、ヒト以外の哺乳類で唯一、死体を埋める。それから社会性のある昆虫のように、女王が支配するコロニーで生活する。先ほどは醜いなどと言っていたのに、ハダカデバネズミに対する愛着が増してきた。

世界は生物、多種多様な生物で満ちている。ウランの放射性壊変を唯一のエネルギー源として利用する微生物から、飛びながら餌をやり、つがいになり、さらには眠る動物までいる。もちろん、その動物の生息地は空だ。地球にどのくらいの種がいるのかは、単純にわからない。それが立ち返ることになる問題で、どのくらいの数の種が存在し、それぞれがどれだけの生息地を必要とするのかわからなければ、どのくらいの規模の土地や海を保護すればいいのかもわからないので、深刻な問題である。ただ、環境学者の大まかな推計によれば、地球上にはおよそ一〇〇〇万の種が存在するという。

「生物多様性」はすべての種を内包するのに使われる総称だ。最近まで、それほど耳にしなかったのが不思議に感じるくらい、今や大流行の言葉だ*。人類の歴史は生命にあふれていたので、これまでは生命の豊かさや多様さを気にかけることはなかったのだろう。確かに、種が絶滅するまで、その生物の狩りや漁をやめそうにない。毛むくじゃらのマンモスが見つからなくなった時に、有史以前の人間は何を思ったのだろうか。旧石器時代の天才が、マンモスを狩りすぎてしまったと考えたのだろうか。サーベルタイガーが消えた時に、ふと立ち止まり、安心以外の何かを感じた人がいたとは想像できない。ダイアウルフについても同様だ。今となっては、博物館もしくは『ゲーム・オブ・スローンズ』の中でしかお目にかかれない。

絶滅は、完新世――わたしたちが現在生きている、氷河期と氷河期の間の時代で、一万一〇〇〇年続いている――のほとんどの年代で、あまり大きな問題ではなかった。しかし、現在は、種の絶滅率の数字が「自然な」率よりもきわめて高くなっており、推定では数百倍から数千倍も高いのだ[1]。ある動物群では絶滅率がさらに高く、両生類にいたっては「自然」よりも二万五〇〇〇倍から四万五〇〇〇倍も速く絶滅に向かっている[2]。そのため、生命が誕生して以来の第六[3]（まだ第五だという考えもある[4]）の大量絶滅が進行中だと考える生物学者もいる。まさに今、絶滅しようとしている種について話し合わなければならない。二億五二〇〇万年前のペルム紀末期に起こった最大規模の大量絶滅では、すべての種の九〇パーセントが消滅し、六六〇〇万年前の天体衝突では恐竜が絶滅し、すべての種の七五パーセントが消えた。今のところ、そのような規模の絶滅にはないが、状況を深刻にとらえないといけない。わたしたちは、地球の生命維持機能を失おうとしている。

しばらくの間、わたしたちがもっとも気にかけている人気者に目を向ける。すなわち、わかっているだけでおよそ五四一六種存在する哺乳類のことで、カンガルーやコアラから、ゾウやシロ

＊「生物多様性」は、野生生物学者で自然保護活動家のレイモンド・F・ダスマンが一九六八年に初めて使用した言葉で、一九八〇年代に入ってようやく広く受け入れられるようになった。

ナガスクジラ、ジュゴンからヒグマやジャガーなどの種に着目する。人間にもっとも近い霊長類――サルと類人猿――でも、五〇四種のうちの六〇パーセントが今後二〇年から五〇年の間に絶滅すると予想される。感情面から種を順位付けするのは間違っているように感じるが、偉大な類人猿という種が野生で絶滅するかもしれない場合――実際に絶滅する時――というのは、とても耐えようのない恥辱の瞬間になるだろう。しかも、これは単に時間の問題であり、類人猿の種と亜種のすべてが絶滅の危機にあることは、公式に発表されている。[5] 合わせると、哺乳類全体の四分の一が危機に瀕している。鳥類では一三パーセントにあたる一三七五種が絶滅の危機にある。

なかでも、特に懸念するのは昆虫の種と生息数の減少であり、これは決して大げさではなく、本当に世界の終末のような規模に陥っている。二〇一九年、昆虫の多様性について七三の研究を検討したところ、四〇パーセントを超える昆虫の種が絶滅の危機にあることがわかった。[6] 昆虫学者のオックスフォード大学のジョージ・マクギャヴィンに話を聞くと、中国の子供が手作業でナシを人工授粉させていたことに、研究人生でもっとも衝撃を受けたと教えてくれた。中国南西部は高価なリンゴやナシの産地なのだが、農薬を過剰に使ったせいで、授粉を担うハチなどの昆虫まで一掃してしまった。そのために農業従事者は、刷毛《はけ》と花粉の入った容器を持って、花を一つ一つ授粉してやらなければならない。子供たちは、高い所にある枝まで登らされる。リンゴとナシなら安い労働力を使えば何とかなるが、ほかの作物ではこのやり方は成り立たない。

中国を襲った昆虫の大減少は、世界各地で起きているが、わたしたちはラズベリー、イチゴ、エンドウマメなどのマメ類、ズッキーニ、トマト、ブルーベリーのすべてを人工授粉で補うなどできない。

仮にできたとしても、きわめて小さい範囲でしか行えず、一パーセントの人間だけが購入できるような贅沢品になるだろう。残りの人間は、風で受粉できる小麦や大麦、トウモロコシで我慢するしかない。ここまでは、昆虫や無脊椎動物が担う別の働き、すなわち土壌を形成したり、動物や植物の死がいや老廃物を分解・再利用したりする働きを考慮していない。絶滅・減少した昆虫の総数は不明だが、二〇一四年の論文によると「人新世の生物除去」とはっきり呼ぶことができる[7]。不確実さが、地球に対する知識や観察の欠如を浮き彫りにしている。これこそ、わたしたちが投資して変えていくことだ。

絶滅の危機は、遠い過去にあった終末期のような出来事ではないし、地質学上での大量絶滅というふうには思えない。ただし、ヒトを含む地球上の生命に多大な影響を与えてしまったのかどうかを、わたしたちがきちんと把握していなくても、ここでは心配しない。本章でのわたしたちの役割は、危機を好転させることである。しかし、その前に寄り道をして、多様性が必要な理由を見ていこう。

「我々は地球の頂点に立つ種であり、人間とばったり出会う生物は気の毒だ」と言う人がいるかもしれない——いや、あたかも「明白な運命」のように実際に言う人がいる。「文明化」された企業では、いまだに通用するのかもしれない。二〇一五年、アルファベット傘下のヴェリリー社を率いるアンドリュー・コンラッドCEOは、社名を説明する際に「真理によって、母なる自然を打ち負かそう」と発言した。[8] 伐採業者では「地球が優先！　他の惑星の伐採は後回し」というフレーズが書かれたTシャツや車用ステッカーが販売されている。これほど深刻な状況でなければ、笑えるだろう。

伐採業者が土地を丸裸にしてしまおう、と考えることが問題なのではない。伐採は彼らの生活手段であり、ほかの生活の糧がずっと示されてこなかったのだ。これは、保護したい地域に住む人々にもあてはまることであり、こうした人々を否定したり無視したりしてきたことに、従来の保護活動の問題がある。本章では、人の暮らしを考慮に入れること、これを中心に据えることを忘れないようにしたい。

究極は、人間の需要とほかの生物の需要が一致することだ。生物圏とは文字通り、宇宙を旅する地球の生命維持システムのことだ。生物圏は清浄な水を提供し、酸素を作り、地球全体で水を循環させながら、気候を制御して、空気を清浄にする。宇宙船でも不具合が起これば、大きな問題に発展する。アポロ13号の「ヒューストン、問題が発生した」は有名だろう。[*] 月に向かう途中で事故が起こり、宇宙船内の二酸化炭素が危険なレベルに向かって上昇し始めた。現在の世界は、残念ながら、この状況に酷似している。アポロ13号の場合は、ＮＡＳＡの機知により三人の宇宙飛行士を救出することができたが、地球の生命維持システムは規模が違う。

豊かな生物圏は、生態系がきちんと機能するために必須である。生物圏が健全なら、わたしたちが依存する生命維持システム――酸素や清浄な水の生成、受粉、分解者による栄養の循環、海岸の保護、木材の提供、商業漁業、カーボンの貯蔵など――も働く。個々の支えは目に見えないため、わたしたちは当然のように、それらを利用している。環境学者は、こうした機能を生態系サービスと呼んでいるものの、これを「自然がもたらすもの（ＮＣＰ）」と呼ぶほうが好ましいという動きがある[9]。

人間と自然の関係を見直す時、自然を貯蔵・流通システムとしてとらえるのは、自然を商品化する恐れがあり、多くの自然の在り方を阻害することになる。一方、ＮＣＰのアプローチは、より包括的だ。一般的に、生態系が多様になるほどＮＣＰが活発になり、雑草や「外来」種が侵入しにくくなるので、生態系が安定する[10]。生態系の多様性が広がれば広がるほど恩恵が多くなり、二酸化炭素を閉じ込められる量も増大する。ゴリラやクジラ、熱帯雨林、サンゴ礁のためになることに関心は持てなくても、せめてわたしたちの生命維持システムには気を使うべきだ。

放っておくとコストがかかるという点でも、関心を払うべきである。コストは巨大で、経済が切り取られるほどの量だ。ある研究によれば、一九九七年から二〇一一年までの間の土地活用の変化に起因する経済的損失は、年間で四三〇兆円から二〇二〇兆円に上ると推定される（生息地のタイプによって正確な価値が変わるため、損失額に大きな幅が出ている）[11]。一九九七年の世界のＧＤＰは四六三〇兆円、二〇一一年は七五二〇兆円だったことを考慮すると、問題の規模がどれだけのものか実感できるだろう。

力を入れるべき分野は複数ある。絶滅を加速する鍵となっている要素を特定し、絶滅を止める方法を見つけなければならない。予防策が必要となる重要な地域を特定することも求められる。

＊「ヒューストン、問題が発生した」というセリフは広まっていく間に変化したものだ。実際は、ジャック・スワイガート宇宙飛行士が「オーケー、ヒューストン。ここで問題が発生していた」と言った。

まずは原因からだ。主な原因を、生息地の減少（H）、外来種の侵入（I）、汚染（P）、ヒトの増加（P）、乱獲（O）の頭文字を取ったHIPPO（ヒッポ）とまとめている。気候変動は最初の三つの影響をおそらくもっとも受けているだろうが、そもそも気候変動と生物多様性は密接に関連している。一九八七年、生物多様性条約を話し合う会議で環境学者のトマス・ラブジョイが、気候変動に取り組まないと、わたしたちは「生物学的な多様性」を忘れてしまうだろう、と発言した（「生物多様性」という言葉に収れんするのは、これから数年後である）。

一九九〇年、当時カリフォルニア大学バークレー校にいたジョン・ハートとレベッカ・ショーが、気候が生態系を変化させるかという実験に初めて乗り出した[12]。二人の目的は単純で、コンピュータのモデルや予測から発生イベントを手に入れる代わりに、土地の一部を暖め、何が起きるのかを観察することであった。コロラド州のロッキー山脈にある牧草地の生態系を選び、そこに実験で暖める区画を設定した。

これから実際に起こることが予測されている温暖化を、数年にわたって試したところ、植物と土壌の群落構造が変化した。ヤマヨモギが群生し始め、牧草地でよく見られる草花を追い出した。そのせいで昆虫や鳥の餌がなくなった。悪影響はさらに続き、温暖化すると、土壌の貯留する二酸化炭素の容量が著しく減ってしまうことがわかった[13]。ヤマヨモギが増えるほど、大気に放出される二酸化炭素の量が増える。

気候変動と生物多様性は密接に結びつく。ただ本書では、生物多様性を独立した章で扱うことにする。それだけ生物多様性は、わたしたちの生存に重要だからだ。多様な惑星は、安定した惑星であり、攻撃をかわせる柔軟な惑星なのだ。

ＨＩＰＰＯの中でもっとも大きな問題は、生息地の破壊だ。森林だけでも毎年七万五〇〇〇平方キロメートルが地球上から消えており、これはサッカー場二七枚分が毎分失われている計算だ。五〇年間でアマゾン熱帯林のおよそ一七パーセントを失った。二一世紀に入った時点で地球の陸地の一〇パーセントから一五パーセントを覆っていた熱帯林だが、現在、まったくの手つかずで残っている部分は少ない[14]。衛星データによると、二〇一八年八月から二〇一九年七月の間にアマゾンでは一万平方キロメートルの森がなくなった[15]。この消失スピードの大幅な増加傾向は、ブラジルでジャイール・ボルソナーロ大統領の選出と、彼のアマゾンを「開発する」という経済公約に同調していた。

アマゾンは地球の最大の宝である。最大さがずば抜けているこの森には、三〇〇〇万人が暮らしており、空気と水の循環を通じて地球の気候に影響を与え、人類が排出する二酸化炭素の一〇年分に相当するカーボンを貯留する。アマゾンそのものが現地に雨を降らすのだが、牧草地にされたり、森林火災で燃えたりして森が小さくなると、雨を降らすシステムが働かなくなる。そうなると熱帯林が乾燥して燃えやすくなり、その結果、森林の破壊が進むことになる。森林面積の二〇パーセントから四〇パーセントが失われると、森林火災や乾燥が増加するという転換点に到達すると推定される――そして、一七パーセントがすでに失われていることを思い出してほしい[16]。アマゾンが完全に消えたら、たとえようのないくらい大量の生物が失われ、もはや制御できないレベルで地球が熱せられるだろう。

森林破壊の目的のほとんどが、肉を食べたいという飽くなき食欲を満たすのに、ウシを育てる更地を得るためだ。これについては第8章で触れる。だが、森林には非常に多くの種がいる——そして陸上でもっとも多様な生態系であるのは確実である——ため、森林破壊は非常に大きな代償を伴う。だから、森林面積が小さくなると、種を支える能力が減少するのだ。プロジェクト・ドローダウンという気候変動の解決策を調査する支援団体では、地球規模での環境を問う際の単独でもっとも重要な問題に、森林破壊を位置付けている。そのため、森林の保護・復元・拡大は、本章での投資の中心に置きたい。

いい知らせがある。自然の力で森林が再生する時、積極的に植林された地域とは対照的に、大量の二酸化炭素を吸収する。自然な再生はより安価で、より素早く、生態系をより多様にしてくれるし、森林に自力で再生させておくのは、二酸化炭素を回収するうえで実に効率が良い。二〇二〇年に実施された地球規模の研究によると、六八〇万平方キロメートルの土地を放置し、勝手に再生できる状態にしておけば、二〇五〇年までに七三〇億トンの二酸化炭素を吸収するようになる(17)。

二〇一四年の国連気候サミットで、森林破壊に関するニューヨーク宣言(NYDF)を採択した。これは、二〇二〇年までに森林破壊を半減し、二〇三〇年までに完全になくすための宣言である。応援する楽しみも価値もあるプロジェクトだが、その名称から、満足できない理由がわかるだろう——条約ではなく、宣言なのだ。すなわち、法的な拘束力がない。NYDFを採択した後も、森林破壊は止むどころか、減速すらしていない。むしろ加速した。アメリカで大量殺人が起きるたびに、政府が銃犯罪の取り締まりを強化する前の、銃を購入する最後の機会だとばかりに、たくさんの銃が売れるようなものだ。二〇一四年以降、森林の伐採で排出された年間の二酸化炭素量は、ＥＵ全体の温室効果ガス排出量と、おおよそ同等になる。ＮＹＤＦ進捗評価パートナーによる報告書は、アマゾンの中でも、ボリビアとブラジル、コロンビア、ペルーにまたがる地域でもっとも集中的な伐採が進行中であると示している。アマゾンだけではない。コンゴ民主共和国でも二〇一四年から二〇一九年の間に森林破壊が一層進んでいる。

問題はもちろん、違法な伐採をする個人や、それを取りまとめる団体にとって、伐採はすぐに報酬につながることにあり、その報酬が魅力的すぎて、伐採がもたらすであろう危機を凌駕してしまっているのだ。ブラジルやコンゴ、コロンビア、ボルネオ、インドネシアにいる違法な伐採者や、坑夫ひとりひとりの行動を、わたしたちは理解できる。彼らは皆、わたしたちと同じように収入が必要なのだ。ブラジルで坑夫をするジョルジ・シルバは、こう述べる。「ここにいる人は全員、環境を破壊しているとわかっている。やりたいことではないが、生き残るためのほかの手段が見つけられない[18]」

シルバらは、取りまとめの掘削・伐採カルテルに搾取され、政府はそれを容認する。得られた利益は、地球に莫大な負債を負わせ、地球の機能のほか、地球にいるすべての種がその代償を払う。暗闇のほうに傾いてはいけない。怒りに飲み込まれる代わりに、この連鎖を変えよう。ＮＹＤＦは現在、資金援助を受けているものの、森林破壊の勢力に対抗するにはまだ弱い。だから、わたしたちはＮＹＤＦをキャノピーという包括団体に吸収させ、一兆円の活動資金を提供する。これは当座の頭金であり、活発な森林保護活動をわたしたちが認め、参加するに従って、援助の規模を一〇兆円にまで増やしていきたい。

もちろん、政府と連携する必要がある。ブラジルのリカルド・サレス環境相は二〇一九年に、アマゾンでの破壊行為を止めたいのなら、先進国は金を払うべきだと発言した。(19) アマゾンの五分の一の範囲に暮らす農業従事者や地元民が、森林破壊で土地を開拓せずに収入を得られるようにするには、一年で一平方キロメートルあたり一二〇万円かかるとして、毎年一兆二〇〇〇億円が必要になる。大きな問題は、ボルソナーロ体制に出資することよりも、資金が本当にアマゾンの保護に使われるのかという確信や証明が必要なことだ。つまり、ブラジルに森林を保護するための適切な法的執行力が求められる。

森林投資の大半は、政府が伐採や掘削を譲歩するための資金に使われ、その後で地域を保護するために使われる。森林保護全体を見る際に重要なのは、地元住民と協力することで、彼らが森林を守るための行動を取れば、短期・長期の両方できちんと恩恵が得られるようにすることだ。森林に収入を頼っている人々、特に先祖代々の土地が危機にある先住民と協力することになるだろう。彼らはもっとも有能な管理人になることが多い。

森林破壊の防止と森林面積の積極的な拡大は、生物多様性と二酸化炭素の管理の両方に有効だろう。後者の項目、すなわち、どのように植林したり生態系を再生させたりすれば、大気中から二酸化炭素を減らし、気候変動を抑えられるのかについては、第7章で扱う。また、人口の増加で増えた栄養やエネルギーの需要を、確実に満たさなければならない。食料供給に関しては第8章で紹介する。本章は生物多様性に集中する。

ダイビングを体験する以前には、動物の行動やコミュニケーション、生態を知っていたつもりでも、いざ水中に入ったら、そのすべてを考え直すことになるだろうと、動物学者の友人から言われた。そして、まさにその通りになった。岩礁では数千もの生物がさまざまに影響し合い――餌を与え、餌を捕まえ、成長し、注意を引き、つがいになる――わたしたちが知る由もない情報を交換する。しかも、わたしたちは進化も生きることもできない水の中で。部外者のわたしは、進行中の出来事をほとんど飲み込めない。

そこに、ダイビングが特別である理由の一つがある。まったく異なる世界を垣間見ることができる。もう一つ、これを特別にしているのは、上下左右に苦もなく動けるという点である。重力に縛られていては難しいけれど、水中ならスピンしたり向きを変えたり、いろいろな体勢で漂うことができる。宇宙飛行士にもっとも近づけるのだ。

わたしは、グレートバリアリーフでクルーザーで過ごしながらダイビングを覚えた。グレートバリアリーフは二三〇〇キロメートルにおよぶ海の奇跡で、世界最大の一まとまりのサンゴ礁であり、地球でもっとも多様な生態系を有する場所の一つだ。クイーンズランド大学気候変動研究所のオヴェ・ホゥ・ベルグルグ所長は、サンゴ礁をメガダイバース生態系と呼ぶ。クルーザーであれば、サンゴ礁のさまざまなスポットへ赴き、昼も夜も潜ることができるので、サンゴ礁の変化に富んだ種類を見ることができ、群がってくる生物をサンゴ礁が支えているということが、漠然とわかった。夜のダイビングでは、動物の眠る姿を見ることができた。ブダイは、分泌した粘液の中で身を守りながら、眠っていた。ところで、サンゴはと言うと、変態していた。夜に餌を食べるのだ。

サンゴはコロニーを形成し、硬いリーフや石灰質の構造を作るが、クラゲの親せきにあたる動物だ。褐虫藻というカラフルな光合成微生物と共生する共生生物である。微生物は太陽光をエネルギーに変換し、サンゴはそのエネルギーを利用して、微生物がサンゴ内に隠れられるような構造を作る。夜になると、サンゴはポリプを伸ばして、プランクトンを捕食する。

わたしがグレートバリアリーフに潜った一九九〇年代、サンゴ礁の最大の悩みはオニヒトデで、サンゴ礁に侵入して食い荒らしていた。ダイバーはオニヒトデに触らないようにしていた（一緒に潜った女性が、誤ってオニヒトデの上に乗っかり、脚がトゲに刺されてしまった）。だが、現在の生態の恐怖、気候変動による壊滅リスクの前では、オニヒトデは可愛らしく、扱いやすく感じられる。

海は、地球の温暖化により生じた余分な熱の九三パーセントと、わたしたちの放出した二酸化炭素の三分の一を吸収してきた[20]。

海は広大なので、吸収量も莫大だ。なのに、わたしたちはその上限に達してしまった。二酸化炭素が水に溶けて炭酸になり、そのせいで海の温度と酸性度がどんどん高まっている。そうなると、カラフルな褐虫藻はサンゴから出て行かざるを得なくなる。これが白化という過程だ。どちらも単独では生きられないので、褐虫藻はコロニーを形成できなくなり、サンゴは死ぬ。

現在のグレートバリアリーフに潜ると、温暖化と酸性化の悲劇を目の当たりにする。二〇一六年にグレートバリアリーフの海面温度が一度から三度高くなってしまった時、大量のサンゴが白色化し、その規模は全体の九〇パーセントに及んだ。地球温暖化を一・五度までに維持できれば、部分的に――もしかしたら半分の――サンゴを保存できる。だが、二度上昇させてしまうと、世界中のサンゴ礁の九九パーセントが失われるだろう。[21] サンゴ礁は海の生物種の四分の一を支え、近くに暮らすおよそ八億五〇〇〇万人に、保護や食料供給という生態系サービスを提供している。

温暖化を二度にさせず、海の酸性度を下げることが喫緊に求められるために、サンゴ礁の保護は、とりわけ困難な問題だ。サンゴ礁を救う問題は、なぜ地球規模で考え、生活様式をすっかり変えなければならないのかを浮き彫りにする。

わたしたちの資金を使ってできることは、残ったサンゴ礁を物理的な破壊から守ることと、水を汚染しないこと、サンゴ礁で乱獲しないことだ。わたしたちは、サンゴを保存するための取り組みを支えることができる。クイーンズランドでリビング・コーラル・バイオバンクの設立を計画する、グレートバリアリーフ・レガシーという団体に出資しよう。このバイオバンクは、八〇〇種類の生きたサンゴを集め、育てるための施設だ。また、自然界でサンゴを再び大きくすることもできる。帯電させた金属の枠をサンゴ礁の真ん中に沈め、損傷したサンゴの再成長を促す方法が、東南アジアやインド洋で行われている。クイーンズランドでは、牧草地を元の湿地へと戻し、グレートバリアリーフに害を与える肥料の流出を抑えるための緩衝地帯にしている。世界全体の二酸化炭素の排出量を抑えるために高次元で取り組む一方で、海岸沿いの住人を支援し、サンゴ礁をできる限り保全しなければならない。

何種類の種と地球を分け合っているのか、正確にはわからない。この数字は生物学者にとっての暗黒物質であり、確実に知っておきたいものである。ただし、物理学者の抱える暗黒物質（ダークマター）の問題ほど難問ではない（第9章で扱う）。なぜなら種というのは、すぐそこにあり、原理上は見つけにいくことができるからだ。けれど、その数が膨大なために手が回っていない。

一七五八年に最初の挑戦があった。スウェーデンの植物学者であるカール・リンネは、今日でも利用されている種の分類体系を考案し、各生物の属名と種名をラテン語の斜体で表記することを示した。例えば、ハイタカは *Accipiter nisus* で、ヨーロッパミヤマクワガタは *Lucanus Cervus* という具合に表記される。この仕組みは非常によく機能する一方で、注意深く描写したうえで新種と定めるため認定に時間がかかり、分類が終わるよりも前に学名待ちの種がやって来てしまう。

生物学者は学名に形態的特徴を盛り込むことで、命名を簡素化し始めている――進化生態学者のエドワード・オズボーン・ウィルソンは、アリの新種を分類するのにラテン語を使い果たしてしまった、と述べた。ある甲虫はグレタ・トゥーンベリにちなんで *Nelloptodes gretae* と、特に印象的なタコは *Wunderpus photogenicus* と命名された。ウランを利用してエネルギーを獲得する細菌 *Candidatus Desulforudis audaxviator* は、ジュール・ヴェルヌの『地底旅行』に登場する「果敢な旅人よ、降りるのだ、さすれば地底に達するだろう」というラテン語のメッセージ（Descende, audax viator, et terrestre centrum attinges）に由来する。[22]

いずれにせよ、リンネ以降の二五〇年余りで、分類してきた種の数はおよそ二〇〇万しかない。まだまだ多くの種が発見されるのを待っており、真核生物には全部で約八七〇万の種が存在する、という推測がある（真核生物とは、動物や植物、菌類の「進化した」形態だ）。地上には八七〇万種、海洋には二二〇万種が存在するとされている。[23]すなわち、八〇パーセントもの種がまだ分類されていないことになる。数はまだ増えるだろう。それに、そもそも微生物は数に入っていない。確実に手に負えない規模だ。

生物の形態には、植物、動物、微生物を問わず、ある傾向がある。小さいほど数は多く、大きいほど数は少ない。そして、中くらいのものは中くらいの数である。非常にぼんやりしていて、なんだかラムズフェルド［訳注：アメリカの元国務長官］の発言のようだが、これを数学的に表すことができ、三〇桁の規模で真実であることがわかっているし、各大きさのレベルで種の総数を予測するのに利用できるのだ。この説を利用して微生物の種類を見積もれば、その数は一兆種を超えるだろう。[24]確かに、細菌と、もう一つの巨大な微生物群の古細菌を扱うとなると、種という大きな枠組みでさえ手に余るだろうが、仕事は山積みだということは理解できるだろう。本当に終わりがない。

大量絶滅の最中に新種を分類しなければならないのは、沈みゆく船から水をかき出すようなものだ。新種は発見された途端に、絶滅危惧種レッドリストに載せられるからだ。この一〇〇年間に北アメリカ大陸で初めて発見された鳥類の新種、ガニソンキジオライチョウは、この好ましくないリストにただちに投げ込まれた。最近では、新しい哺乳類や霊長類が発見されるのは珍しくなっている。類人猿ともなると、なおさら珍しい。オランウータンの第三の種が二〇一七年にスマトラ島の分断された森で発見されると、すぐに近絶滅種に認定された。一九二九年にボノボが種と認定されて以来の新種の類人猿であるタパヌリオランウータンは、実際に、そのまま類人猿の中でももっとも絶滅に近い存在になった。[25] オランウータンには三つの種があり、それがアジアで見つかっている唯一の類人猿だ。アジア類人猿はアフリカ類人猿と比べて研究が進んでいないものの、最近の研究によれば、アジア類人猿も劣らず知能があり、餌を得るために道具を使い、柔軟性があり、価値に基づいて意思決定できる。[26] ボルネオ島には、およそ六万頭のボルネオオランウータンが生息し（年に三〇〇〇頭以上のペースで殺害されている）、スマトラ島にはおよそ一万五〇〇〇頭のスマトラオランウータンと、たった八〇〇頭の新種のタパヌリオランウータンが生息する。

オランウータンの苦しい状況は、人間の恩恵を用意すべきだ、ということを体現している。タパヌリオランウータンの生息地は、道路やダムの建設に脅かされていて、すべての生息地が政府の保護下にあるわけではない。[27] しかも、生息地には二つの金鉱がある。充実した水力発電所を建てたり、新しい金鉱から報酬を得たりすることと、菜園を襲うことのあるオランウータンのためにそのような機会を放棄することの、どちらを選ぶのかと地元住民に尋ねても、読者が望むような答えは返ってこないだろう。

にっちもさっちも行かない状況だ。向き合う課題の規模を知るために、そこに何がいるのかを把握しなければならない。生存に必要な土地の広さを決定するために、何種類の種が存在するのかを知る必要があるのだ。同時に、いまだ発見していない種のための生息地も確保していく。保全活動は、その地域の住人に十分な説明をしたうえで、許可を得てから実行しなければならず、彼らが恩恵を受けられるようにすべきだ。わたしたちができる戦略は、地域の観光を促進したり、持続可能な収入を提供したりすることだ。一方、アブラヤシの大量生産やレアメタルの採掘のために森林を伐採することは、長期的には地元住民の大きな利益にならないだろう。

住人主体の話し合いが功を奏した例がある。ケオセイマ野生生物保護区は、カンボジア東部のおよそ三〇〇〇平方キロメートルがそれにあたる(28)。生物多様性という点で、地球規模で見ても重要な地域であり、九五〇を超える種が記録されており、その中の数十種もの植物や動物が絶滅危惧種だ。また、プノン族の暮らす地区でもある。カンボジア政府が野生生物保全協会などの支援を受けてその地区を管理し、住人の暮らしを向上させるような保全策を該当するコミュニティと交渉してきた。例えば、地区内にある二〇の村はカーボン・クレジット制度に署名し、レッドプラス・プロジェクト（REDD＋プロジェクト：森林減少・森林劣化を防ぐための二酸化炭素排出の抑制）の一環として、健全な森を維持することで報酬が得られるようになった。二〇一六年、それらの村はREDD＋のカーボン・クレジットを初めてアメリカの企業に売却し、その報酬を浄水設備の改善やコミュニティの会議室の建設に利用した。しかし、運営は生易しいものではない。二〇一八年には、三人の森林監視員が違法伐採のキャンプを調査中に殺害された(29)。

ほかには、ボリビアにあるマディディ国立公園が良い例で、一万九〇〇〇平方キロメートルの熱帯雨林には、二万種を超える植物と一一〇〇種の鳥類が住む。二〇〇六年には、新種の霊長類のマディディティティというサルが発見された(30)。一九九五年に設立された国立公園には、六つの先住民族から成る四六のコミュニティがある。観光業が主な収入源で、地元の住人が持続可能な生活を営んだり、生活の質を高めたりするために収入が使われる。ケオセイマ野生生物保護区と同様に、政府とＮＧＯの両方から支援を受けている。

すなわち、共生は可能である。野生生物保全協会（一八九五年設立）は、世界中の政府と連携して同様なプロジェクトを実施している。わたしたちは、そうした取り組みを監督する団体をつくり、既存のＮＧＯの能力と範囲を拡大しよう。

種を保存するためのサンプルもまた必要だ。多くの種を救うには遅すぎるものの、少なくともＤＮＡを記録しておくことなら可能だ。もしかしたら将来、絶滅した動物をよみがえらせるかもしれない。

品種改良のための作物の種を初めて大々的に収集したのは旧ソビエトで、それは一九二〇年代のことだった。一九五四年頃になると、アメリカに国立の遺伝子バンクが設立された。食料・農業植物遺伝資源条約は、世界中の多様な作物を適切に文書化したり、保存したりするためのものだ。スバールバル世界種子貯蔵庫は、種子や作物を保管するための国際施設として建設され、現在では一〇〇万種を超える品種を保管する。貯蔵庫の場所には、冷蔵保管できるという特性のために、北極圏内が選ばれた。しかし、スバールバル貯蔵庫だけでは足りない。種子を作る以外の生物が存在するし、また、貯蔵庫そのものが気候変動の影響をまったく受けない、というわけではないのだ。

ハリス・ルーウィンは、カリフォルニア大学デイビス校の生物学者だ。ルーウィンの野望は果てしなく、地球上のすべての真核生物のゲノム配列を解読するというものだ。デジタル化された種の遺伝情報は、気候変動で破壊されることはなく、世界中で共有することができる。これまで世界で二五〇〇種について解読してきた。ルーウィンによる地球バイオゲノム計画は、誰でも閲覧できるオープンアクセスだ。名古屋議定書での同意に基づき、それぞれの生態系が有する遺伝情報に関する、各国の権利は尊重されている。ルーウィンは全体で四七〇〇億円の費用がかかると見積もるが、ヒトゲノム配列の解読にかかった費用（現在の価値で四八〇〇億円）と比較すると、遺伝技術にかかる費用が大幅に小さくなっていることがわかる。さらに驚くほど低価格になる可能性がある。

わたしたちの資金があれば、ルーウィン教授のバイオゲノム計画に出資するだけでなく、その計画の範囲を、ありとあらゆる生物にまで広げることができる。絶滅率を考慮すると、ほかに有効な手立てを考えつくことは難しい。ヒトゲノム計画は医療の革新を約束したが、その変化の波はようやく起こり始めたところだ。ただし、法医学、考古学、バイオインフォマティクスは過去の様相がわからないくらいに変化している。一〇〇円の公的資金をヒトゲノム計画に投資したら、一万四〇〇〇円を超える経済効果を生み出したのだ。

地球バイオゲノム計画は、想像を絶する科学の進歩をもたらすだろう――薬や素材、バイオ燃料、作物が改良される。数百万種もの遺伝情報が入った大規模なデータバンクができれば、地球の生命の進化についての理解が進むだろう。絶滅しやすい種がある理由や、先に力を入れるべき分野が見えてくるようになる。ヒトゲノムが解読された時、どのような事態が起こるのか予測がつかなかったように、バイオゲノム計画がどんな影響を与えるのかはわからないと、ルーウィンは述べる。再生可能エネルギーや農業、エンジニアリング、人工知能……が発展する。

この必要不可欠なプロジェクトに加えて、遺伝子編集の方法の研究にも投資しよう。この技術は、ヒト以外に適用して、将来に備えて種を守り、既存の生態系の遺伝子の多様性を残しつつ、変化に対応できるよう遺伝子を拡充していくためのものだ。例えば、海水面が上昇し、陸上の生態系が浸食された場合に、その生態系にある種の、海水への耐性を高めようとするだろう。こうした作物を作りたいと思うのは当然で、洪水や干ばつに強い作物を産む方法を見つけようとするだろう。農業システムの向上については第8章で触れる。ルーウィンの計画の応用先の数の多さや、計画の規模を考慮すると、ルーウィンによる四七〇〇億円という見積もりは少ないかもしれない。だから、わたしたちは大事を取って一兆円を投資する。

ゲノム計画は、もっとも脆弱な種を特定するための助けになるだろう。さらに、この取り組みが、差し迫って重要な分野がある。スチュアート・ブッチャートは、イギリスのケンブリッジにあるバード・ライフ・インターナショナルの生態学者だ。彼は、科学者の国際チームとともに二〇一二年に論文を発表し、その中で、生物の保全のために大量のデータを高速で演算し、地球規模で危機にある種を救うための費用を求めた。すべての生物を含めた費用だ。

鳥類の収集がもっとも進んでいるので、ブッチャートらは鳥類のデータを利用して、危機にある種の絶滅を防ぎ、一七パーセントの陸地と一〇パーセントの海洋を適切に保護するという合意目標［訳注：生物多様性条約第一〇回締約国会議（ＣＯＰ10）で合意した目標］を達成するための費用を決定した。

鳥類の生息地を守るための費用と、危機にある種を国際自然保護連合（ＩＵＣＮ）レッドリストの分類で危険度を一つ下げる――例えば、近絶滅種から絶滅危惧種に下げる――ための最小コストを見積もったところ、毎年、八七五億円から一二三〇億円の金額が必要になるという結果になった。チームは見積もりの範囲を、ほかの危機にある種――哺乳類や両生類、それから魚類や植物、無脊椎動物までの全部――に拡大した。こうした分類群すべてのために土地を管理・保護するには、七兆六一〇〇億円が毎年必要になると算出された[31]。鳥類に関しては、費用の約半分が保護区の立ち上げ――つまるところ土地の購入――に消える。わたしたちは、生態系サービスがどれだけ失われているのかを追ってきた。これが、その代償なのだ。

七兆六一〇〇億円は、現在の支出額より一桁大きいものの、わたしたちは難なく出資できるだろう。しかしこの計画では、こうした保護地域の住人の生計が考慮されていない。この分を足すと、保護区の設立のための費用がはね上がるだろう。多様な種が生息する土地や海洋の特定・拡大が支出の中心となり、それから、そうした場所の管理・保護に予算があてられるだろう。こうした場所は、生物多様性の保全の鍵になる重要な地域（ＫＢＡ）と呼ばれる[32]。一部しかわかっていないので、地球規模でのＫＢＡの特定を急いで終わらせる必要があり、政府はこうした場所の保護に乗り出すべきである。

わたしたちの資金は、ＫＢＡを納得してもらうのに使おう。まだ保護されていないＫＢＡが特定されたら、わたしたちはその保護に出資するべきだ。地元住人や先住民と協力し、彼らが話し合いに参加できるようにして、ＲＥＤＤ＋などの仕組みを通じて恩恵を受けられるような、コミュニティ主体の自然保護区を設立する。

ぐずぐずしている時間はない。生態系が断片化され消えていくだけでなく、農地や宅地へと開発されていく。一度開拓された土地を元に戻すのは難しい。生態学的だけでなく、政治的、社会的にも難しくなるのだ。野生でなくなった土地を再び野生にするのは、非常に困難だ。イギリス生態学会のブレンダン・コステローは、ヨーロッパの歴史がこれをよく物語ると指摘する。だから、素早く活動する必要があるのだ。特にアフリカでは、野生生物の多くが広大な縄張りを持つので、人間と衝突する傾向がある。ここで念を押しておくが、わたしたちが介入するのは、保護区の住人の社会的な恩恵を引き上げるためでもある。食料生産の需要（食料の話題は第7章で取り上げる）や、貧しい国の生活水準を引き上げることにも配慮すべきだ。現在、低所得国の多くにとっては、自然資源の搾取が最適な収入源になっている。もちろん低・中所得国の多くは、大気を汚染しながら豊かになった先進国がその代償を払うべきだ、と二酸化炭素排出量の削減に協力したがらないだろう。また、ヨーロッパなどの国が――植民地支配を通じて――低・中所得国の自然遺産を破壊した、という同様な議論があるが、こうした議論はゆくゆくは自分たちを苦しめることになる。

裕福でおせっかいな白人の慈善家――まさにわたしのこと――であることからは逃れられないが、少なくとも自分がそういう人物だと認識し、地元の代表に資金を譲渡することはできる。地球全体に配慮が必要だ。生物多様性完全度指数は、北アメリカの温帯林からロシアの広大な平野まで、世界のすべての土地の完全性を数値化する。それによると、およそ五八パーセントで生物多様性が「重度に攪乱されている」ことになる。世界の海洋も同等に影響を受けており、「攪乱されていない」に分類されたのはたったの一三パーセントだけだ。言いかえれば、大西洋と北太平洋のほとんどを含む海の大半が、人間の活動によって攪乱され、ストレスを受け、劣化している。現在、野生に分類される海洋で保護されているのは五パーセント未満だ。

多様な生態系が強い生態系だ、という古典的な例がある。イエローストーン国立公園は（大部分が）ワイオミング州にあり、広さが九〇〇〇平方キロメートル近くもある広大な自然公園だ。アメリカで最初の国立公園として一八七二年に設立されたが、二〇世紀初頭に、安全への懸念が主な理由でオオカミを狩猟して、地域全体から排除した。ところが、オオカミのような頂点に立つ捕食者が生態系全体に影響の連鎖を与えているので、頂点捕食者なしには連携が起こらない、と生態学者が主張したのをきっかけに、一九九五年、オオカミが再導入された[33]。イエローストーン国立公園は、オオカミが消えて以来、すっかり景観が変化していた。エルクはオオカミに捕食されないために個体数を増やして、とんでもない量の花芽や苗木をむさぼり食い、バイソンを追いやり、若い樹木を荒らしまくった。そのために、ダムを作るための木がなくなってしまい、ビーバーが消えた。オオカミの存在しないイエローストーン国立公園は、ほとんど草ばかりの荒野になり、静かだった。

オオカミの群れが公園に再導入されると、エルクの数が減少し、ヤナギやハコヤナギ、ヤマナラシなどの樹木が大きく育つようになった。同時期に再導入されたビーバーが早速ダムを作り始めると、流水の水面が高くなり、魚の新しい生息場所になった。樹木とともに戻ってきた昆虫の種が増え、巣作りや採餌ができるようになると、鳥類の数が増えた。コヨーテの個体数が減り、プロングホーン［訳注：別名エダツノレイヨウ。ウシとシカの間のような動物］の個体数が増えた。この出来事は教科書に取り上げられている。生態系の反応は魔法でも当たり前のものでもない。人間による細心の管理が必要であるものの、とにかく生物の多様性が増した。この出来事には説得力がある。しかし、こうした取り組みには広大な面積が必要だ。広い国立公園なら実現可能だが、もっと人間が住んでいる場所ではどうなるのか。

バングラデシュとインドにまたがるシュンドルボンは、ガンジス川とブラマプトラ川がインド洋に注ぎ込む地帯に形成された、広大なマングローブの生態系だ。頂点捕食者はトラである。アクシスジカやマカク、イノシシは、マングローブ林の植物や動物の多様性を促せる程度に個体数を維持している。シュンドルボンの面積は一万平方キロメートルで、イエローストーン国立公園より少し広いものの、人間の住んでいないイエローストーンとは異なり、シュンドルボンにはおよそ四〇〇万人もの住人がいる。トラのために土地を確保すべきだが、人間もまた土地を必要とするため、トラと人間が衝突してしまう。

わたしが訪れると、誰もがトラの話を聞かせてくれた。数週間前にトラに殺された女性の親せきと、話をした。その女性は、トラのためにフェンスをめぐらした地区で、カニを採っていたそうだ。血に染まった彼女のサリーが泥の中から見つかり、周りにはトラの足跡が残されていた。死体は発見されなかったので、サリーと腕輪が村に持ち帰られ、火葬された。「わたしたちはトラと敵対していません」と村人の一人が言った。「でも生活のために、そこに行くしかありません」ほかの村人は木製のフェンスを見せてくれた。そのフェンスをトラが飛び越えて、隣人を連れ去るのを目撃したそうだ。

エドワード・オズボーン・ウィルソンに尋ねるなら、地球の陸地の半分を保護せよと言うだろう(34)。こうした発想は、ある国際的な科学者グループに受け入れられ、二〇三〇年までに生態系全体の三分の一を、二〇五〇年までには半分を保護しようという活動が進められている(35)。ところが、わたしがシュンドルボンで出会った人々は、地球の半分の保全を訴える活動家がぶつかる問題、すなわち、保全が必要だと特定する時には該当する地域の住人のための計画も考えなければならない、という問題を体現している。わたしは滞在中に、泥についた新しい足跡を見る以外では、トラを目撃しなかった。代わりに、川でカワゴンドウを見た。背びれは短く、頭は丸くてつるんとしていて、クジラの赤ちゃんのようだった。

頂点捕食者がいなくなった場所に、捕食者を再導入するのは難しい。イギリス南部のウエスト・サセックス州――ロンドンのガトウィック空港からそれほど離れていない――に、イザベラ・トゥリーとチャーリー・バレルが所有する一四〇〇ヘクタールの土地がある。重たい粘土質のために地場穀物を十分に収穫できず、二〇〇一年に、夫妻は野生のブタやウシ、シカを領地内に住まわせて、農場を半野生の状態へと戻し始めた。現在では動物が元農地をうろつき、生物の多様性が急上昇している。クネップ［訳注：バレル夫妻の土地］は、わたしの裏庭と比べれば広大だが、一四〇〇ヘクタールを平方キロメートルに換算すると、たったの一四しかない。イエローストーン国立公園やシュンドルボンの断片サイズだ。オオカミやクマの群れを支えられるほど広くはないため、頂点捕食者は導入できない。代わりにヒトがその役割を果たし、毎年、動物の数を間引く。粘着質の農場だった土地が、現在では、コキジバトやサヨナキドリ、ハヤブサ、イリスコムラサキなどの幅広い貴重な種を支えている。二〇二〇年には野生のコウノトリがクネップに巣を作り、ヒナを育てた。イギリスでのコウノトリの繁殖は数百年ぶりのことだった[36]。

わたしたちのすべきことは三つある。

第一に、野生生物の保全にとってもっとも重要な地域を特定しなければならない。環境学者はこうした地域をKBAと呼び、最優先で保護することになる。この地域を特定するための膨大な業務の一部は、すでに行われている。環境団体RESOLVEのエリック・ディナースタインのチームは、保護された地域や、保護されていないものの希少種や種群、大型哺乳類がいる地域、人間の活動がほとんどない地域、特に二酸化炭素の貯留に重要な地域に、地球全体を分類した地図を作製した。ディナースタインらは、パッチワーク状になったこの地図を見た時、必要な地域、彼らが地球規模のセーフティネットと呼ぶ地域が、偶然にもウィルソンの提案と一致すること、すなわち、地球の陸地の半分を占めていることを実感した[37]。

第二に、わたしたちは、先住民が自由に暮らせるような保全・保護地区を設ける方法を見つけなければならない。そして第三に、クネップの土地で上手くいったような、広くない土地でも生物多様性を促進するための行動を取っていくべきだ。

二〇二〇年九月、七二か国の政府は「リーダーによる自然への誓約」に調印し、環境破壊に取り組み、二〇三〇年までに失った生物多様性の損失を「反転させる」ことを約束した[38]。誓約はとても歓迎する——わたしたちは誓約が好きだ。わたしたちの資金は、政府がこの約束を守る役に立つだろう。

ヒトは均質化の一大勢力である——「マクドナルド化」や「スターバックス効果」と言うほうが馴染み深いかもしれない。基本的にわたしたちはすべてを似せようとするのだ。南アメリカにおいて、約五七のメガファウナの属は、最終氷期の末期が長々と続いている間に絶滅した。メガファウナは、体重が四四キログラム以上の動物——大方、哺乳類だが、大型鳥類も存在する——を指す。メガテリウムや、キュビエロニウスという巨大なゾウのような生物もメガファウナの属であった。草食で新芽などを食べ、種子をばらまくというメガファウナの性質を引き継いでいけたのは、ヒト、ウマ、ウシのたった三種だけであった。北アメリカでは、サーベルタイガーやダイアウルフ、ゾウガメ、巨大コンドル、恐鳥というなんとも恐ろしい名前の鳥（体長二・五メートル、体重一五〇キログラムの獰猛な飛べない鳥）など九〇の属が、人間の手で絶滅した[39]。繰り返すが、人間と家畜のウマとウシが、絶滅で失われた性質を引き継いだ。同様な出来事がオーストラリアやヨーロッパで繰り広げられた。

この物語は今日も続く。大衆の耳に心地よい反省ばかりで、人間は、今この瞬間も、「外来種」による世界中の生態系への「侵入」を助長している。ネコやネズミ、ヤギがもっとも厄介な侵入者だが、昆虫（オークプロセッショナリーモスという毛虫などは厄介な害虫だ）や寄生生物（鳥マラリアの原因もこれだ）、微生物（ツボカビは両生類の個体数を壊滅的に減らす）、観賞植物（ミコニアはタヒチの在来植物を壊滅させている）も大きな被害をもたらす。世界の生息地の状態を綿密に分析したミレニアム生態系評価では、外来種は生態系の保全にとって大きな脅威であると結論づけた。侵入の主なルートは、かつては人間の交易であった。しかし、今では気候変動がまったく新しい生態系をもたらすことで、こうした状況を悪化させている。例えば、大西洋と太平洋では、船の航路が変わったせいで、温度の高い水を好む外来種が移動の足を得て広がっている。ある論文では、外来種はレッドリストにある絶滅危惧種にとって、狩りや収穫などの直接的な行為の次に、深刻な脅威であるとされた[40]。

生物多様性および生態系サービスに関する政府間科学‐政策プラットフォーム（ＩＰＢＥＳ）の報告によると、生態系を直接破壊することは、生物圏にとっては少なくとも気候変動と同じくらい脅威である。気候変動についてようやく考え始めたようには、生態系の破壊の影響について真剣に受け止めてこなかったようだ。だが熱帯雨林の伐採は悪だとわかり、火傷を負ったコアラや、飢えたホッキョクグマ、一本だけ残った熱帯の木の上で身動きのとれないオランウータンの映像によって目が覚めた。ところが、絶滅が生態系サービスに与える影響――多様性の減少と生物圏の弱体化が関連していること――は、必ずしも理解されてはいない。国連生物多様性戦略計画二〇一一‐二〇二〇に伴って、多くの国によって二〇の愛知目標が採択されたが、その達成は完全にあいまいである。六つの目標は部分的に達成できたものの、残り一四の目標はまったく達成できなかった[41]。地球の生物は「全体が減少している」と報告されている。「いつも通りの経済を、地球規模でただちに変えていかない限り、わたしたちの知る自然とわたしたちは、未来に存続できないだろう」と研究者たちはサイエンス誌に書いた。「遅れるたびに、課題が厳しくなっていく」[42]

二〇二一年五月、中国・昆明市で行われるはずだった新しい目標を定めるための会議は、新型コロナウイルス感染症の影響で延期された。わたしたちのために、地球の生物多様性の未来のために、新しい目標は野心的で、大国からの支持を得られるものにすべきだ。新型コロナウイルス感染症の危機により、経済は大きな被害を受けているが、それを行動しないことの言い訳にすることはできない。

中国が立ち上がり、地球が必要とするような地球規模での環境保護を先導してくれるだろう、と期待できるだろうか。かなりの数の火力発電所が操業を待っている状況で、中国が再生可能エネルギーへの移行で音頭を取ることはなさそうだ。それでも、望みはある。中国政府には、二〇三〇年頃に二酸化炭素の排出量を減少に転じるという発言をするなど、有望な動きがある。陸地の四分の三と海洋の三分の二が、人間の活動の影響を受けていることを忘れないでほしい。この分野への投資が大きな利益になるという事実が、中国が正しい方向に進むための後押しになるかもしれない。

わたしたちの銀河系で、ほかの文明が見つからない説明として、天文学者は時々「グレートフィルター」を持ち上げる。グレートフィルターでは、あるイベント――たいていの場合、天体衝突や気候変動、核戦争などを想定する――が地球以外の知的生命体を破壊する。それは、生物多様性の喪失により地球のライフサポートが崩壊するようなものだろう。

達成したこと

陸地と海洋の利用の仕方を変換する。持続可能なやり方で、地球規模の発展を生み出す。地球によるライフサポートを復活させ、多様な生物を保全する。人間の文明の崩壊を回避する。

支　出

昆明の生物多様性のための目標二〇二一の支援……一〇兆円
地球規模での森林保護を取りまとめるキャノピーの創立……一〇兆円
放置と自然作用による「野生化」プロジェクト……五兆円
多様性の鍵となる地域の検証と購入・保護（五年間）……五〇兆円
サンゴ礁のある沿岸コミュニティの支援と、環境に適応できるサンゴ礁ならびに
　サンゴの移植法の研究……一〇兆円
すべての種の特定と収集……一兆円
合　計……八六兆円

第5章　惑星への移住

ゴール　月に定住できるようにすること。太陽系をすべて開拓して、探査を進めること。地球の生態への圧力を実際に緩和すること。人類の旅の次の段階に入ること。地球同盟という国際組織を創設し、「月はすべての人のもので、富裕層や資源開発業者だけのものではない」という一九七九年の月協定の所見にならいつつ、月面に包括的なコミュニティを作ることを目指すこと。

子供の頃、ボーイング747の背中に乗るスペースシャトルのポスターを、部屋に飾っていた。わたしは、そのポスターが気に入っていた。宇宙船のポスターだし、宇宙船というのは本質的にかっこいいものだからだ。未来を想起させる。それから四〇年経つが、わたしがあの頃に夢見たような宇宙飛行は、残念ながら、まだ実現していない。本章は、そうした状況を永遠に変える内容だ。宇宙に熱中したことがない人はいるだろう。仮に、必要なことはロボットにまかせることができるとしても、地球は問題だらけだとしても、それでも合理的に考えて宇宙に人を送る費用は高すぎる、と思う人がいるだろう。それは理解できる。しかし、わたしはぜひ、一緒に検討していきたい。宇宙飛行士になりたいという子供の頃の夢に、わたしが痛々しくしがみついているから宇宙に行くという内容ではない（宇宙飛行士の話でもない）。国際協力や知見の充実、それから、人類と地球両方の未来を保証することについてだ。つまり探査の話をしたい。最終的には、地球の生態への圧力を減らすことになるかもしれない。だが究極には、未来により早く到達するためのものだ。

　これは、わたしたちの予算で十分にまかなえるものだ。一九六〇年代のアポロ計画でNASAは、ロケット工学をかつてないほど進化させ、月着陸船のほか、生命維持装置や月面車などを「わずか」二二兆円（二〇一九年の価値）で開発した。もしかしたら、一〇〇兆円にのめり込みすぎて、二二兆円では少額に思える症状に陥っているのかもしれない。とにかく、人類史上（これまでのところ、まだ始まったばかりだ）もっとも並外れた偉業の一つであるアポロ計画を、四〇万人の関係者が参加していたのに、それだけの予算でやってのけた。だが、アポロ計画はある目的のための手段であった。そのため、どちらが先に人間を月に送れるのかという競争にアメリカが勝利すると、開発の勢いは失われてしまった。わたしたちの宇宙計画は長期的なものだ。わたしたちの資金を活用して、人間の歴史の新章をまさに始められるのだ。わたしたちの暮らす美しくかけがえのない地球から、そろそろ重荷を減らしてあげるべきだろう。

最初に浮かんだのは、火星に行くことだった。結局のところ、誰も行ったことがない。だから、初めて地球以外の惑星を歩くというミッションは、大胆で扇動的な目標であり、世間を騒がせるだろう。イーロン・マスクのスペースX社の主張によれば、わたしたちは多惑星種になることを目指す。そして、火星には、生息できるための条件がほとんどそろっている。大気——ただし、とても薄い——が一応ある。メタン燃料を合成するための二酸化炭素があり、そのまま使用したり、水と酸素に分解したりしても余る量の水が氷の状態で存在する。火星は生物学的な面でも魅力的だ。遠い昔に生物が存在していた可能性が高く、さらに微生物は現在も生息するかもしれない。わたしの大好きなサイエンス・フィクションにならうなら、火星を人間が住めるようにテラフォーミングすることができるかもしれない。すなわち、冷たく不毛で乾燥している火星を、地球のように、水分で潤った温かく居住可能な環境に変えるのだ。

これは、マスクのスペースX社がプロモーション映像で、はっきりと示したイメージだ。わたしたちにはより人間らしくいるために再出発する機会がある。ニール・アームストロングだけが、三〇世紀になっても、名前が思い出される二〇世紀の人物だと言われている。初めて火星に足を踏み入れた人間は、決して忘れられないだろう。そして、人類の未来への道程を文字通り刻むことになる。

そうしたものを築くことに興奮しないほうが難しい。ところが、詳細に検討し始めるとすぐに自覚した。最初に月に再び向かうことなしに、火星に行っても意味がない。資金は、無駄に消費せずに、長く残るものを造るために使いたい。月に持続可能な拠点を建設することは理にかなっており、火星に行くのに資金を使い切ってしまうような一度きりの夢とは違う。ＮＡＳＡからも援助を受ける非営利研究グループである火星研究所のパスカル・リーは、人類の火星ミッションにかかるコストは、二五年間で最大一〇〇兆円だと算出した。火星に行くことだけが非常に難しく、非常に費用が高いのではない。いざ到着したら、とんでもない困難を次々に乗り越えないとならないのだ。

ＮＡＳＡが、この点を追求してきた。火星ミッションの未知の要因と呼んで、有人探査や長期的な拠点の建設のために解明しておきたい事柄を、戦略的知識ギャップ（ＳＫＧ）にまとめている。例を挙げると、火星の軌道への侵入と着陸に必要な大気力学や気象のデータ、過去と現在の水の分布を含めた生命の可能性についての情報、両方向への汚染リスク――火星から地球に持ち込まれる生物災害もあれば、その逆方向もある――のデータなどだ。火星を往復する一二か月間と、火星表面に滞在する火星年の数年分、人間が生きながらえるようなテクノロジーを開発する必要がある。ちりの毒性や放射線の曝露リスクの情報も必要だし、有人探査のための安全で繰り返し使える着陸場所を特定しなければならない。ほかの惑星に滞在することの心理的影響もわからない。

ＮＡＳＡは戦略的知識ギャップをなくすために、数十ものギャップフィル策（ＧＦＡ）を挙げている。こうした活動に資金を投じられないだろうか。もちろん、わたしたちならできるだろう。学術的にも、社会的にも、工学的にも、化学的にも前代未聞な挑戦であり、政府への詳細な説明などの途方もない取り組みと配慮、さらに、当然だが移住ミッションの開始に伴って生じる倫理的な動揺や地政学の混乱に対して、わたしたちなりに参加できるだろう。ただし、月はより多くを提供してくれる。

アルフレッド・ウォーデンは、古きよき「ライトスタッフ（正しい資質）」の宇宙飛行士だ。アポロ12号の予備員で、一九七一年にアポロ15号のミッションで月まで飛び、人類最初の宇宙遊泳を行った。またアポロ15号の司令船に一人乗って月を周回している最中に、月面にいるクルーと三五九七キロメートル離れた時が、もっとも孤立した人間としてギネス記録に認定されている。アポロ計画に参加した多くの宇宙飛行士と同じく、ウォーデンはテストパイロットを経験しているので、孤独は気にならなかったようで、宇宙船に一人きりでいるのを楽しんだと述べた。またウォーデンは、思慮深い自然を紹介し、詩の中で次のように語った。「初めて自分が存在する理由がわかった。月を間近に見たからではなく、わたしたちの家、地球を振り返ったからだ」

ウォーデンは二〇二〇年に亡くなった。しかし、火星への足掛かりとして月へ行くことは何はなくとも必須だと、わたしに言ったことがある。たばこをくわえながら語るウォーデンは、誰にも侵すことのできないわたしのニヒルな英雄像であり、会話をするというよりずばっと言うという人物だ。彼の物語はその場にいる誰よりもきっとためになると、知っているからそう感じるのだろう。とにかく、わたしは聞いたのだ。ウォーデンは月が先だと言った。

ウォーデンの古い同僚であるバズ・オルドリンも同じような発言をしている。けれども、二人が月に行ったことがあるから再び月に行く計画を擁護している、という結論に飛びつかないでほしい。取材した複数のＮＡＳＡの科学者からも、同じ主張を聞いている。火星と月は人間に致命的な環境だ、という点で非常によく似ている。火星にも月にも磁場がなく、大気がきわめて薄く、宇宙服が必要だ。しかし、月であれば、何かあった場合にも三日間という比較的短い期間で地球に戻れる。それが火星なら、一五〇日から三〇〇日かかるだろう。地球から月へと交信する時の時間のずれは一・二五秒だが、火星では軌道上の位置関係によって四分から二四分ずれる。多惑星の状態に踏み出す前に、月に住む方法を学ぶ必要がある。

月を選ぶのであれば、有人・無人を問わず、月を目指している国際的な活動が多数ある、という追加の恩恵がある。月への挑戦は、新しい宇宙競争だと言われている。推定二・八兆円規模のアルテミス計画では、二〇二〇年代中頃までに人間を一人、しかも初めて女性を月に送ろうとしている。その計画に便乗して、わたしたちの資金を使っていこう。月はまた、太陽系の惑星への道を開いてくれる。宇宙旅行でもっとも費用がかかり、難しく、制約が多いのは、地球の公転軌道を外れて目標に向かうことだ。ロケットエンジニアは、必要な速度変更量であるデルタブイを引き合いに出す。月のデルタブイ値は、地球よりもはるかに小さい。そのためアポロ計画では、地球から月に向かうためには、サターンV型ロケットという史上最大のロケットが必要であった一方で、地球に戻るのに月を飛び立つ時には、小さなロケットで事足りた。

火星への有人飛行に先駆けて、複数の偵察・立ち上げミッションが必要で、火星に長期的な拠点を敷くには数百のミッションが要求される。必要なものを月に用意してから火星に運ぶほうが、地球から直接運ぶよりも、はるかに実行しやすく、はるかに費用がかからないだろう。月には大量の氷があるから、掘り出してロケット燃料を作って宇宙船に給油すれば、帰還費用が抑えられるので、地球から先へと進んでいくミッションが容易になるだろう。さらに、宇宙船の大きさを小さくできれば、宇宙船を作る費用が抑えられ、そうなると補給船を送りやすくなり、片道の探査機を太陽系の中に送りやすくなる。だから行動しよう。月を八番目の大陸にしようではないか。

少し落ち着いて、地球の外に移住拠点を造る計画に投資すべきだと考える、そもそもの理由を検討する。考慮すべき倫理的に難しい問題もある。わたしたちの選択をしっかり擁護する必要がある。

マーヴィン・ゲイを心にとどめておこう（概して、いい加減な経験則ではない。わたしは結婚式で『ユアー・オール・アイ・ニード』を流した）。『インナー・シティ・ブルース』の中でゲイは「ロケットの月への打ち上げ、持たざる者に使え」と歌って、有色人種の問題はおおむね無視されているのに、アポロ計画には支出することを批判した。この歌詞は、現代にも同様に意味を持つ。ギル・スコット・ヘレンも一九七〇年に同様な行動を取り、「俺は医者にカネを払えないのに、白人は月に行く」と歌った。アポロ計画に熱中した人がいる一方で、地上が問題であふれているのに宇宙を見上げるなんて道楽も過ぎる、と懸念する人が多くいた。これは現在もほとんど変わらない。

二〇一八年に、マスクのスペースX社が初めてファルコン・ヘビーの打ち上げを成功させた。これは印象的なロケットで、「白人」を月に連れていった巨大なサターンV型ロケット以降で初めて造られたパワフルなロケットだ。イーロン・マスクは開発に五〇〇億円かかったと述べた――この額を覚えておこう。現在、打ち上げ可能なロケットの中では、ファルコン・ヘビーがもっとも積載量が大きい。マスクは最初の打ち上げ時に、テスラ社の赤いロードスターをルーフを下げた状態で搭載し、マネキンの「スターマン」を運転席に座らせ、カーステレオからはデヴィッド・ボウイの歌を流していた。マネキンは片手をハンドルに、片手をドアに載せていた。この姿に、男らしさを強調する男性社会の象徴、すなわち中高年の裕福な白人の男性至上主義の課題が見られる、と憤慨した人がいた。スペースX社のCEOは女性のグウィン・ショットウェルであるものの、同社の発射管制室で歓喜に沸く群衆のほとんどは白人男性が占めている、という事実の前には慰めにならなかった。

　さらに、マスクが火星に移住地を立ち上げ、月を「征服する」とよく発言していることが、これを助長する。帝国による植民地支配と奴隷制の害悪を呼び起こさせると、こうした発言に憤る人もいる。マスクはまた、火星に核爆弾を投下することを提案した——火星の極付近に爆弾を投下して氷を溶かし、火星を温暖化させ、テラフォーミングの過程を始めさせようというのだ。マスクが、ハイになったジェームズ・ボンドの悪役のように、批判する者たちを苛つかせようと振舞っているのか、本当に火星に核爆弾を落としたいのかはわからない*。いずれにせよ、わたしたちは違うやり方を取る。偶然にも、起業家と元NASAの科学者の集団がオープン・ルナ・ファンデーションを名乗って、同じ概念を掲げている——わたしたちは彼らと協力することになるだろう[1]。

　宇宙旅行を前進させたい理由は、科学のため、探査のため、地球環境を保護するため、独立した人間の移住を始めるため、破滅した場合の保険のため、大金を稼ぐため、名誉のため、欲のためであり、これらの理由が重なり合っている。中には現実的ではなかったり、妄想であったり、故意に誤解を生んだりする理由がある。月の拠点への投資が近いうちに儲けにどうつながるのか、わたしにはわからない。スペースX社は、国際宇宙ステーションへの輸送契約でNASAからかなりの額を受け取っていて、『アポロの孤児』［訳注：ロシアの宇宙ステーション「ミール」民営化の試みに迫ったドキュメンタリー番組］のように裕福な宇宙旅行者から利益を得る算段を検討している。月表面にある貴重な鉱物を試掘したり、月の氷をロケット燃料にするための精製設備でビジネスを興したりしようと夢中になっている人もいる。しかし、宇宙を拠点にした経済はないし、この先数十年は存在しないだろう。

今度は保険の発想だ。地球が破滅してしまった時に人類の生存を保障するため、地球の外に人間が移住し始めておくべきだ、という主張がある。小惑星の衝突により、六六〇〇万年前に恐竜の時代が終わった。巨大な火山の大爆発でも、同様な規模の絶滅が引き起こされるだろう。ところが、スティーブン・ホーキングが、小惑星の衝突は地球の生命にとってもっとも大きな脅威である、と最後の著書の中で主張していたけれど、統計的には、移住も衝突もすぐには起こりそうもない。こうした理由、すなわち人類の控えを準備しておくという目的のために、宇宙計画に資金を投入すべきと論じるのは、誠実でない。地球の生物多様性は、前の章で見たように、現在、さまざまな脅威に実際にさらされていて、わたしたちは現場でそれと対峙し、現場で戦うべきであり、大多数の人々を苦しみに残して、

＊ほんの一瞬頭によぎったのは、保護的な磁場を火星に再び発生させることだ。地球には、液体の鉄で構成された熱いコア（核）によって生み出された磁場がある。火星の外核には溶けた鉄がある一方で、内核は冷え固まっているようだ。この内核を溶かせば、火星に再び磁場が発生するだろう。そのためには火星に何千キロメートルも穴を開ける必要があり、コアを溶かすためには核弾頭を爆発させることになるかもしれない。当分、実現は不可能だ。

ほかの惑星に逃げるべきではない。わたしたちはそのことを認めるべきで、月の拠点計画を、まるで別物であるかのように飾り立てようとしてはならない。

月の拠点は地球環境を救うという主張は、もちろん見事な考えであり、ジェフ・ベゾスが繰り返し述べていることだ。アマゾン社と宇宙飛行企業のブルー・オリジン社の創業者であるベゾスは、月に重工業を移動させることで地球環境への圧力を減らすと言う。ブルー・オリジン社は月着陸船をすでに開発し、月へ行くためのロケットを建設中である。ベゾスは、汚染の元となる重工業を地球から月へと移せば、地球の環境への圧力が最終的にきわめて小さくなるとし、地球を少しの軽工業があるだけの居住区にしたいと考える。浮かれ気分でない人の中には、ベゾスの計画は権力と富をさらに拡大するためのもので、ゆくゆくはブルー・オリジン社が月で商品を作り、地球に配達するつもりではないかと見ている(2)。

繰り返すが、ベゾスの壮大な計画の行き着く先がどうであれ、それは遠い将来の話である。一部の人にとっては、わたしたちが地球環境を破壊したのだから、ほかの天体へ移住し始めるという権利はないに等しく、自分たちの住む惑星がそうした状態だからと、月で露天掘りをするなど到底受け入れられないことだ。かなり真剣にとらえているのだが、いつかわたしたちはそのような状況に達するかもしれない。しかし現時点では、ベゾスの目標はかなり長期的なものであり、一方、わたしたちは即座に集中できるものを求めている。なぜ月にそんな大金を使うのかと問われた時に、明快に答えられるようにしたいのだ。

中国は、二〇一九年に世界初を達成した。月の裏側に月面車を着陸させることに成功したのだ。月の裏側は地球のほうを向くことが決してないので、無線が届かず、裏側に侵入すると宇宙船の無線は遮断される。そのため、地球の無線の干渉から守られている裏側に研究拠点を建てるのは、多くの科学者の夢だ。数光年以内の距離で、これほど守られた場所は、ほかには知らない。そういうわけで、中国の探査機の嫦娥《じょうが》四号は、月の裏側に入った時には、人間のコントロールなしに自律して運行しなければならなかった。このミッションはロボットの非常に大きな飛躍であり、ロボットだけですべての探査を完了できるのではないか、と考える人が出てきてもおかしくないくらいの出来事だ。中国がリードしているものの、インドやイスラエル、日本、欧州宇宙機関（ESA）も独自のミッションを計画中か準備中である。

一面だけを見れば、こうした活動すべてが良好だ。宇宙探査の機運がようやく再燃してきた。だが、この所感は断片的で、気まぐれや市場の影響を受けやすい。ジョージ・W・ブッシュ政権が設立した、人間を月に送り込むためのコンステレーション計画は、バラク・オバマ政権で廃止された。オバマは、六〇〇〇億円を投じて二〇三〇年代に火星へ有人探査を行うと約束したが、その計画はドナルド・トランプによって中止された。二〇一九年に当時のマイク・ペンス副大統領が、二〇二四年までにアメリカは再び月に行くと発表するも、当時のトランプ大統領が火星に興味を戻したのは明らかだった。

NASAは相変わらず、アルテミス計画を進めている。NASAの年間予算は約二兆円だが、月面着陸を行うには、追加で少なくとも年間八〇〇〇億円は必要だ。短期で仕上げようという考えや、大統領交代による気まぐれに振り回されるNASAを、わたしたちはなだめることができる。また、宇宙が富裕層に独占されることを防ぐための抑止力になろう。

一九五〇年代、六〇年代の宇宙競争は、栄光と威信と権力のためだった。ソビエト連邦が、一九五七年に初の人工衛星であるスプートニク1号を打ち上げて軌道に乗せると、当時の民主党の多数党院内総務であったリンドン・ジョンソンが、アメリカの威信が侮辱されたという考えをあおって、「宇宙を制することは世界を制することだ」と言った。一九六一年にユーリー・ガガーリンが初めて地球を周回すると、ジョン・F・ケネディ大統領は宇宙開発で後れをとってしまった。ソビエトよりも劇的なことをしたかったので、彼は、アメリカは一〇年以内に人間を月に着陸させると宣言し、冒険や新しい偉業に対する人々の渇望をかき立てた。「我々は一〇年のうちに、月に行くことに決めた。それ以上のことをする。それは、月に行くのが簡単だからではない、困難だからだ」間違いなく困難だった。アポロ1号の船長のガス・グリソム（発射台での悲劇的な火災事故により亡くなった）は、「ニューヨークを一晩で築こう、と言っているようなものだ」とこれを形容した。

アポロ計画は偉業を成し遂げたが、アメリカが宇宙を「制する」ことにはならなかった。さらに、栄光だけでは開発を長続きさせることはできなかった。一九七九年の月協定では、月は「すべての人間に共通の遺産」であると宣言したが、将来の制圧権や功績、経済的利益が奪われることを懸念したアメリカとソビエト連邦は、どちらも署名しなかった。

科学がある。月の裏側が地球の無線騒音に汚染されていないことは、すでに話した。また、月そのものがタイムカプセルである。月は地質学的に不活性であり、地球のように岩をかき混ぜる地殻変動がないので、太陽系の初期の記録が手つかずに残っている。さらに応用科学がある。月に行けば、何年も前に地球で学んでおくべきだったこと、すなわち、効率的な利用法やリサイクルの方法、再生可能エネルギーですべての需要をまかなう方法を学ばざるを得なくなる。こうしたノウハウは地球に戻った時に有効だろう。

　月に到達することが、今では新たな競争になっている。しかし、ひとたび月に到達したら、ひとたび月に拠点を築いたら、月にやって来た人間は互いに協力したくなるだろう。それが、もっとも自分たちのためになる。どうせそうなるなら、今から協力できないのだろうか。わたしたちが数十兆円を費やして、民間宇宙企業と政府の間に連合を立ち上げるのを想像してほしい。あらゆる専門家をつなげることで、あらゆる国が利益を享受できるという目標に進められたらいいのに。スペースX社は、ファルコン・ヘビーの後継ロケットであるスターシップを開発している。スターシップは二〇二三年までに月を周回する計画で、火星植民トランスポーターの初期モデルに位置づけられている。中国の大型打ち上げロケットは長征という名で、ブルー・オリジン社にはニューグレンがある。一方、ＮＡＳＡは打ち上げの面で大幅に遅れている。わたしたちが地球同盟という包括的組織を立ち上げれば、ある程度の独立を与えて各国や各企業の自治を認めつつ、協力や知識の共有の精神を育むことができ、月の資源の探査や搾取に関する新しい月協定に同意させることができる。

詳細は後ほど詰めることにして、地球同盟に分配する予算は、スペースX社とブルー・オリジン社に各五兆円、NASAと中国に各一〇兆円が出発点としては妥当なようだ。また、ESAに五兆円を配分し、さらにアフリカ宇宙局に五兆円を出資することが大切である。アフリカ連合は二〇一七年に宇宙局を設立し、二〇一九年にエジプトに拠点を敷くことを投票で決めた。ケニアは二〇一八年に、エチオピアは二〇一九年に人工衛星を打ち上げ、過去にはヨーロッパと協力していたことがある。気候変動から非常に大きな被害を受けるアフリカ諸国が衛星データにアクセスし、森林破壊の保護や農業計画に役立てることは必須である。わたしたちは、アフリカの宇宙開発や月計画への参加を保障することにする。今回は「白人」だけが月に行くことにはさせない。

中期的には、月の拠点は太陽系のほかの探査を容易にし、長い目では、ベゾスの夢である月での工業と発電を視野に入れられるようになる。

第3章で紹介したように、化石燃料が基盤の社会と経済から、再生可能エネルギーが基盤の経済へと、できるだけ速やかに移行する必要がある。再生可能エネルギーに一〇〇パーセント移行することは、必要とされる物資の面から難しいと、ある報告は示唆する。特にバッテリーを作るのに必要な鉱物やリチウムを得るには、きわめて大規模な掘削が求められる。必要な土地を確保する余裕もない。そうした必要な資源を宇宙、すなわち小惑星や月から手に入れようという計画があり、この議論が進めば、地球を復活させ始められるだろう。わたしの考えでは、地球をさらに侵食するよりも、月に穴を掘り、小惑星を消費するほうがましである。しかし、宇宙環境を工業化するという提案は、多くの人にとっては開いた口がふさがらないものだ。地球で行ってきたのと同じ失敗と搾取を、莫大な費用をかけて繰り返すつもりだろうか。

死んだ小惑星や、月でさえ掘削して問題ないという考えにはもちろん議論がいる。というのも過去には、熱帯雨林を耕作し、商業規模で畜牛するのも問題ないと、わたしたちは思っていたのだから。社会としては、わたしたちはいまだに破壊的行為を受け入れ続けているのが現状だ。月で搾取したいと考える人に対して、衝動的にこう思う。やってみればいい。火星よりはましだ。火星には過去に生物がいたという考古学的な証拠があり、さらには現在も生命体が存在するのかもしれない。

ひとたび移住計画を実行してしまえば、自活しなければならなくなる。フロリダ宇宙研究所のフィリップ・メッツガーとジュリー・ブリセは、月で水を掘削してロケット燃料を合成し、それを地球の低軌道を周回する宇宙ステーションに販売するというビジネスモデルを試算する。ユナイテッド・ローンチ・アライアンス社の資金援助によるメッツガーとブリセの研究によれば、少しの出資（二人はNASAからの出資を想定しているが、わたしたちも出資できる）で掘削サービスを立ち上げ、運営することができるそうだ。宇宙基盤の経済が、それに続いて生じるだろう。メッツガーらは、数十年以内という予想よりも短い期間で利益を出せるようになるだろう、と主張する。わたしがさらに興奮を覚えたのは、環境面での見返りが莫大なものになりそうだということだ。

地球で直面している環境への圧力の中に、月に潜在的な恩恵があると考えるようになるまで、きちんと評価していなかったものが一つある。コンピュータがどこにでもあるのは言うまでもない。当然ではないものの、あまりに自由にアクセスできるインターネットのおかげで、わたしたちの頭の中からエネルギー消費という概念が抜け落ちてしまった。インターネットの電気料金そのものは支払うことがないため、気に留める機会がなく、エネルギーの使用量が増えていく。

これを執筆中の今、二〇二〇年の時点で、少なくとも一〇〇億の物――トースターやスマートウォッチ、冷蔵庫、自動車、ロボットなどの自動システム――がインターネットを使用する。そして、人間が使用する分がある。合わせると、世界中のICTで排出量の二・五パーセントを占める（年間一四億トンの二酸化炭素量に相当する）。ビットコインなどの仮想通貨だけで、毎年六八〇〇万トン相当の二酸化炭素を排出する。処理能力と用途が拡大すれば、エネルギー消費量と二酸化炭素の排出量も増大するのである。コンピュータを持続可能にしなければならない。

コンピュータ施設の一部を地球の外に移すことが、一つの答えだ。エネルギーと鉱物を月で手に入れれば、地球の生物圏をさらに侵食することはない。月の所定の位置であれば、太陽光エネルギーを常に利用できる。さらに将来は、エネルギーの一部を宇宙から地球に運ぶことで、エネルギー生産にかかる地球の負担を軽減することも検討できるようになる。宇宙が基盤の太陽光発電――果てしなく並んだソーラーパネルが太陽光をつかまえて、電力をマイクロ波にして地球に送る――は、サイエンス・フィクションで何十年間も描かれてきたことだが、カリフォルニア工科大学のハリー・アトウォーターのチームは、これを研究している。大量のプロセシング・ハードウェアを月に送ることができたとしても、上手くいかないかもしれない。とにかく、あまりロマンチックではないけれど、月が最終的には地球の巨大サーバーになるという可能性がある。

わたしたちは冒険者で、人類の知識の拡充のために探査するというだけでは、宇宙に行く十分な理由にならないだろうか。それで十分なのかわたしにはわからないが、人類は行ける所ならどこまでも行くという性《さが》なのだ。実際、宇宙に行くなんて奇跡だと感じていたのに、いざ行くことができると、行ってみようと思うようになる。こうした人間の性質を、いつまでも増殖し、拡散し、移動先で害を与える感染症のようだ、と形容する人がいる。だが、すべての生物がこのようにして進化してきたのだ。人類に限ったことではない。人間に特有なのは、知識を築き、より良いやり方を学習することである。わたしたちの資金でできることは、正当な理由で宇宙に行き、感染源のように振る舞わないことを保障することだ。市場の自由競争や、国家の威信、富裕層の気まぐれに巻き込まれては、宇宙旅行が違うものになってしまう。

　これで大枠が固まったから、詳細を詰めていこう。まず、月のどの地点に行くのかを決定する。

ロンドンの自宅に小さな望遠鏡がある。光害があるのと、望遠鏡の性能が低いのとで、見るに値するのは月しかない。ところが、それがよく見えるのだ。クレーターや、隕石の衝突で投げ出された残骸が帯をひいた光条、明るくぎざぎざした斜長岩の高地、暗い玄武岩質溶岩が広がるマリア、つまり人間が月に降り立った「海」を飽くことなく観察できる。

　観察にもっとも向いているのは、満ち欠けの途中の月だ。明るすぎないため、盛り上がりやくぼみが、沈みゆく太陽の光に拾われて――コントラストがはっきりして――驚くほど立体的になり、息をのむほど美しい地形を見せてくれる。わたしは、大きな月の地図を購入して、特徴に名前を書き込んでいる。こうすると月をうっとりと見つめた今昔の何百万の人々とつながるような予感がほんのり感じられる。

月の西側で簡単に見つかるのは、アリスタルコスというクレーターだ。衝突によってできた直径四〇キロメートルのクレーターであり、グランドキャニオンよりも深く、月表面でもっとも明るい。肉眼で見ることができるくらいに明るいという特徴は、四億五〇〇〇万歳という、月としては若いクレーターであることによる。すなわち、明度を下げていく宇宙風化が、わずかにしか起こっていないのだ。アリスタルコスという名は、地球が太陽を周回し、太陽が地球の周りを回っているのではない、と初めて訴えた古代ギリシャのサモスの天文学者、アリスタルコスに由来する。ほかに見つけやすいのは、静かの海の東端にある、わずかに色づいた眠りの沼だ。ベッドに入る前に月の催眠力を吸収しよう。

見えないということが、人類の拠点を築くのにもっとも有望な場所の一つになる。南極にあるシャックルトン・クレーターは、衝突で生まれた直径二一キロメートル、深さ四・二キロメートルのクレーターで、三六億年前にできた。地球からは月の「下側」にあるように見えるため、輪郭しか見ることができないものの、NASAなどは月の基地の有力候補地の一つと考えている。太陽との位置関係で、クレーターの縁の頂には太陽の光が当たり続ける一方で、それとは対照的にクレーターの内側は太陽光に照らされることは決してなく、年中、暗くて冷たい。永久に暗いクレーターだ。ソーラーパネルを「永久に明るい頂」に設置すれば、継続的に電気を供給し、クレーター内部にたまっているであろう氷を掘って飲料水にしたり、ロケット燃料や呼吸に適した空気を作ったりすることが期待できる。

水資源が鍵である。水は地球から運ぶには重すぎるし、月ではもっとも貴重な産物だ。宇宙飛行士のスコット・ケリーが国際宇宙ステーションに一年間滞在するという最長記録を作った時、探査や実験、観察といったすべての行動で、わたしの印象にもっとも残ったのは、ケリーがヒューストンの自宅に戻った時の行動だった。ケリーは宇宙服姿のままで、まっすぐ自宅を横切って庭に行き、プールに飛び込んだのだ。「この一年間で初めて水に浸かれることの興奮といったら、表現のしようがない」と彼は言った。「もう二度と水をないがしろにできない(3)」

ESAは、マサチューセッツ工科大学とスキッドモア・オーウィングス・アンド・メリル建築設計事務所と共同で、シャックルトンにムーンビレッジという拠点を設計している（わたしたちの拠点をどう名付けようか迷う羽目になってしまった。クレーターはイギリスの南極探検家アーネスト・シャックルトンにちなんでいるが、わたしは、イギリスの帝国主義を思い起こさせない名前をつけたいと思う）。

ほかにも有望な場所が複数あり、最終判断の前に簡易な基地を建て、ロボットにミッションを行わせて詳細を検討しよう。広大な溶岩の広がり――アリスタルコス・クレーターのすぐ南にある――である嵐の大洋の中に、マリウスの丘がある。科学者はしばらく前から、この地域に「天窓」と名付けた地下空洞の入り口があることを知っていた。そして二〇一六年、日本の月周回衛星かぐやと、NA

SAのグレイル（GRAIL：重力観測・内部構造研究の探査機）による観測から、広大な洞窟に天窓が開いていることが明らかになった。

地球の洞窟は一般的に水の力で形成されるが、月の洞窟は溶岩の流れにより作られた。月の火山活動が活発だった頃、月面を流れる溶岩の表面だけが冷やされて地殻を形成し、その下を溶岩が流れ続けることが、時々起こっていた。地殻は硬い天井を形成したので、溶岩が流れ出た後の部分には、空のチューブが残った。その話を聞いた時、わたしはロンドンの地下鉄を思い浮かべたのだが、マリウスの丘にあるチューブはフィラデルフィアを飲み込めるくらいの大きさだ、とインディアナ州にあるパデュー大学の研究者らは言う。チューブというより巨大な洞窟だ。暖房費がすごいことになりそうだ。ところが、この溶岩チューブは、宇宙飛行士が月面で直面する深刻な問題を、長期的に解決してくれる可能性がある。月には大気と磁場がないため、宇宙線と太陽放射に完全にさらされることになる。アポロ計画ぐらいの滞在時間であれば耐えられるものの、月に数か月、数年と、もっと長い期間を過ごすことになると、宇宙飛行士に強固なシールドが必要だ。

ESAのムーンビレッジ計画では、バルーン注入式のモジュラー工法アパートを「レゴリスを主体とした保護核」で極端な温度や隕石、放射線から保護する。建物に月の砂――レゴリス――を重ねることで、吹き飛ばされるのを防げる（ロボット式のダンプカーが砂をかける姿を想像しよう）。初期段階の解決策としては良好だが、長期的には、『指輪物語』のホビットのように洞窟内に移動して定住したい。新参者のために、回転する住宅を建て、遠心力を地球の重力のように感じさせる工夫も賢明かもしれない。だが、いったん微小重力で動き回るのに慣れたら、実に面白くなるだろう。

キム・スタンリー・ロビンスンは、小説『Red Moon（仮題：レッド・ムーン）』の中で、月の居住地の大部分はアメリカと中国の手によって建てられていて、「フリークレーター」などの一部が独立して運営されている、という世界を描く。主人公たちが初めてフリークレーターを訪れた場面だ。

> 空間全体が空気で満たされて温かく、縁を取り囲むように並べられた鏡と投光照明のおかげで明るい。プラットフォームの端から見下ろすと、ドームの天井からクレーターの地面までの空間が、ぶら下げられたたくさんのプラットフォームで埋め尽くされている。……空中都市だ。人々が場所から場所へと猿のように揺れながら飛び移る姿が、遠くに小さく見える。

微小重力が、わたしたちの筋肉組織や骨密度にどう作用するのか、長期的にはどう付き合えばいいのか、わからない。しかし、テナガザルのように跳躍できるはずだ。月の上を本当に飛べるようになるだろう。

月に行くこと――それ以上の、月に移住すること――は、人類の知識を大幅に広げてくれるだろう。小さな循環経済の中で、浪費をしない持続可能なやり方で生活する術《すべ》を学ぶだろう。物資をリサイクルし、再生可能エネルギーを利用し、水と酸素を有効活用し、安全な住宅を建て、極圏と最終的には小惑星から資源を掘削し、月の裏側には科学装置を導入して、地球では不可能な宇宙の実験・観察を行う。それから、月は、残りの太陽系、火星とその衛星、さらにはその先の小惑星帯や、木星や土星の衛星へと進むための足がかりになる。最終的には汚染の元である工業の拠点を月に敷いて、地球への圧力を減らす。

地球から出ることは、地球を救い、同時に未来への扉を開くだろう。一九七二年に宇宙飛行士のユージン・サーナンが、晴れの海の東端にあるタウルス・リトロー渓谷を後にして、月面車に乗り込んで以来、月に降り立った人類はいない。宇宙競争が到達した人類の冒険の頂点と、続いて起こった突然の縮小について、サーナンはこう述べた。「アポロは時代を先取りした。ケネディ大統領が二一世紀まで手を伸ばして、そこから一〇年分をつかみ取り、六〇年代と七〇年代にうまく滑り込ませた」

二一世紀へのそうしたイメージを、わたしたちは実現することができる。

延びしろのある自立した経済が月で始まるのは、もう少し先のことで、計画が着手されれば、経済も形になっていくだろう。それに、わたしたちの投資は、本質的に人間が協力するためにある。

国際宇宙ステーションは現在、徐々に規模を縮小している。明確な科学的発見や進捗という面での価値に批判はあるものの、五つの宇宙機関（アメリカ、カナダ、ロシア、日本、ヨーロッパ）が協力した点や、宇宙で暮らすための長期実験が行われた点では、めざましい成功を収めた。二〇〇〇年一一月に運用を開始して以来、一八か国の人間が訪れている。宇宙ステーションは、これから商用化される――NASAは宇宙ステーションでの休暇を提案する（一泊三五〇万円、地球の低軌道への往復は含まれない）――ただ、残された期間は長くない。宇宙ステーションの運用は二〇二四年までの予定で、もしかしたら数年、延長されるかもしれない。

協力関係が、いたるところで終わっていく。スペースシャトル計画の終了以降、ＮＡＳＡはロシアを頼って、ソユーズロケットで宇宙飛行士を宇宙ステーションまで運んでもらっていた。ところが、スペースX社が、宇宙飛行士を宇宙に届けるという契約をＮＡＳＡから受けると、二〇二〇年六月に有人でのドラゴンカプセルの打ち上げを成功させた。商業乗員輸送プログラムは、ＮＡＳＡをロシアへの依存から引き離すよう設計されているので、アメリカとロシアの協力の時代は終わりを迎えつつある［訳注：国際宇宙ステーションの運用は、ロシアを含めた国際協力により二〇二八年まで延長されている］。

わたしたちの投資は、ポピュリズムやナショナリズム、孤立主義へと傾倒することから距離を置く。これは目指すものとは程遠い。志すのは人や国が協力することで、文字通りにも比ゆ的にも、外に目を向けることだ。「アメリカ・ファースト」などのスローガンは、この対極にある。将来を明るくとらえ、月に行って住居を建設するのに必要な資材や機械の面だけでなく、侵略やナショナリズムに対抗するための重石となるべく、協働活動に投資していく。地球同盟は統治せず、幅広い分野――旅行、芸術、掘削、トンネル工事、居住地の建設、科学という面から月の可能性を広げていく。協力することの長所を維持し、育んでいくのだ。

達成したこと

一〇年以内に、永続的で多様な一般用・科学用の拠点を月に建てる。地球への環境圧力を軽減し、科学の知見を広げ、残りの太陽系を探査し、地球の誰もが見てとれるような、希望と国際協力の光を創り出す。

支出

地球同盟の創設……………………………………………………………………四〇兆円
ロケット輸送システムと月着陸船の開発……………………………………三兆円
多目的ロケットの建造……………………………………………………………五兆円
帰還飛行一〇〇回の費用……………………六兆円（一回あたり六〇〇億円）
発電（太陽光）……………………………………………………………………一兆円
月面でのロボット、車両支援……………………………………………………五兆円
食料、水、農業、生命維持システム……………………………………………一〇兆円
設計、トンネル工事、建築費（観光施設を含む）……………………………一〇兆円
インフラ施設（道路、線路）………………………………………………………一兆円
望遠鏡などの科学装置……………………………………………………………五兆円
月での掘削と燃料の合成…………………………………………………………五兆円
合　計…………………………………………………………………………………九一兆円

第6章　宇宙人を見つける

ゴール　地球外生命体を発見し、宇宙での孤独を癒すこと。生命を構成するものは何かという、根本的な疑問に答えること。宇宙空間あるいは月や地球上に新しい望遠鏡を建設したり、金星や火星、太陽系の外にある興味深い衛星へのロボット探査を行ったりすることで、わたしたちの近所の宇宙をもっと知ること。

地球外生命体を発見したら？　少なくともバチカン市国は準備万端だ。二〇一八年、火星に一時的な液体の水の存在が確かめられると、バチカン天文台所長のガイ・コンソルマグノは、バチカンの新聞でこう述べた。「液体の水の発見は、生命を証明できないかもしれないが、何らかの生命体が確実に存在するという傍証は手に入れたことになる(1)」

バチカンは宇宙人にご執心だ。二〇一五年に地球によく似た太陽系外惑星が、地球から一四〇二光年離れたはくちょう座で発見されると、当時の所長ホセ・ガブリエル・フネスは、すばらしい知らせだと発言した。「おそらく生命があった。もしかしたら知的生命体かもしれない」と、発見されたケプラー452bと呼ばれる惑星について述べ、ほかのどの科学者よりも深く思索した[2]。宇宙人もすべて普遍的な力を持つ神により創造されたので、宇宙人の存在とカトリックの教義は矛盾しないと考察した[3]。

宇宙に存在するのはわたしたちだけなのか知りたい、という思いはかなり切実だ。その答えがわかることを想像してみよう。語れることを想像してみよう。ダーウィンの進化論が自然界におけるわたしたちの立ち位置に対する見方を変えたように、その答えは、哲学を変え、地球への見方を変えるだろう。わたしたちと残りの宇宙を直接つなげるだろう。望ましいことだが、地球もほかの惑星も大切に扱うために有意義な行動をしようと強く思うようになるだろう。わたしたちの世界を救うためには、次の二つのうち、どちらかを認識する必要がある。一つは、宇宙にほかの生命体がある場合だ。その時は、コミュニケーションを取るか、少なくとも調査しなければならない。もう一つは、生命の証拠をどこにも見つけられない場合だ。この時は、宇宙で唯一わかっている生命として、わたしたちを残していかなければならないという宇宙への義務が生じる。

一〇〇兆円を投じたからといって、宇宙人を見つけられる保証はないが、勝算は低くないし、だいぶ先まで進められる。文字通りに。金星の雲は現時点ではとても興味深そうだし、宇宙生物学者は、火星に過去または現在の生命の痕跡を見つける絶好の機会だと考えている。そこに存在せずとも、木星の衛星のエウロパや、土星の衛星のタイタンやエンケラドスに進めばよい。この三つの衛星には生命に適していそうな環境がある。もちろん基本的な生命体にすぎないだろうが、発見したらどうなるか想像できるだろうか？

　次は、もっとも適した場所をそれぞれ検討していこう。太陽から外へ向かう順番で、まず金星、それから火星、エウロパ、最後にタイタンとエンケラドスを検討する。こうした星が地球の近所だといっても、到着するだけで何年もかかるという点には留意したい。だから、わたしたちは、確実な答えを手に入れるための、きわめて長期的なプロジェクトを検討していくのだ。手掛かりやほのめかしも一応は証拠になるが、宇宙人の存在を宣言するためには、とても強固な証拠が必要となる。

　さらに遠くまで検討しよう。系外――太陽系の外側にある惑星――の生命を探すことは、太陽系の内側よりもさらに距離があるため、一層厳しくなる。もっとも近いプロキシマbまでの四光年がたったのと思えるほど、ほとんどの惑星はとても遠い[4]。有人・無人の宇宙船による星間の探査ミッションに投資するつもりだが、ここで特に力を入れたいのは次世代の望遠鏡であり、恒星のまわりにあるハビタブルゾーンという、気温が適正で、かつ水が液体の状態で存在する領域にある岩石惑星を、細かく観察できるようにしたい。ご存じのように、こうした場所にもっとも生命が生まれやすい。こうした系外惑星の大気から、生命の元素が存在するかどうか調査できる。大まかな試算によると、この銀河系には生命の存在し得る惑星が五〇〇億もある。

　さあ、飛び出そう。どちらにせよ、宇宙での孤独に終止符を打とうではないか。

太陽から二番目の位置にある金星は、厚い雲が光を反射するため、空に美しく明るく輝く。金星の大気のほとんどが二酸化炭素なので、強い温室効果により気温は灼熱の高さで、表面温度は摂氏四七〇度に達する。

そこに生命があるとは、とても思えない。しかし、雲の中の気温は表面よりもかなり穏やかで、水が水滴の状態で存在し得る。そしてその水滴の中こそが、生命の始まるところなのだ。細菌が地球の大気に住むことは知られている。また、細菌が雨の元になっている――雨を作る微生物がいる――こともわかっていて、そこから、雨は大気中の細菌が地上に降りるための手段なのだ、という非常に明快な考えが導き出される(5)。

金星でも同様なことが起きているかもしれないという発想を、火星や木星と土星の衛星に注目する宇宙生物学者の多くは持たない。それに、仮に持ったとしても、否定してきた。だが、マサチューセッツ工科大学のサラ・シーガーとカーディフ大学のジェーン・グリーブスは違う。数年前から、ホスフィンというリンと水素で構成される単純な分子を検討し始めた。単純であるが、地球上では生物学的プロセスを通してのみ生成されるので、ほかの惑星でのホスフィンの検出は、とても魅力的な生物マーカー、すなわち生命体の存在の指標になる可能性がある。グリーブスが金星の雲の中にホスフィンを検出した時には、大きな興奮を呼んだ(6)。

ホスフィンが検出されること、イコール、金星に生命があるという意味では必ずしもない――それにホスフィンが検出できたとして、どのような化学反応や地質プロセスを経て生成されたのかはわからない。しかし、さらに調査する価値はある。欧州宇宙機関では一つ、NASAでは二つの金星探査が計画中である。インドでは探査機シュクラヤーン1を二〇二三年に金星の周回軌道に打ち上げる予定で、ニュージーランドの民間宇宙企業のロケット・ラボ社も同年の打ち上げに向けて探査機を準備中だ。[7] 各プロジェクトに必要なだけ出資しよう。

第四の惑星である火星に移る前に、南アフリカ北部にある、世界一深く、世界最大級の量の金が眠るムポネン金鉱山を下ろう（数百億円を無駄遣いして、金塊を買うためではない）。地表から一時間かけて地下四〇〇〇メートルにある最深部に到着する。二〇〇八年に生物学者は、そこで細菌を発見した。光も酸素もないところで、エネルギー源として岩石中のウランの放射性崩壊を利用して生きる細菌であり、同種のみでコミュニティを形成していた。

この発見は、生態学者に二重の衝撃を与えた。一つ目は、この細菌が自活していることである。深海や地中深くにいる生物は太陽に、少なくとも元をたどれば太陽からの化学物質に依存することが一般的なのに、金鉱にいたこの細菌は、太陽や光合成産物を完全に断ち切って生きている。さらに二つ目は、単独種のコミュニティで、ほかの種の存在なしに生きていた。すなわち、すべてをこの種だけでまかなっているのである。[8]

どこを見ても、地球の深部でも生命は見つかった。最新の推測によれば、わたしたちの足元に広がる生物圏が地球最大で、全海洋の生物圏を合わせたものの二倍の大きさがあり、推定一〇の三〇乗個の微生物で構成される[9]。目のくらむような規模だ。ある微生物は海底火山のリフトゾーンの周辺に存在し、一二〇度の高温に耐えられる。南太平洋の深海で見つかった微生物は、数億年は生きていて、これまで発見された中では群を抜いて最古の生命体であろう。不死身なのかもしれない*[10]。深海の生物の一部は、必要なエネルギー量を一ゼプトワット、すなわち一〇のマイナス二一乗ワットという驚くほど低いレベルにまで下げることができるようだ。こうして数百万年も生きられる[11]。

こうした事実が、太陽系のほかの星に生命体があるかどうかと、実質的には関係しない。しかし、地球の過酷な条件での生命の発見は、地球外に生命が存在するかもと、望みを与えるという単純な理由により、宇宙生物学者を興奮に震えさせる。生命の物的証拠にきわめて近いものが得られたのは一九七六年のことで、二台の宇宙船が六〇〇〇キロメートル離れて火星に着陸した。NASAの着陸船バイキング1号と2号は、宇宙人を探すという明確な目的のもとに送られた。

着陸船の主要な機器は、ラベル放出（LR）を利用した生命検出装置だ。着陸船はそれぞれ火星の土のサンプルを採取し、それを測定チャンバーの培地に入れて実験する。培地には放射活性で標識された炭素が含まれていて、土の入った混合液は、その中で七日間培養された。それから、測定チャンバー内の大気が着陸船に付属の機器で測定された。この実験は、土の中に微生物が存在するなら、培地内の栄養分の餌を与えられた時に標識された炭素が大気中に現れるはずだ、という発想に基づく。そして現れた——LR実験は、標識された炭素の存在、すなわち微生物の代謝活動が明らかにあった、と報告した。しかし、NASAやほとんどの科学者は、この実験結果を火星に微生物が存在する証拠として認めなかった。ほかの補完実験では有機化合物を検出できなかったことが主な理由である。さらに、この実験自体が強い批評を受けた[12]。それでも、LR実験の首席研究員であったギルバート・レヴィンは、バイキング号が生命の兆候を発見したと長年信じている[13]。しかし、現時点では、宇宙人を発見したという衝撃的な発見を、発表できるだけの確固たる証拠はない。

争点になっているものを考慮すると、NASAはその後のミッションでLR実験を繰り返したと考えるのが普通だろう。だが、違う。一九七六年以降、火星に送られた周回機や着陸船、探査車のどれも生命の検出実験を行っていない。NASAがリスクを嫌いすぎるのか、微生物を検出できなかった場合に失敗したと思われたくないのだろう。もしかしたら、否、もっともらしいのは、生命の検出というのは単純そうなものであるがゆえに、その判定が非常に難しいのだろう。これは、じきに知ることになる。

議会に予算を求める時には、大変な考察や妥協がなされるに違いない。わたしたちも、ここに参加する。バイキング計画にかかった費用は、一九七〇年代の価値で約一〇〇〇億円[14]で、現在の価値では五〇〇〇億円だった。探査車を送るだけでも費用がかかるものの、わたしたちにもまかなえそうだ。そして偶然にも、ESAの探査車が火星に向かっている。

ESAのミッションは、ロシアの宇宙機関であるロスコスモスとの共同のエクソマーズ計画——地球の外（エクソ）にある火星（マーズ）における宇宙生物学から名付けられた——の一環だ。計画の

＊この微生物は不死といっても同然なのだが、数百万年ほとんど変化しないという点で、わたしたちが知るような生命らしくはないので、不気味に感じて当然だろう。

第一弾は惑星探査機であり、すでに打ち上げられて、大気を測定している。第二弾には探査車（ロザリンド・フランクリンから名付けられた）が登場するが、計画は遅れていて、二〇二二年まで打ち上げはない［訳注：ロシアのウクライナ侵攻を受けて、ESAはロシアとの協力を解消。NASAの支援で二〇二八年の打ち上げを目指す］。探査車は生命の兆候を探すために設計されていて、土のサンプルの組成を詳細に分析できるマイクロオメガ[15]という赤外分光顕微鏡や土の化学成分を分析するガスクロマトグラフィーなどの先端機器を搭載する。

もっとも重要な機器は火星有機分子検出器（ＭＯＭＡ）で[16]、分子の右手と左手を特定することができる。有機分子の多くは、分子構造の点で、左手と右手という二つのキラル体のどちらかで存在する。メタンなどの有機化合物は、時々、地質変動や噴火といった非生物の活動によって合成されることがある。こういった状況で化合物を測定すると、左手と右手は同じ数だけ検出される。しかし、生物は、どちらか一方のキラル体を好む。理由は不明だが、生命体に利用される糖は右手で、アミノ酸は左手だ。そのためキラル体の分析は、有機化合物に必須の試験なのだ。ロザリンド・フランクリン号が一方のキラル体への偏りを見つけたならば、火星に微生物が存在するという強力な証拠になる。

その場合、火星の生命体が地球のものに似ているか、あるいは独自の生命の起源から進化したものかがわかるだろう。

遠い昔、地球と火星は、小惑星の衝突で飛び出した隕石をぶつけ合うという形で、ひっきりなしに岩石を交換していた――それぞれ一〇億トンもの岩石を送ったと推測される――ので、細菌が岩石に乗って行き来した可能性が高い。その時代の火星には磁場があったので、その磁場が放射線から火星を保護していた。数十億年前の氷河の時代にもかかわらず、現在よりも暖かく、液体の水があったようだ[17]。NASAの探査車パーサビアランスは、二〇二一年に火星に到着し、これから調査を進めていく。現在でも火星の地下に眠る岩は多孔質なので、生命が隠れやすいという理由で、地球の岩よりも微生物に適しているとされる。

最終的に、わたしたちが火星人であることが判明する可能性もある。もしくは、独自に発生した生命がいるかもしれない。祖先の故郷が火星であるとわかるよりも、こちらのほうがワクワクするだろう。ＥＳＡの探査機と探査車の費用は一兆六九〇〇億円で、ＮＡＳＡのパーサビアランスの予算は二七〇〇億円だ。さらに複数の探査車を火星に送る必要がある。ヒトゲノム配列解読の立役者の一人で、合成生命の創造でリードする研究施設を運営するクレイグ・ヴェンターは、配列決定装置を火星に送りたいと発言したことがある。もちろん実現するべきだ。サンプルを持ち帰る計画も必要になるかもしれない。探査車がサンプルを採取し、ほかの宇宙船がこれを回収して地球に持ち帰り、高度な分析を行う。これはパーサビアランス計画の一部にある。

根幹の部分に、わたしは一番興味がある。宇宙人を実際に見つけるという興奮だ。もっとも可能性がある生命体が細菌であっても構わない。ただし、裕福な起業家がそこら中を荒らし始める前に、きちんと火星を調査する必要もある。ほかの惑星からの汚染によって生き物が植えつけられるかもしれないので、すでに死んだ化石だとしても、汚染には非常に慎重にならなければならない。

木星には七九個の衛星があり、そのうち大きな四個は、ガリレオによって一六一〇年に発見された。ガリレオは資金援助を期待して、メディチ家の四人の子供にちなんで名前を付けようとした――科学者にとってよくある話だ――が、その名前は採用されず、衛星はジュピター神の恋人の名前、イオ、エウロパ、ガニメデ、カリストと名付けられた。

もっとも注目するのは、木星に二番目に近い衛星のエウロパだ。わたしはこの衛星を自宅の寝室からよく望遠鏡でのぞいている。月ほどの大きさしかないが、氷で輝く。そこが気に入っている。厚い氷の下には液体の水の海があり、水というのは生命の鍵だからだ。氷の厚さは数キロメートルもあって、ドリルで掘削するには骨が折れるが、幸運なことに地質学が手を貸してくれそうだ。ハッブル宇宙望遠鏡は、エウロパの表面から水が噴き上がり、高さ二〇〇キロメートルにまで達する様子を、大きな黒いしみとして検出した。このプルーム（間欠泉）を軌道上で直接に採取してみるか、もしくはエウロパの表面に着陸して氷を掘ればよい。最近の調査により、氷の層が厚いので、表面に降り注ぐ強力な放射線から微生物を十分に守れることがわかっている(18)。

ＮＡＳＡとＥＳＡはエウロパ計画を実行中だ。ＥＳＡのミッションは木星氷衛星探査計画（ＪＵＩＣＥ）で、ＮＡＳＡの計画はエウロパ・クリッパーという。どちらもフライバイ（接近飛行）を行ってプルームを追いかけるミッションで、宇宙船がプルームの位置を特定し、プルームの中を通過できるように飛行コースを調整し、分析用の氷のサンプルをつかまえるというアイデアだ。ところが、探査機に搭載されるのが、生命そのものではなく生命に関連する特徴を確認するための装置なので、このミッションが成功したとしても、結果からは表面の海に微生物が含まれるかどうかはわからない。

生命検出器の設計は宇宙機関を悩ませる問題であり、それ相応に悩む理由がある。宇宙の厳しい条件の中で完全に自律して動き、生命の存在を確実にはっきりと示す装置・装置群を組み立てることには、計り知れない難しさがある。

　科学者が抱える問題の一つは、生命について暫定的な定義しかないことだ。NASAでは「ダーウィン進化が可能な、自己維持できる化学システム」と定義される。しかし、この生命を判定するための試験方法を見つけることが難題なのだ。先ほど紹介したバイキング計画の後、NASAは生命の探索を試みようとさえしてこなかった。ただし、検出方法を見つける努力はしており、生命体検出のためのはしごという、検出され得る生命のさまざまな特徴をまとめたものを作成した[19]。そこには、サンプルが非生物であるという仮説に反証できる、見込みの評価[20]も含まれる。はしごの最下段には、液体の水が必然的に存在するという「居住可能性」が置かれ、すぐ上の段にはDNA・RNAなどのさまざまな生体分子の検出、代謝、繁殖、そして最上段にダーウィン進化がある。最上段の試験をロボットが行うのは不可能そうだし、残りの段の試験さえも難しい――生命を検出するための単純明快な試験はない。

　わたしたちは議会で答弁する必要がない。わたしたちの予算のほんの一部、一パーセントほどをエウロパ計画に拠出すると認めるだけでよいのだ。でも、期待しすぎないように。宇宙船を開発するのにどんなに早くとも数年はかかり、木星系に到達するのにはさらに三年かかる。

ロンドンの光害があっても、時々は、自宅の寝室の窓からタイタンを見ることができる――ただし、それほど鮮明ではない。おそらくクリスティアーン・ホイヘンスが一六五五年にタイタンを発見した時と同程度で、わたしの望遠鏡では土星の輪についた微小な点にしか見えない。ところが、もう少し近寄ってみると、タイタンがなぜ太陽系の中で最大級に刺激的な位置付けにあるのか、わかるだろう。

まず、太陽系の衛星としては唯一、タイタンは大気が濃い。その大気は、およそ九七パーセントの窒素と、およそ三パーセントのメタンで構成され、水素などの微量ガスが含まれる。タイタンには気象現象があり、メタンの雲が定期的に雨を降らせ、液体メタンの湖や川がある。太陽系内で、地表面にそうした特徴やこのような構成要素の循環があるとわかっているのは、地球以外ではタイタンだけだ。

地球の水の循環と同じように、タイタンにはメタンとエタンの雨が降り、最終的に大気に戻るという炭化水素の循環がある[21]。ところが、タイタンは、表面温度がマイナス一七九度という極寒で、控えめに言っても住むのは難しい。想像力のある科学者なら、酸素の代わりに水素を呼吸するような、ふさわしい生命体を取り上げそうだが、膜でできた生命体――基本的にわたしたちの知る生物のこと――が生息するのは不可能だろう。地下は表面より暖かく、液体の水の広大な海がある。ここに生命が生存できる望みがある、と科学者は見ている。NASAは、二〇二六年に打ち上げ、二〇三四年にタイタンに到着させるミッションを進行中だが、新型コロナウイルス感染症の対策に財源が回されてしまったため、遅れている。探査機はドラゴンフライと呼ばれるプルトニウム電源のクワッドコプターで、八五〇億円の予算があてられている。

ほかにもいくつかのミッションが提案されているものの、そのどれもがゴーサインを与えられていない。その中には、タイタンのほか土星の衛星を探査するためのNASAとESAの共同計画や、タイタン表面の高解像マップ用ドローンの設計と偵察、タイタンの凍った炭化水素の海へ潜水艦を送る、という興味深い計画が含まれる[22]。

タイタン・タートルは全長二メートル、重さ五〇〇キログラムの潜水艦で、宇宙船で運ばれて海にパラシュートで落下した後、プルトニウム電源の電気エンジンで潜水艦の温度を維持し、探査する。この計画にはクリアすべき課題が多いけれど、オハイオ州にあるNASAグレン研究センターのスティーヴン・オルソンは、これを一つの計画にまとめた。潜水艦の内部はプルトニウム発電機で暖められ、外部は液体メタンの中で機能できるようにする。タイタンの海の深さは約二〇〇メートルで、炭化水素の海の中は二気圧しかないため、海底の堆積物を採取することも可能だろう。これは（文字通り）クールな発想で、ぜひ実現させたい。

ギリシャ神話の巨人にちなんで名付けられたエンケラドス（偶然にも地球（大地）の女神ガイアの息子だ）は、すぐ近くにある衛星タイタンの一〇分の一の大きさしかないが、氷に覆われているためにタイタンよりはるかに明るい。この氷と飛び抜けた明るさがエンケラドスの魅力である。

氷の反射により表面温度はタイタンより低く、マイナス一九八度しかない。地下には液体の水の海が広がっているのに、なぜ表面は明るさを保っているのだろうか。侵食で傷つけられ、光が鈍らないのだろうか。

カッシーニ・ホイヘンス計画が二〇〇四年に土星系の調査を始めた時、探査機はエンケラドスの大気中に奇妙なものを検出した。カッシーニの磁力計を担当したインペリアル・カレッジ・ロンドンのミシェル・ドハティは、データからある確信を得たために、探査機を方向転換させ、エンケラドスへフライバイをしたいとNASAに陳情した。深宇宙への飛行は、燃料の一滴一滴が貴重であり、飛行コースの変更はほかの探査の時間を割くことになるため、計画を変更するのは大仕事だ。ところが、ドハティは、エンケラドスを近くで観察する価値がある理由をきちんと説明することで、NASAにリスクを取ってコースを変更させることに成功した。

カッシーニは、エンケラドスの上空たった一七三キロメートルを通過して、すばらしい発見をした。エンケラドスは宇宙空間に向かって水のプルームを噴出していたのだ。これは非常に胸躍る発見だ。プルームのおかげで定期的に新しい氷が表面を覆うことになるために、エンケラドスの表面がとても滑らかで輝いているのだった。宇宙生物学者は、こうした条件は生物と相性が良いと即座に理解した。地球には水素と二酸化炭素を代謝してメタンを合成する微生物が存在し、こうした微生物はエンケラドスの表面に似た環境下に耐える。(23) プルームから有機化合物が検出されていることもまた、わたしたちの興味をかき立てる。(24) エンケラドスの海は、宇宙の生命で満ちている可能性がある。

まとめると、エンケラドスはとても面白いので、訪れる価値がある。パサディナにあるカリフォルニア工科大学内のNASAの伝説のようなジェット推進研究所が、エンケラドス生命ファインダー計画という、まさにカッシーニ計画の当然のフォローアップを提案したものの、承認の最終段階で却下されてしまった。また、ブレイクスルー・スターショット計画を支援する富裕層の起業家であり、科学的・技術的疑問の探求を援助する（本書と同様な疑問に出資しているが、金額は少し低い）ユーリ・ミルナーとは、個人出資を受け入れるための話し合いを行ってきた。ミルナーは物理学者としてキャリアをスタートさせた後、投資家になり、初期のフェイスブック社に投資した人物だ。ヨットやゴルフよりも科学に興味を持つ風変わりな富裕層は歓迎したい。NASAは、ミルナーの最初の援助として、七〇〇〇万円という提案に同意した。この金額ではカリフォルニア州から出ることさえ難しいが、とにかくスタートを切れた。わたしたちは、ミルナーとエンケラドス生命ファインダーの両方に、今すぐ出資しよう。

太陽系内での生命のロボット探査に加えて、ほかの惑星系世界である系外惑星を研究したい。そうするために、わたしたちが実行できる範囲を広げていけばよい。まずは地球上の望遠鏡から始める。それから宇宙へと移動して月面の望遠鏡、さらに野心的——空想的と言われるかもしれない——にはるかに遠い恒星間に宇宙ロボットを送り込むという段取りだ。最後に、ほかの惑星系への有人ミッションという、NASAの長期計画を検討しよう。

ハワイ神話では、ハワイ島は、父なる空の神ワケアと母なる大地の神パパの子供だ。標高四〇〇〇メートル超のマウナケア山は、島とハワイの人々と天国をつなぐものであり、ハワイの文化にとって神聖な場所である。また、標高と太平洋上に隔離された場所が天文学にとって理想的であるため、山頂に一三もの望遠鏡が設置されている。これまでの規模をはるかに超える一四基目が、現在、建設中——つまりは、反対運動によって中断するまで建設されていた——だ。口径三〇メートル望遠鏡（TMT）には約一四〇〇億円の予算が組まれており、完成すれば、これまでの最大規模を大きく上回る可視光望遠鏡になる。TMTを使えば、ブラックホールや宇宙の構造・進化の研究のほか、系外惑星の特徴の分析においても新しい道が開けるだろう。

このプロジェクトをめぐっては、かなり大きな論争があり、神聖な場所をさらに冒瀆するという見方がある。建設計画は、大地を敬愛するという意味の「アロハアイナ」の精神を組み込み、その場所の文化的価値を認識しなければならない、と批判されている。行き詰まりが解消されなければ、場所を完全に移動させることになるかもしれない。その場合は、おそらく大西洋上のカナリア諸島に移るだろう。

こうした批判は、TMTよりもはるかに大きい光学望遠鏡を月の裏側に建設する、というわたしたちの計画に向けられたものとして留意しておくべきだろう。月には深い文化的意味合いがあるため、人類史上最大級の建設計画が進行中であることを知った人々が動揺するかもしれない。裏側に建設されることが慰めになってほしい。月の裏側の望遠鏡は、マウナケア山に設置するよりもはるかに建築費がかさむものの、そこは地球の電波に干渉されないので、絶好の観測場所である。NASAには現在、月の望遠鏡計画で承認を受けているものはない。わたしたちにはこれを実現させる機会がある。
似たような望遠鏡を多数、月に設置すれば、光害や電波汚染をあっさりと解決できる。「数千マイルの規模で月の望遠鏡を展開すれば、一〇〇光年先からロサンゼルスのような小さな街でさえもくっきり見えるだろう」と、カリフォルニアにある地球外知的生命探査（ＳＥＴＩ）研究所の上級天文学者のセス・ショスタックは言う。「宇宙人が近くの星に大きな建造物を建てていれば、月の望遠鏡から、はっきりと観察できるはずだ」

単体で三〇メートルある望遠鏡をハワイに建てることだけでも大変なのだから、その何倍もの規模の望遠鏡を月に建設するのは非常に困難である。永続的な月の基地を建て、人間のロケット輸送を開発し、しかも建設中には何度も往復しなければならない。しかし、前章で見たように、わたしたちの予算内でこれを実行することは可能なのだ。

光学望遠鏡だけで満足すべきだろうか？　スクエア・キロメートル・アレイ（ＳＫＡ）は、南アフリカとオーストラリアの遠隔地に計画されている電波望遠鏡だ。数千キロメートル離れた場所にアンテナ施設を建て、それぞれのアンテナが受信した信号を合わせて、一つの超巨大な電波望遠鏡のように利用する。二〇一九年に建設が開始される予定だったが、お決まりの遅延や費用の急な高騰により遅れている。今のところ二〇二八年に完成する予定で、費用は一三〇〇億円が見込まれる。

この望遠鏡を使えば、一般相対性理論の実験やダークエネルギー（暗黒エネルギー）の影響を調査することが可能になり、天文学者は「最初の光」を観察できるかもしれない。ビッグバンから三八万年後に、初期の宇宙の熱いガスから星が形成され始めると、宇宙に初めて光が現れた。ＳＫＡにより、星や銀河が初めて形成された時期を観察できるようになるだろう。

また、近くの恒星のハビタブルゾーンにある惑星を詳細に観察できるようになるだろう。ハビタブルゾーンとは、水が液体で存在できるような適温で、わたしたちの知るような生命にもっとも結びつきそうな領域である。こうした系外惑星の大気から、生命の化学的兆候を調べることができる。近くの系外惑星で宇宙の文明人がテレビを観ていたら、その信号を受信できるぐらいにSKAの精度は高い。

これまで述べたように、地球の大気から干渉を受けないため、地球の外に望遠鏡を置くのが理想的だ。地球の大気自体はもちろん、テレビや携帯電話などのあらゆる通信による電波も大気中にあふれているというのに、さらに数千もの人工衛星が軌道に入るのを待っている。スペースX社が建設中のスターリンク衛星コンステレーションでは、数万もの小さな人工衛星を低軌道に投入し、その衛星ネットワークで宇宙からインターネット通信を提供しようとしている（これにより、地球上からの天文学が崩壊してしまう、と懸念する科学者がいる）。

こうした理由から、宇宙に飛び出す必要がある。だから、わたしたちは月の光学・電波望遠鏡に出資する。

地球を離れることで得られるものの非常に良い例がある。ケプラー宇宙望遠鏡は、燃料を使い果たしたために二〇一八年にNASAが運用を終了したものの、およそ二六〇〇もの系外惑星を発見した。さらに三〇〇〇を超える惑星「候補」が承認を待っている。ケプラー計画には七〇〇億円かかった。

ケプラー宇宙望遠鏡の問題は、宇宙空間にあっても地球とほぼ同じ位置から観察していたため、発見された惑星の多くが銀河系の基準から見ても非常に遠い場所にあることだ。ケプラーの後継であるトランジット系外惑星探索衛星（ＴＥＳＳ：Transiting Exoplanet Survey Satellite）は、より地球に近い系外惑星を探すことを任務とする。ＴＥＳＳで系外惑星が確認されたら、今度はそこへ装置を送り込み、より近づいて質量や大気を測定できるだろう。

　こうして送り込もうという装置の一つがジェームズ・ウェッブ望遠鏡なのだが、計画はすでに大幅に遅れている。開発に伴う技術的な課題のためというよりも、膨らむコストに問題がある。現時点で九六六〇億円に達する予想だ。わたしたちが担当するならば、間違いなく、そんな問題は起こらなかっただろう。ＮＡＳＡとカナダ、ヨーロッパの宇宙局が協力するジェームズ・ウェッブ望遠鏡は、ハッブル宇宙望遠鏡の後継で、鏡の大きさはハッブルの五倍もある。地球と太陽の間にあって、両方の重力を相殺できるという安定したラグランジュ点に最終的にとどまり、かつてないほど詳細に系外惑星の大気の像を見せてくれるはずだ。また、系外惑星の大気圏外に生物由来のガスが存在するのか、特定できるかもしれない［訳注：ジェームズ・ウェッブ望遠鏡は二〇二一年一二月に打ち上げられた］。

　わたしたちの仕事は、ＴＭＴやＳＫＡ、ジェームズ・ウェッブなどの現行の計画を推し進め、さらに野心的には、月を拠点にした観察を始めることだ。

地球外の微生物やハビタブルゾーンにある系外惑星から離れて、今度は、聖杯や少なくとも世俗的には究極の栄光と受け止められる話題、すなわち地球外文明の探索に移ろう。この地球外知的生命体の捜索がSETI研究所の使命であり、一九六〇年代に天文学者のフランク・ドレイクが開始したことである。ドレイクは、わたしたちの銀河系内で、常に電波信号を発信している可能性のある地球外文明の数を推定しようとしたことで知られる。少なくて二〇、多くて五〇〇〇万の文明が存在するという彼の推定は、長年、批判を受けているものの、宇宙文明からの信号が聞こえるかもしれないことをわずかにもほのめかす機会というのは、多くの人々の心をとらえる。SETIは六〇年間、さまざまな手段とさまざまな電波望遠鏡を使って信号を聞いている。

意味のあるものをとらえたことが一度だけある。一九七七年八月一五日、デラウェアのオハイオ州立大学にある電波望遠鏡ビッグイヤーで観測していた天文学者のジェリー・エーマンが、二二〇光年先のいて座の方向から強力な信号をとらえた。彼は望遠鏡データのプリントに「WOW!」と書き留めたので、この電波信号の爆発は以降、WOW!（ワオ）シグナルとして愛好家に知られる。

WOW!シグナルを引き起こしたものとして、二つの解釈がある。望遠鏡は、宇宙の支配的な構成要素である水素の波長の一四二〇メガヘルツに合わせていた。銀河の構造についてもっとも情報が得られる波長なので、天文学者はこの波長を追う。だから、この突発的な信号は彗星などに由来する水素の急上昇を記録したものだ、というのが一つ目の解釈だ。もう一つは、宇宙文明から送られた星間ビーコンであるという考えだ。一四二〇メガヘルツは、もし存在するとすれば、宇宙人の天文学者がもっとも使いそうな波長でもある。ただ、信号あるいは一時的な上昇は再び起こっていないので、実際のところは何であったのか、知る由はなさそうだ。

ＳＥＴＩは、電波望遠鏡にアクセスできる時間がわずかしかないという問題を抱えており、わたしたちはその点に関して手を貸そう。

受け身でいるより、積極的に宇宙文明を探そうとする一派がある。ダグラス・ヴァコッチはサンフランシスコにあるＭＥＴＩの代表で星間通信構成を率いる。ＭＥＴＩは「地球外知的生命体との交信」の略だ。宇宙人からの信号を座って聞いて探すよりも、むしろ宇宙人、あるいは宇宙人が住んでいそうだと有望な系外惑星に向かって信号を積極的に送るべきだ、とヴァコッチは主張する。

この計画では、プエルトリコのアレシボ天文台にある大型望遠鏡を使って、地球から八二光年以内にある星へメッセージを送る。この試みは、科学者の間に大きな議論を巻き起こした。ヴァコッチの計画に反対するボーグ論争と呼ぶべき議論は、宇宙の高度な知的生命にわたしたちの存在を知らせたなら、『スター・トレック』に登場するボーグのように、彼らが地球にやって来て襲ってくるのではないか、というものだ。こうした恐怖は、スティーブン・ホーキングなどの著名な科学者を駆り立て、宇宙人に地球の場所を声高に教えることを牽制させた。懸念する一派はＭＥＴＩの一時停止を求め、次のように述べた。「銀河系の文明に積極的に信号を送ることの、交信内容と接触の結果について、地球のすべての人の不安を高めている。メッセージを送る前に、世界規模で科学的・政治的・人道主義的な議論が行われるべきだ」

あるいは、ホーキングがかつて述べたように、宇宙人との接触により、ヨーロッパ人が初めて上陸した時のアメリカ先住民の立場、すなわち「アメリカ先住民にとってまずい結果になった」のと同じような立場に陥るかもしれない。ホーキングだけはこうした類の発言を許されるだろうが、宇宙人が地球から何か――鉄や炭素や何であれ――を採取するために何光年もかけてやって来るなどありそうにないので、このような発想は実に滑稽だ。星々を移動できるほどに進化した宇宙文明があれば、宇宙の天然資源から必要なものを作り出せるだろう。本当にボーグのような存在であるか、銀河系文化すべてを同化させる理由に突き動かされるかしない限り、これはない。

悪意ある宇宙人が光速でメッセージを送ることで、遠くからわたしたちを傷つけるかもしれない、という考えがある。これは、天体物理学者のフレッド・ホイル（その考えをばかにして「ビッグバン」という言葉を作った）が作家のジョン・エリオットと組んで書いた『アンドロメダのA』の元ネタになっている。同様なものとして、劉慈欣《リウツーシン》の『三体』では、ケンタウルス座アルファ星系から地球の人類に遠隔で接触するところから物語が始まる。地球外生命の探索について劉と話した時、彼は危機の始まりを警告した。「わたしたちは高度な文明ではない」と彼は言った。「わたしたちは幼児であるが、たとえ幼児でも大問題を引き起こせてしまうんだ」

ところで、地球外知的生命体の探求は、アメリカよりも中国で進んでいる。アレシボ天文台は世界最大の電波望遠鏡の代名詞であったが、現在は、中国南西部の山中にある五〇〇メートル球面電波望遠鏡（Five-hundred-meter Aperture Spherical radio Telescope）、略してＦＡＳＴ、通称は天眼がその座にある。ＦＡＳＴの建設費は一八〇億円だが、建設のために破壊された村の住人九〇〇〇人が移動するための費用と保障に二七〇億円が費やされた。

ドレイクの方程式によると、少なくとも二〇、もしかしたら数千万の宇宙文明が存在するはずだが、どの文明からも便りがないことを考えると、物理学者のエンリコ・フェルミが最初に投げかけた「みんなどこにいるのだろう?」という疑問がわいて当然だ。

その一つの答えがグレートフィルターにあるかもしれない。あらゆる生命体が進化の過程で直面する極端に厳しい試練（フィルター）で、これを乗り越えられないために銀河をまたにかけるレベルにまで進化できない——言いかえると全滅する——という概念だ。そのフィルターは、微生物が多細胞の段階にさえ進化できないことかもしれないし、核戦争——あるいは気候変動——が、ほかの星に手を伸ばす前に、その文明を一掃することかもしれない。想像するのは面白いが、検証するのは難しい。

悪意ある宇宙人よりも、宇宙人は存在するけれど電波信号を送っていないだけ、というほうが、わたしにはありそうに感じられる。* 金星チームに属するマサチューセッツ工科大学のサラ・シーガー教授は、ドレイクの方程式を見直し、近い将来に発見できる可能性がありそうな、検出可能な生命の特

*ここでの「宇宙人」は微生物のことで、必ずしも知的生命体を指すわけではない。また劉慈欣は、地球外に生命体がいるのなら、鳴りを潜めているはずだと考える。森の中のハンターが、自分たちを攻撃しようとするほかのハンターに居場所を知らせないのと同じように、高度な文明は沈黙を守るという主張があり、彼はこれを「暗黒の森」と呼ぶ。

徴を持つ惑星の数を見積もった。彼女の方程式によれば、今後一〇年で生命の兆候を持つ大気があると判明する系外惑星は、二つ見つかる[25]。

有望な観測先は一〇・七光年先にあるGJ887という恒星の惑星系で、その中に、少なくとも二つ（もしかしたら三つかも）の岩石でできた地球のような惑星がある。さらにGJ887は、銀河系のほとんどの恒星とは違って、惑星の大気を破壊するフレアの発生頻度が少ないほうなので、生命の進化する時間的猶予が惑星にあるかもしれない、ということも有望さを後押しする。ドレイクの別の改訂方程式には、生命の進化の可能性など、さまざまなパラメータの不確実性を考慮に入れるものがある。軌道修正されたドレイクの方程式によると、今回は、わたしたちが宇宙に孤独である可能性が高くなり、それは三〇パーセントだと示す。パラドックスとも呼ばれるフェルミの疑問——みんなどこにいるのだろう？——は、こうした厳格さを増していく統計的アプローチで、おおまかに解決できる。知的宇宙人は存在しないようだ[26]。

より野心的な宇宙人の探索計画を知れば、そうした考えがわたしたちにもよぎるだろう。

劉慈欣は宇宙人を、地球にもっとも近く、たった四光年強しか離れていない恒星系のケンタルウス座アルファ星系に生まれさせた。ただし四〇兆キロメートルの距離だ。最先端ロケットであっても、わたしたちがその星に到達するには数万年かかる。エンケラドスの話題で登場したベンチャー投資家のユーリ・ミルナーは、別のアプローチを取る。彼は宇宙探査を真剣にとらえ、二〇一六年にスターショット計画を発表した。この計画は、ケンタウルス座アルファ星系にレーザー推進ロケットを送ることの実現可能性を研究するものだ。そう、アルファ星系は四光年以上離れていると紹介したばかりだ。しかし、この理論では、ロケットを光速の二〇パーセントの速さで進められるので、二〇年で目的に到達できることになる。

ミルナーが一〇〇億円を出資するこの計画では、地球あるいは宇宙に設置されたデバイスから発射される超強力レーザーで、ライトセイルを前方に進める。数メートルの大きさのライトセイルに取り付けられた宇宙船は、数グラムの重さしかないため、レーザーによる推進力だけで〇・二光速（火星を二〇分、冥王星を七時間で通過）で移動できる。このテクノロジーは、まだ何も実証されていない。科学者がその計画に価値があると心から認めているのか、それとも面白そうな研究に資金を使えて満足なのかを判断するのは難しいが、ミルナーは科学者から暫定的な指示を得ている。

乗り越えるべき技術的・政治的な障害は数多い。ライトセイルを超スピードで飛ばすために高出力のレーザーを使うことになるが、ライトセイルはその衝撃に耐えるだけの強度が求められるうえに、過熱しないようにレーザーをすべて反射する必要がある。材料科学者は、クモの糸よりも細くて、どんな物質よりも反射率の高い材料をシリカあるいはダイヤモンドから作り出し、さらにそれを一グラム以下の重さでライトセイルに仕立てなければならない。また、レーザーの熱をどうにか利用できない限り、宇宙船の電源が必要になるし、軌道修正用のエンジンや、四光年先でも働く送受信機、カメラも必要で、さらにほかの科学装置も欲しいだろう。レーザーそのものは、標準的な原子力発電所二〇個分に相当する六〇ギガワットの電力が必要で、事実上の大量破壊兵器になる。政府に建設を承認させるのは政治的悪夢だ。

スターショット計画のチームは、総費用が大型ハドロン衝突型加速器の値段と同程度、すなわち一兆四〇〇〇億円くらいになるだろうと見ている。これは、かなり楽観的な見方のようだ。いずれにせよ、わたしたちは資金を提供するべきだ。この研究だけでも、役に立つ派生情報がたくさん得られるだろう。

光速の五分の一もの速さで移動する極小の宇宙船というのは、十分に野心的であるが、さらに野心的なものを最後に紹介する。一〇〇年スターシップ計画だ。NASAと、元宇宙飛行士で化学エンジニアのメイ・ジェミソン（宇宙へ飛んだ最初のアフリカ系アメリカ人の女性）が打ち出したものだ。これは、一〇〇年以内に人間がほかの惑星系に確実に行けるようにするプロジェクトである。宇宙旅行に対する政治的な願望が干上がっていなければ、今頃は月にいたはずだ、とジェミソンは考える。解決すべき問題は多いものの、特に重要なのは、星間よりも長い距離を超えて、宇宙船にどのようにエネルギーを送るのかという問題だ。

反物質エンジンが、未来の宇宙旅行で使われる電源の候補の一つである。しかし、反物質を手に入れたり合成したりする状況には、まったく至っていない。反物質は、通常の物質と接触して消滅する時に莫大なエネルギーを生成するものだが、わたしたちはごく微量しか合成できない。反物質を探すことに特化した探査船を宇宙に送ることに価値が生まれるかもしれない。地球を囲むヴァン・アレン帯には、反物質が少量存在するので、ここを探せばよいだろう。さらに木星のまわりにも同様な帯があり、そこには地球より多くの反物質があると見込める。

ほかの種類のエンジンとして、核融合ロケットのエンジンの開発が挙げられる。この開発の一番の課題は、地球上で安全に核融合プロセスを組み立てる方法を見つけることだ（第3章で取り上げた）。

数兆円規模のコストを費やして方法を見つけた後には、その技術を小型化して宇宙船に組み込まなければならない。核融合ロケットの大きな利点は、従来のロケットのように大量の燃料を運ばずに済むことで、さらに、長い距離を加速させられるために速度をかなり上昇できることだ。

より原始的な方法としては、宇宙船の後方で核爆弾を爆発させて、推進波に乗じさせられるだろう。これが一九五〇年代のオリオン計画の柱であった。物理学者のフリーマン・ダイソンが取り組んでいたものの、一年後、外交上不可能な作戦であると全員が気づき、終了した。

どんな形態であれ、宇宙人を見つけるには、そして近くの宇宙を適切に探査するには、このような多岐にわたるプロジェクトに取り組む必要がある。外に目を向けたい、冒険したい、環境を理解したいという願望は、人類の本質である。わたしたちの環境には、今や、太陽系の惑星や月が含まれるほか、一〇光年以内にある惑星や恒星まで圏内だ。飛び出そうじゃないか。宇宙の孤独に終止符を打とう。本書で取り上げたものに限定されるものの、ロボット探査機を送って太陽系内を詳細に調べることや、望遠鏡で銀河系の深部まで調査することの費用が、あまりに安いことに驚いた。アウトリーチの価値という観点では、もっとも費用対効果の高い大規模プロジェクトなのだと感じられる。

達成したこと

まだ発見されていないことが何か不明ではあるが、広範囲な探求により、太陽系に単純な生命体を見つけられると七〇パーセント確信する。もし生命体を発見できなくても、当座の拡大する銀河系について、大量の情報を得られるだろう。さらに、革新や科学的発見という形で派生する大きな恩恵がある。

支　出

金星、火星、エウロパ、タイタン、エンケラドスへの綿密なロボット探査……一五兆円
地球、宇宙、月を拠点にした望遠鏡の建設……三兆円
星間宇宙船の開発……五兆円
合　計……二三兆円

第7章　わたしたちの惑星を再設計する

ゴール　二酸化炭素を最終的に、三五〇ppmという安心できる濃度になるまで、大気から取り除くこと。グローバル経済を脱炭素化し、壊滅的レベルまで温暖化しないよう、時間を稼ぐこと。

エドヴァルド・ムンクの『叫び』は、心の内の恐怖に打ちのめされているのだ、とわたしは思っていた。たぶん、そうなのだろう。だが、今では、わたしには、気候変動に苦しんでいるように感じられる。ムンクが『Der Schrei der Natur（自然の叫び）』という題名を付けた理由を、わたしは知らないが、このドイツ語の題名に地球とのかかわりが明示されているのは、偶然ではない。ムンクが背景に描いた、印象的な血のように赤い空は、彼の記憶によるもので、おそらく大気がインドネシアのクラカタウの噴火の余波を受けたものだろう。噴火は一八八三年に起き、ムンクの故郷のノルウェーでも見ることができた(1)。火山が爆発した時、莫大な量の二酸化硫黄が大気中に放出された。

このガスが世界中に広がって雲の反射率を変化させ、太陽の光を地球からそらせた。ものものしく不気味な夕焼けが世界中で目撃され、翌年の夏の北半球では、気温が一・二度ほど落ち込んだ。この数字は偶然にも、産業革命前から現在までに上昇した、世界の平均気温の差とほぼ同じだ。今の時代に何が起これば、永続的に平均気温を一・二度下げられるのだろうか。さあ、探しに行こう。何をすればいい?

わたしたちの疑問はこうだ。かなり大がかりなのだが、クラカタウの噴火の効果を真似することができるのだろうか? 大量の二酸化硫黄を気球や飛行機で空に上げるだけでよいだろう。わたしたちの予算を、それほど使わないかもしれない。それで、地球の温暖化を止められるだろうか。地球を冷やせるだろうか。

これは思いつきにすぎないが、気候変動を科学技術で食い止めるための方法を探している人にとっては、魅力的な考えだ。しかし、気候工学は、危険と不確実性を伴う分野である。クラカタウの噴火は、地球を冷やしたと同時に、世界中の気象系をゆがめた。カリフォルニア州南部では一年間に記録的な量の雨が降った一方で、ほかの地域は干ばつで穀物が実らなかった。フィリピンのピナツボ山の一九九一年の噴火では、大気への影響をより正確に計測することができた。噴火によって、およそ一七〇〇万トンの二酸化硫黄が空に吐き出され、クラカタウの噴火と同様に雲の反射率を上昇させた。ピナツボ山の場合は、およそ一〇パーセント上昇した。北半球の気温が〇・五度から〇・六度低下し、地球全体では〇・四度下がった。さらに、噴火のせいでオゾン層の崩壊が一気に進み、一九九三年のアメリカでの「世紀の嵐」の要因になった可能性がある。

こうした規模で地球のシステムに干渉したいのなら、あらゆる計画で害よりも益が大きいことを保証するだけでは足りない――被害を受けた人への補償が必要である。あらゆる予算作りで、こうした種類の支払いを総費用に盛り込むことになる。しかし、ある種の気候工学の仕組みを、もしも絶対に必要になってしまった場合（必要になった時）に実行できるよう、試しておく――あるいは、少なくとも準備しておくべきかもしれない。二〇一九年、ドイツにあるポツダム気候影響研究所のヨハン・ロックストロームは、気候工学を検討しなければならないほど気候の緊急度は深刻なものだと述べた。[2]

ある意味では、すでに手遅れだ。海面上昇はすでに始まり、山岳氷河の多くと南極大陸の二つの巨大氷河の減少は引き返せる地点を過ぎてしまった――明日にでも二酸化炭素の排出をやめても、氷河は溶けてなくなっていくのを止められない。[3] 南極大陸に続いて世界で二番目に大きい氷床であるグリーンランド氷床でも、同様な事態になりそうだ。[4] グリーンランドの氷の量は膨大なため、それが全部溶けると世界の海面が六メートルも上昇する。

二〇二〇年、日本からカリフォルニア州までの世界中で、最高気温の記録が更新された。執拗な暑さのせいで、アメリカ南西部では長引く大規模干ばつの脅威にさらされ、東アジアでは熱に誘導された湿気により、人類の生存できる限界へと近づき始めている。インドでは激しい洪水に見舞われ、中国では世界最大の水力発電所である巨大な三峡ダムが脅威にさらされ、北極圏とカリフォルニア州では手のつけられない山火事が発生し、さらに異常なハリケーンは……一度の気温上昇でも、ほとんど対処できない。こうなってから、わたしたちはようやく一・五度上昇したらどんなことが起きるのか考え始める。二度かそれ以上なら、地球の大部分で人間が耐えられなくなるだろう。[5] そして、思い出してほしい――わたしたちは現在、今世紀末までに三度も上昇するという道のりにあるのだ。

ある種の科学技術的な解決策を求める世論の混乱に、政治家は、最終的に抗えないかもしれない。沿岸の巨大都市に住む何億人もの人々が助けを求めることになるため、海面上昇も脅威となるだろう。こうした場所に数百兆円が飛ぶのは言うまでもない。経済平和研究所は『生態系脅威レジスター二〇二〇』を発行し、二〇五〇年までに三一か国の一二億人が、干ばつや食料不足などの気候変動に関わる問題で居住地から移ることになるだろうとまとめた(6)。こうした問題や影響の規模は拡大を続けているので、わたしたちは、排出行動をしないことから工学的な解決に動くことへと行動を転換する準備をしておくべきだ。

現在、わたしたちはすでに瀬戸際にいる。だから、本章では、二酸化炭素の排出量ゼロへと移行しながら、時間を稼ぐ方法はないのか検討する。地球の予後、すなわち地球温暖化を止められなかった場合の、地球の状態を調査する。それから物理的に地球を冷やすために、わたしたちの資金でできることを検討する。

地球システムを操作するという発想は、地球が温暖化しているとわかった頃あたりから、ずっと周辺に漂っている考えだ。一九六五年に、リンドン・ジョンソン大統領の科学諮問委員会が温室効果ガス排出の危険性を警告した時、委員会は石油燃料の使用削減については忠告しなかった。その代わり、熱を相殺するために地球の反射率を上げることを提案した。すなわち気候工学である。生物多様性条約は、これを「人為的な気候変動や、その影響に対抗するために、地球環境の本質と規模に意図的に介入すること」と定義している。これから三つの工学的な解決策を見ていこう。

まず、クラカタウの噴火に着想を得たアイデアだ。「太陽気候工学」は、地球表面に届く太陽光の一部を排除しよう、というアプローチを指す用語である。太陽放射管理（ＳＲＭ）と呼ぶ人もいるが、この呼び名は、大気を操作することがまるで太陽の調光スイッチをいじるかのような簡単な印象を与えるだろう。ところが、実際は始まりから解明していく必要がある。効果があるのかさえも不明で、それに伴う影響も計り知れない。有望な策なのは間違いないが、自信を持つ段階には程遠い。太陽気候工学の大きな問題は、極圏よりも熱帯地域を冷やすことになるので、海面上昇を抑える効果は限定的になるだろうということだ[7]。

二つ目には、大気中から二酸化炭素を吸い出して温室効果ガスの濃度を下げることで、温室効果を低下させようというアイデアがある。これには三つのアプローチがある。まず、生物学的または自然のアプローチでは、たいてい、植林する木を増やしたり、より多くの海の植物を育てたりする。次に科学技術的なアプローチでは、空気から二酸化炭素を抽出し、永遠に地下に埋める。さらにテクノロジーと自然の融合したアプローチでは、燃料のために植物を栽培し、その燃料から出た二酸化炭素をつかまえて埋める。

太陽気候工学の場合と同様に、二酸化炭素を除去する「ネガティブ・エミッション」［訳注：マイナスの排出］技術が、費用対効果が持てる規模で作用するのかは不明だ。しかし、ネガティブ・エミッションをいつか大規模に実行できるだろうという考えは、気候変動に関する政府間パネル（ＩＰＣＣ）の、温暖化を二度あるいは一度以内に食い止められるだろうという主張を正当化する。ＩＰＣＣのモデルが訴えるように、排出量を大幅に削減する必要があることに加えて、大量の二酸化炭素をつかまえて貯蔵していく必要がある。

三つ目に、クールダウンのための地球のシステムを設計できるかを、簡単に検討する。こうした話題、特に太陽放射管理というのは、非常に敏感な話題だということを認識すべきだ。ほとんどの気候学者は、こうしたアイデアを毛嫌いする。気候工学を提唱するある人は、太陽反射管理に資金を使うことは「非合理」で、優れたガバナンスの対極にあるだろうと、怒った様子でわたしに言った。当事者の多くでさえも、気候工学のもっとも有効な利用法は、システムの変更を避けるための方法を見つけることだと考える。回避策が見つからなかった場合であっても、システムの変更は、二酸化炭素の排出量の削減に結びつく場合に限定して利用すべき（そして、わたしたちが大気中に放出した分を除去するにとどめるべき）だと言う。

すぐにわかるだろうが、気候工学のさまざまな構想に富裕層は興味津々である。しかし、地球全体に影響を与える行為は民主的に規制され、管理されなければならないし、わたしたちはそうした監視に資金を使うことができる。気候工学の提案者が救済者となり、わたしたちに石油燃料を燃やし続ける力を与え、必要な排出削減を強いられずに済むようにしてしまう、という批判がある。そうしたわなに落ちてはいけない。これは、二酸化炭素回収・貯留（ＣＣＳ）の提案とまったく同じだ。証明もされていないテクノロジーの甘い誘惑のせいで、排出削減が進まない恐れがあるのだ。

そもそも、こうした事態は望んでいないのだ。ただし、気候工学が排出削減を後押ししてくれる場合があるかもしれない。「介入は前向きなものだろう」と、シアトルにあるワシントン大学海氷物理学者のセシリア・ビッツは述べる。「わたしたちが環境を上向きに変えられる、ということを示してくれるから」と続けた。二〇一五年の研究[8]では、気候工学について学ぶだけで、気候変動に関する世間の関心が上昇することがわかった。

科学技術を検討する前に、排出削減が必要不可欠であり続ける理由をはっきりさせよう。地球を冷やすために、実際に日よけを設置したところを想像してもらいたい。日よけを永遠に掲げておきたいわけではないだろう。一〇〇年程度、設置して時間を稼ぎ、その間に排出削減で現状を維持するほか、大量に存在する二酸化炭素を取り除きたい。二酸化炭素などの温室効果ガスを取り除く前に日よけが落ちてしまったら、気温は再び跳ね上がるだろう。言いかえると、温室が冷えるくらい十分な量の二酸化炭素を大気中から除去して初めて、日よけを取り払えるのだ。

　気候変動で重要なのは、大気中に放出した二酸化炭素だけではない。大量の二酸化炭素はまた、海や土壌、バイオマスに絶え間なく注がれる。わたしたちの活動で発生し、大気に放出された二酸化炭素のおよそ四分の一は海に吸収され、炭酸になる。海は広大といっても、わたしたちがあまりに大量の二酸化炭素を出したため、海の生物が適応できるよりもはるかに速いスピードで、海の酸性化が進んでいる。太陽光を遮るだけでは、こうした問題は解決しない。

悪夢のシナリオはたくさんあるが、そのうち一つだけ取り上げよう。およそ一万二〇〇〇年前、現在のノルウェーとロシアの間にあるバレンツ海の海底で、一〇〇を超える大きな爆発が連続して起こった。数千年も海底に閉じ込められていた大量のメタンが、海へと湧き出て大気中に放出されたのだ。二〇一七年の調査で、メタンの爆発的放出により生じたクレーターの存在が明らかになった。二酸化炭素の二五倍以上もの温室効果をもたらすものが、とりわけ北極点の海底に閉じ込められている。海底のメタンは、半分凍ったようなクラスレートという状態にある。ところが海が温まるにつれて、メタンがガスになって飛び出し始める。北極の温暖化は地球上のどこよりも急激に進んでいて、二〇〇七年から二〇一六年の間に、シベリアの永久凍土は一度も温暖化してしまった。二〇一九年と二〇二〇年の北極圏での山火事が大規模になった理由の一つは、これにある。

この一〇年程度でメタン濃度が徐々に上昇している。これが、地球の温暖化によりクラスレートが不安定になり、メタンが放出されたためなのか、人間の活動の結果として上昇したというよくある話なのかは、不明だ。おそらく後者だろう。一万二〇〇〇年前に経験したような爆発的放出がどの程度発生しそうなのかは、誰にもわからないものの、漏れ出るというよりも爆発的に大気中に飛び出した場合、わたしたちが排出削減の誓約を実行したかどうかは、まったく問題にならなくなるだろう。メタンの効果で、わたしたちのこれまでの取り組みを一掃してしまうからだ。突然、悪夢のように目まぐるしく温暖化が進むだろう。

もしそうなってしまったら、気候工学で温暖化を食い止めるという試みに頼るしかないだろう。緊急事態に対処できるよう、ある程度備えておくための計画は不可欠である。また、メタンが爆発するというシナリオがなくても、温暖化スピードを緩める行動を懸命に取らなければならない。

大気中の二酸化炭素量はパーツ・パー・ミリオン（一〇〇万分の一：ｐｐｍ）で測定される。石油燃料を現在のペースで燃やし続けた場合、現在の四一五ｐｐｍの濃度から、世紀末までには、およそ一二〇〇ｐｐｍまで上昇するだろう。ＩＰＣＣの保守的な評価によれば、四度上昇することになる。ところが、三九の気候変動モデルの評価からは、早ければ二〇六五年に四度の気温上昇に達してしまうことがわかった[9]。あるコンピュータ・モデルによると、一二〇〇ｐｐｍに達した場合、亜熱帯地域の大部分で雲の形成が妨げられ、これまでの上昇分に加えて、さらに八度も気温が上昇する可能性がある。

非常に大きな疑問がある。気候を確実に設計（エンジニアリング）することは可能なのだろうか。米国科学アカデミーは、わたしたちのわかっているシステムでしかエンジニアリングは上手くいかないし、そもそも気候をきちんと理解していないのではないかと、（堅苦しく、だが正確に）指摘して、エンジニアリングという用語を嫌う。だから、気候をきちんと理解するための研究に、わたしたちは投資する。

科学アカデミーはまた、気候工学を一つのテーマにまとめて扱わず、わたしたちと同じように、太陽光の反射と二酸化炭素の除去という二つに分けて考えている。

気候工学でもっとも劇的なのは、地球の反射率、すなわちアルベドを変えようという試みだ。科学アカデミーは、「管理」という言葉はある程度、意のままに操作できることをほのめかすとして、太陽放射管理よりもアルベドの調整と呼ぶほうを好む。宇宙に巨大な鏡を置いて、太陽光を反射させよう（わたしたちの資金を超える）というものから、太陽光が大気中を通過するのを妨げるもの、すなわち、火山を真似て空を灰で暗くする日よけまで、さまざまなアイデアがある。

日よけがもっとも有望かもしれない。現時点では、クラカタウ噴火の規模で実行するというのはまったく想像できないものの、飛行機で上空高くから硫酸塩粒子を次々とばらまき、（粒子が空気中にとどまっている間だけ）太陽光が地表に届くのを妨げるというのが、もっとも多い筋書きである。

今日までにもっとも進んでいる計画は、ハーバード大学のデビッド・キースによる太陽気候工学研究プログラム（ビル・ゲイツが後援）だ。キースの研究チームは、炭酸カルシウムの粒子の煙――基本的にチョークの粉だ――を二〇キロメートル上空の成層圏に散布し、空の反射率に変化が起きるのかを測定しようとしている。二〇一四年にこの実験を提案したものの、実行には至っていない。小規模の試験がなしくずし的に拡大していき、テクノロジーとして標準化され、最終的に大規模試験になってしまう恐れがあるからだ。しかし、この散布が（先ほど述べた）時間を稼ぐための重要な手段になる可能性があるので、計画を加速し、より多くの試験ができるように、わたしたちは行動すべきだ。わたしたちが責任を持って実行しなければ、その機会は単独で試みようとする個人へと移動してしまう。

ブライアン・ベアード米下院議員は、二〇一〇年に、こうしたシナリオを思いついた。「想像してほしい」と、下院科学技術委員会で彼は呼びかけた。「あなたはモルディブ諸島にいて、先進国が適切な期間内に二酸化炭素の排出を実際に削減する見込みが薄いと、ほとんど確信しているとしたら？それに、これは生きるか死ぬかの問題なのだ」と。温暖化を止めて島々を救うために、モルディブ諸島が気候を直接、操作する試みを阻むのは何であろうか？「妨害するのは何だろうか――ジェームズ・ボンドの脚本の中でさえも、飛行機を飛ばして雲の元をばらまくのは、悪役の金持ちのほうだ」

ベアードにとってのジェームズ・ボンドの敵役は、グリーンフィンガーと呼ばれる、社会全体の利益のために気候を設計しようとする善意の（ありそうな）富裕層だ。もちろん、本章ではわたしたちも該当するかもしれないが、わたしたちは政府や倫理委員会から同意を取りつけ、複数の研究グループと協力するなど、できる限り公明正大に動きたい。わたしたちが避けたいのは、ある気候学者が語ったように、ラス・ジョージのようになることだ。

二〇一二年七月、アメリカの実業家のジョージは一一人の乗員とともに、カナダの太平洋沖三〇〇キロメートルにあるハイダ渦という海流の渦に船で出た。そして一〇〇トンもの鉄の粉を海にばらまいた。翌月またやって来て、さらに二〇トンをばらまいた。鉄は光合成をするプランクトンの大きな成長を促し、増えたプランクトンが数百万匹のサケの餌となり、漁業を生業《なりわい》とするオールドマセット村の苦しみを軽くする、というのがジョージの理論だ。大量のプランクトンは、大気から数千トンもの二酸化炭素を取り込み、死んだ際には海の底で二酸化炭素を安全に閉じ込めてくれることを、ジョージは期待した。

計画はあまり上手くいかなかった。この冒険的事業が明るみになると、ジョージは環境テロリストと悪役気候工学者のレッテルを貼られ、ニューヨーカー誌には世界で最初の「地球自警団」と呼ばれた。科学者は、ジョージの実験が作用したのかを個々に検証できていないものの、その多くが、こうした冒険は無責任であり、繰り返してはならないと感じている。(10)確かに無責任であったが、このアイデアについていくつか綿密に調査したい。大気中の二酸化炭素が確実に海底に隔離されるのか評価するのは、きわめて困難だが、それを見極めるための適切な研究計画には、出資する価値がある。また、限定した規模で太陽気候工学の実験を行うというデビッド・キースの計画も、できるだけ速やかに進めるべきだ。

太陽放射管理（ＳＲＭ）ガバナンス・イニシアチブは、こうした事項を監督する団体だ。例えばＳＲＭの影響を評価するために、発展途上国に四三〇〇万円を割り当てている。この分野も、わたしたちが押し上げられる。たとえ研究が充実しているからといって、ＳＲＭは、ハーバード大学の独断で実行してよいものでは絶対にない。二〇一九年にアメリカ政府は、ＳＲＭの研究を実行するため、アメリカ海洋大気庁に四億円を拠出した。(11)わたしたちは、東南アジアやアフリカ諸国など世界中の研究者らを支援し、彼らの発見を総合的な判断に取り入れる。

もっとも良い筋書きは、何であろうか？　今後一〇年から三〇年で世界が排出量を大幅に削減し、カーボン・ニュートラルな経済に移行する、という究極の筋書きを除くと、広範囲でのＳＲＭ

実験による影響がそれほど悪くない、と証明されることだろう。例えば、南アジアのモンスーンをつぶさないことだ。あるいは、温度の低下による恩恵が、穀物の収穫量減少によって相殺されないことだ。このことは、SRMに関する二〇一八年の報告書にまとめられている[12]。実地試験を実施するために、リスクをより正確に把握することを始めよう。

問題の規模、すなわち硫酸塩の粒子を大気に加えることの効果を理解する難しさに、注目する価値がある（キースの試験では炭酸カルシウムを使うが、SRMには硫酸塩がもっとも適しているようだ）。数千億トンもの二酸化炭素を大気中に加えてきたものの、これがどの程度、地球を温暖化させているのかを正確に予測することもまた、わたしたちの手に余る。ハーバード大学の初めての限定的な実験と同じように、一キログラム程度の炭酸カルシウムを加えたぐらいでは、確実な答えを得るのは難しいだろう。

ここで、回を追うごとにスケールアップしながらたくさんの試験を実施して、責任を明記した文書を作成し、国際条約を通過するのに十分な、楽観できるデータと政治的・社会的な支援を集めてきて、ついに地球規模で実施することを決めたとしよう。すると、成層圏を飛行し、搭載した硫酸塩粒子を放出するための特別仕様の飛行機が必要になるだろう。イェール大学のウェイク・スミスとニューヨーク大学のゲルノット・ワグナーによる追跡調査によれば[13]、成層圏を航行でき、硫酸塩を安定して放出するには、巨大な翼長を持つ自律型ドローン部隊を使うのが良さそうだ。

熱帯地域に島を購入し、滑走路と、硫酸塩を受け取る港を建設する必要がある。立ち上げ費用として六〇〇〇億円をあてる予定だ。一万機程度のドローンを一年間維持する費用は三〇〇億円規模になる。それほど大変ではないが、始めたら止めることはできないだろう。硫酸塩はゆっくり漂いながら地上に戻るので（この「降下物」の影響もわからない）、その遮蔽《しゃへい》は一年程度しか続かない。大気中から大量の二酸化炭素を取り除いて、初めて日よけを永久に下ろせる。

SRMの不確かな利用にわたしたちが同意したとして、その次に非常に恐れていることがある。日よけが突然消えてしまった時に、科学者が呼ぶところの「ターミネーション・ショック」［訳注：または終端効果。二酸化炭素を十分に除去する前にSRMを止めると、気温が急上昇すること］に陥ってしまうことだ。つまり、エアコンの効いた車内から砂漠に降り立つようなものである。空の色が変わるという影響もある。どうなるのかを正確に把握している人はいないものの、成層圏内に粒子を漂わせると、太陽光をさまざまな方向に反射することになる。ムンクの描いた悪魔的な赤い空にはならないだろうが、知覚できるくらいには空が白むだろう。

たとえ太陽気候工学の利点がリスクを上回ると世界が判断したとしても、わたしたちはリスクへの備えを万全にすることにする。太陽光を遮蔽することで、ある地域で干ばつが、またある地域では洪水が多発するという予測があるなら、こうした地域を救済するために資金を配分するべきだ。そのため、支出が承認される前に、わたしたちは硫酸塩を投入することの地球規模の研究や実地試験、アウトリーチに出資し、三〇〇億円を世界中の先駆け的な活動に割り当てる。わたしたちの予算がなかなか減らないのにお気づきだろう。この取り組みは不可欠で、世界を救う可能性があるものの、少なくとも初期の費用は比較的小さくてすむ。研究をただちに進めなければならない。

認識しておくべき身に迫る危険が二つある。まず、大量の資金が気候工学に流入することにより、何が進められているのかをわたしたちがきちんと把握する前に、いわゆる太陽光のカーテンなどのようなものを配備する方向へと、政治家や世間が傾く可能性があることだ。次に、わずかながらも実現しようとしている、二酸化炭素の排出のブレーキを握る手が緩むことがあるかもしれない。繰り返すが、排出削減は不可欠であり、避けることはできないのだ。

気候工学のさまざまな形態の提案はおびただしい数に上る。現在検討中の巨大な計画は、南極大陸の西部にあるスウェイツ氷河の崩壊を止めるためのものだ。スウェイツ氷河は暴れん坊で、ブリテン島の大きさほどもある氷河が毎年三五〇億トンのペースで溶けている。スウェイツ氷河だけで、地球の海面を六五センチメートルも上昇させるだけの水を保有する。そして、さらに悪いことに、スウェイツ氷河が崩壊すると、南極大陸西部にある残りの氷床が後に続いて崩壊し、海面が三・三メートルも上昇するという破滅的運命に追い込まれてしまう。国際スウェイツ氷河共同研究所では、五〇億円で氷河を理解するためだけの研究しかできていない。わたしたちの資金があれば、氷河を支えたり、海に滑り落ちるのを止めたりするまで活動を広げられるだろう[14]。毎度繰り返すが、こうした大規模な計画に乗り出すよりも、排出を削減するほうが良い——しかし、このプロジェクトは検討しよう。海水を氷河の下から表面までくみ上げる、という選択肢もあるかもしれない。

直接、冷却するという選択肢もある。ガイア仮説の生みの親であるジェームズ・ラブロックは、宇宙を拠点にした解決策を支持し、数千もの宇宙船に日よけを展開させて、地球へそそぐ太陽光を宇宙空間でそらそうとしている。妙な点があったら簡単に壊すことができるのがこの方法の長所であり、一〇〇〇兆円の費用がかかることが短所だ。

それから、気候工学の方法をもう一つ検討する。雲を明るくする方法だ。

一九九〇年代、当時コロラド州のアメリカ大気研究センターにいたジョン・レイサム（現在はイギリスのマンチェスター大学にいる）は、気候変動がもたらす地球温暖化を相殺するために、地表に届く太陽光の量を減らそうと、いくつかの方法を研究し始めた。レイサムは、宇宙に反射される太陽放射の量は雲の中にある雲粒の濃度に依存する、というトゥーミー効果に魅せられた。そして、塩水の水滴を雲の中にまくことで、海洋上の雲の濃度を高められることに気がついた[15]。衛星写真に写る「航跡」――飛行機雲と同じ――は船から排出された硫酸塩が種となって生じた雲だが、これを真似て水滴の種をまくことで海洋上の層積雲を明るくできるだろう、というモデルをレイサムらは作り出した。さらに北極で実施して、北極の海氷を取り戻す方法さえ示した。

論文を見る限りはレイサムのモデルはとても有望そうだが、実際に試験するのはまったく別の問題だ。下層大気（海洋境界層）の広い範囲に、超微細な海水の水滴を届けるためのシステムを開発しなければならない。エディンバラ大学の工学者であるスティーヴン・ソルターは、この計画を進化させ、遠隔からドローン船を操作して水滴をまくことを提案している[16]。

わたしはソルターと接触し、その後、数回やり取りをしていた時に、サッカーのスター選手であるネイマールの写真が送られてきた。「幸せな若い男性の写真」と、ソルターの簡単なメモが添えられていた。写真は、二〇一七年にネイマールがパリ・サンジェルマンへ電撃移籍することを発表した時のもので、その移籍金は二九七億円だった。わたしは戸惑ったが、ソルターの人工降雨計画の費用がリストアップされている次のメールで、その意図がわかった。ネイマールを獲得する金額で、すべての予備実験を実施して——実験で想定した通りに作用し、雲を明るくすることが示されたら——二年間もすべての船を運用することがまかなえる。産業革命以降、北極にもたらしたダメージを回収できる、という可能性があるのだ。

繰り返すが、この計画はわたしたちの予算をほとんど食わない。大気中に硫酸塩を放出するよりはリスクが少なそうだが、世界のほかの地域の降水に連鎖反応が起きるだろう。ただ、局所的な気候工学という点も魅力的だ。少なくとも最初は北極圏内で試すことになるだろう。その後、熱帯地域で雲を調整するかもしれない。

ケリー・ワンサーは、ワシントンＤＣを拠点とする気候工学のＮＧＯシルバーライニングの所長だ。彼女は、北極の崩壊を食い止める方法の中でもっとも実行できそうなのは、大気の太陽光の反射率を高めることだと言う。ワシントン大学の海洋上の雲の白色化プロジェクトで顧問を務めるワンサーは、太陽光の反射への投資不足を嘆く。「資金不足のせいで、きわめて近い将来に気候リスクの莫大な脅威にさらされ、温暖化を安全圏内に維持するという計画の即効性が失われてしまう」

雲の白色化の研究に、ネイマール六人分の金額をすぐに出資しよう。

太陽光気候工学の研究を急いで開始する一方で、大気から直接、二酸化炭素を除く試みを加速させる。

国際的な気候協定と、ＩＰＣＣによる将来の温暖化シナリオの中で、あまり知られていない事項の一つに、今世紀後半には大気から大量の二酸化炭素の除去に乗り出したと仮定しても、著しい気温上昇が予測されていることだ。この除去は、ＣＤＲ——二酸化炭素除去——やＮＥＴ——ネガティブ・エミッション技術——と言われるものだ。どんな規模であれ、効果が見えるほどには二酸化炭素を除去できていないことが大きな問題である。

世界全体を変える力があるにもかかわらず、二酸化炭素は微量ガスなので、大気中にはたったの〇・〇四パーセントしか存在しない。その少量を追い出すのが非常に難しい。現在、いくつかの方法があるものの、すべて小規模な方法だ。二酸化炭素を新たに加えることなく、地球規模で除去する必要がある。研究者や政策立案者は、除去法がないという状況は将来的には解決されるだろうと言うが、本当にそうなるのかはまったくわからない。二酸化炭素をそのまま吸い込む方法があれば、バイオ燃料用に植物を育てて発電のために燃やし、発生した二酸化炭素をとらえて地下に埋める方法も検討されている。三つ目の方法は植林だ。この方法にはうれしい派生効果があり、きちんと実施できれば「生物多様性」を高められる。一方で、農業などに使うための必要不可欠な土地が、大幅に減るという悪影響がある。

二酸化炭素の回収に熱心な人の中には、ノーベル賞を受賞したドイツの化学者のカール・ボッシュに着想を得る人がいる。ボッシュは、空気中の窒素からアンモニアを合成するフリッツ・ハーバー法を、一〇年にわたって研究して工業レベルで合成できるようにした。ハーバー・ボッシュ法として知られる方法だ。工業に使える規模でアンモニアを合成できることは、いい意味でも悪い意味でも世の中を一変させた。科学政策アナリストのバーツラフ・シュミル教授は、ハーバー・ボッシュ法を二〇世紀でもっとも重要な発明にあげている。二酸化炭素の回収で同様な画期的発明ができれば、間違いなく、二一世紀でもっとも重要な発明になるだろう。

ハーバーが空気中から少量の窒素を回収する方法を見つけた時と同様な状態に、わたしたちはいる。ところが、わたしたちの研究はより厳しい。そもそも二酸化炭素を求める市場が準備できていない。対して、ハーバー・ボッシュ法で合成するアンモニアには、肥料に利用したいという莫大な需要があった。さらに窒素は大気の二〇パーセントを占める。きわめて低い濃度で存在する二酸化炭素を取り除くのは、はるかに難しいのだ。

しかし、それがわたしたちの現実で、世界中が追いかける挑戦だ。二酸化炭素の除去法の研究の中でもっとも進んでいるのが直接空気回収（DAC）であり、空気中から二酸化炭素を直接引き抜いて安全な場所に貯蔵する方法だ。この方法は実行可能だが費用が高く、一トンの二酸化炭素を吸収するのに、現在はおよそ六万円のコストがかかる。商業規模では、一トンあたり三〇〇〇円から三万円になる見積もりだ。インペリアル・カレッジ・ロンドンのサミュエル・クレボーらは、二酸化炭素の回収にかかる法外な費用は、技術的な障害というより、限定的な活用にあることを明らかにした[17]。わたしたちが大量に投資して、もっと幅広く二酸化炭素が利用できるようにしようではないか。

直接空気回収の分野でパイオニアと呼ぶべき人物を一人挙げるとしたら、それはクラウス・ラックナーで、二〇年以上この課題に取り組んでいる。物理学者のラックナーは、二酸化炭素回収の機械的・科学的方法を洗練させることに取り組み、安価な装置を開発することを目指している。つまり、大量に生産できて、数十億トンもの二酸化炭素の回収に利用できる装置で、特に重要なのは装置からの排出が問題を上乗せしないよう、ほとんどエネルギーを消費しない仕様になることである。アリゾナ州立大学ネガティブ・カーボン・エミッション・センターで、ラックナーは二酸化炭素回収装置の試作機を作った。これは、特殊なプラスチックからできた細長い板で、空気中の二酸化炭素を取り出し、炭酸水素塩を形成する。そのプラスチックを水に浸すと、炭酸水素塩が炭酸塩に転換する。水を流すと、二酸化炭素が水にとらえられ、一緒に流される。

ラックナーは、太陽光で動く装置にまでスケールアップさせ、炭素を回収して加工し、水から抽出した水素と合わせて合成燃料を作りたい考えだ。開発費は安くないうえ、運用費も安くはないだろう。炭素の課税が、この仕組みが上手くいくための唯一の方法だ、とラックナーは見ている。

最近では、ラックナーにライバルが増えている。スイスのクライムワークス社は、数々の二酸化炭素回収プロジェクトを試験中であり、もっとも野心的な計画がアイスランドにある。そこでは地熱を使った二酸化炭素回収ユニットで、年間五〇トンの二酸化炭素を回収して地下に送り、玄武岩と反応させて石に変えている。しかし、年間五〇トンでは無きに等しい。アイスランドのプラントは四〇〇〇トン規模まで拡大する予定だが、一〇万トンの回収ができて初めて経済規模の兆しが見えてくる。現在、クライムワークス社は、「パイオニア」というパートナーの二酸化炭素を一トンあたり六万円で回収しているが、わたしたちはこのカーボン・クレジット取引を一トンあたり一万円でできるようにする必要がある。

クライムワークス社は、二〇二〇年代中頃までに、世界の二酸化炭素排出量の一パーセントを回収したいと言う。これには、手動で装置を組み立てている現在の小企業から、オートメーションで製造する巨大自動車メーカーのような企業へと転換することが求められる。ハーバード大学のデビッド・キースが創立したカーボン・エンジニアリング社は、この企業もビル・ゲイツの支援を受けているのだが、科学技術の規模を拡大することで、コストを抑えようとしている。例えば、オクシデンタル社などの石油企業と提携し、まもなく枯れそうな油井を復活させるために（少々皮肉なことに）回収した二酸化炭素を利用する。この計画は野心的で、現在は、年間一〇〇万トンの二酸化炭素を回収するためのプラントを建設しているところだ。二酸化炭素を合成燃料へとリサイクルする計画は、正真正銘のカーボン・ニュートラルだ。

ほかにも二酸化炭素の回収企業のカーボンキュア・テクノロジーズ社は、セメントを製造する工程――全産業の中で、もっとも排出量の多い工程の一つ――で二酸化炭素を回収し、できあがったセメント製品に閉じ込める技術を持ち、アマゾン社やマイクロソフト社から投資を受けている。

こうしたテクノロジーにわたしたちは投資すべきだが、まだ懸念がある。余剰の二酸化炭素を一掃することは証明されているものの、すでに排出してしまった数千億トンの二酸化炭素を取り除く様子は、想像しがたい。世界の自動車二〇億台分の二酸化炭素を相殺するためだけでも、カーボン・エンジニアリング社の一〇〇万トンのプラントが九五〇〇基も必要になる。それに輸送だけでこの排出量である。ＤＡＣは避けようのない排出（たとえば航空や、セメント・鉄鋼業などの産業プロセス）を固定するのに重要な役割を果たすかもしれないが、ＤＡＣがあるからといって排出量ゼロを喫緊に目指す姿勢を緩めるべきではない。

わたしたちの資金だけでは確実に足りない。二酸化炭素の回収・隔離の現在の価格は、一トンあたり六万円だ。大気中にはおよそ三兆二〇〇〇億トンの二酸化炭素が存在する。現在の技術では、わたしたちの全資金を投入して回収したとしても、たったの一七億トンしか捕獲できない。一方、大気中の二酸化炭素はわずか一ｐｐｍでも二一・三億トンに及ぶ。すなわち、全資金を使っても、方向さえ変えることができないだろう。しかし、コストを下げることができれば、脱炭素化に時間のかかる経済分野からの排出を相殺するために、二酸化炭素吸収装置を利用することができるし、利用すべきだ。

だから、こうしたテクノロジーを開発する新興企業に出資し、さらに金銭的に高額な競争を作り出すことで、開発競争を刺激すべきだ。現行では費用を食ってしまう加熱処理を経ずに、二酸化炭素を固定・放出でき、一トンの二酸化炭素を二万ドルで固定できる吸着剤を開発した企業に一〇〇億円を援助する。さらに、年間一〇万トンの二酸化炭素を除去し、安全に埋めることができた最初の企業にも一〇〇億円を提供する。

わたしたちの役割は、二酸化炭素回収ビジネスを始動させ、規模を拡大し、価格を下げ、政府が引き継げるようにすることだ。ＤＡＣが、一トンあたり一万円を切ることは想像に難くないし、その費用で提供できれば、課税を財源の対象にできるかもしれない。

有効な対策がいくつかある。二〇一八年にアメリカは、地中に埋めた二酸化炭素一トンあたり五〇〇〇円を企業から控除する、45Ｑという税体系を導入した。こうした刺激策は、二酸化炭素の適切な市場を存在させる一助になるかもしれない。より強気な手段は、化石燃料を燃やして二酸化炭素を排出することに炭素税を課すことだ。オーストラリアは二〇一二年にこの策を取り、産業で排出される二酸化炭素一トンあたり二四〇〇円を課税した。税金を払いたい企業はないので、課税のおかげで、二〇一四年の中頃までに一七〇〇万トンもの排出削減につながった。ところが同年、オーストラリアは炭素税を廃止した（現在は気候変動のリーダーとみなされない）。

スウェーデンとノルウェーには、一九九一年から炭素税がある。ノルウェーの北海にあるスライプナー・ガス田（北欧神話の神オーディンが乗る八本足の馬スレイプニルにちなんで名付けられた）は、世界で最初の沖合の二酸化炭素回収・貯留プラントだ。地中にある天然ガスは不純なので、燃やせるようにするには処理が必要だ。スライプナー・ガス田から出る天然ガスは、メタンにおよそ一〇パーセントの二酸化炭素が混ざっている。たいていの化石燃料企業は、単純に混合ガスを分離して二酸化炭素を大気中に放出するのだが、ノルウェーではこれに課税して、企業により責任のある行動を取らせる。政府は企業に二酸化炭素の排出量一トンあたり五〇〇〇円を課税するので、スライプナー・ガス田を運営するエクイノール社（以前の社名はスタトイル）は、メタンから取り除いた二酸化炭素を圧縮して液体にすると、海底下およそ一キロメートルにある堆積物の詰まった帯水層に注入する。帯水層は不浸透性の頁岩《けつがん》の層で密閉されているため、二酸化炭素を安全に閉じ込めておける。ウィンウィンだ。政府には税収があり、燃料企業は節税する。

しかし、この仕組みは、炭素税が課せられる場合にしか成立しないのは明らかだ。現エクイノール社は、一九九六年に八〇億円かけて回収・貯留プラントを建設した。その理由は、年間一〇〇万トンの二酸化炭素を堆積物に注入すると、一年間に五〇億円の節税になるからだ。投資は、すぐに回収された。帯水層には六〇〇〇億トンの二酸化炭素を貯留できると推測されていて、その量は、ヨーロッパのすべての発電所の年間排出量の一〇〇倍を超える。同様な貯留場所は数多く存在する。アメリカのエネルギー省は、アメリカ本土の深部塩水帯水層には九〇〇〇億トンから三兆三〇〇〇億トンまでの貯留能力がある、と推測する。

炭素回収は、適切な経済的な刺激があって初めて進むだろう。オックスフォード大学の経済学者ディーター・ヘルムは、炭素に値段をつけることが現実的な手段だと言う。EUには排出権取引制度がある。炭素に重い税を課そうとする許可制の制度だ。しかし、ヘルムの推す方式は、炭素税を利用して適切な価格にしようというものだ。この方式では、二酸化炭素排出量という観点で、より汚染度の高い商品やサービス――ハンバーガーから飛行機での移動、コンクリートの建設から火力発電所まですべて――ほど価格が高くなる。パリ協定には法的拘束力がないために機能しない。炭素税が排出量を低下させる方法だと主張する。[18]「炭素税は汚染するほど高くつく」と彼は言う。「研究開発や革新、インフラだけでなく、炭素に価格を付けることもまた必要だ」

一〇〇兆円プロジェクトのルールでは、直接の政治的ロビー活動を禁止しているので、わたしたちにできるのは、地質貯留地付近の適切な場所に、二酸化炭素回収・貯留（ＣＣＳ）プラントを委託することだ。できるだけ安く、二酸化炭素を隔離するための活動を始める。規模を大きくするほど、コストは下がるだろう。目標達成のために一〇兆円を割り当て、その多くを、クライムワークス社やカーボン・エンジニアリング社などの既存のＣＣＳ企業に投資する。かなりの金額のように感じるが、ハリケーンのカトリーナは八兆円、サンディーは六兆五〇〇〇億円の被害をもたらしたことを思い出してほしい。再生可能エネルギーでＣＣＳを稼働させる方法の開発に、さらに一〇兆円を投資しよう。

化石燃料業界には専門知識と、二酸化炭素の貯留にふさわしい場所に施設を持つため、ＣＣＳについてこの業界と連携しよう。そもそも排出された二酸化炭素の大半は化石燃料業界に由来するという責任があることは、言うまでもない。経済的な利益の追求が、世界中の法令全書に炭素税を載せる結果になることを、わたしたちは望んでいる。イギリスなどの政府は、排出量の実質ゼロを法的拘束力のある目標に掲げているため、その実現のために行動を起こさなければならず、そのための資金が必要となる。

二酸化炭素の除去法の一覧表が必要になりそうだ。注目すべきアイデアがもう二種類――一つは陸上で、もう一つは海洋環境のもの――あり、自然界で起こっている二酸化炭素の吸収プロセスを促進することを目的とする。

風化とは、岩石が徐々にすり減ったり、二酸化炭素にさらされたりすることで起こり、大気中や海洋中で数千年かけて行われているプロセスだ。いずれにせよ岩石は、ゆっくりと二酸化炭素と反応し、不活性な鉱物として閉じ込められる。風化の強化とは、陸上で自然に行われているプロセスを速めるという新しい観点であり、マグネシウムあるいはカルシウムを豊富に含む鉱物を砕いて粉にし、大気中の二酸化炭素との反応を促進する。この反応により、安全で不活性な炭酸マグネシウムや炭酸カルシウムができる。粉砕した鉱物を海洋に投げ入れれば、海洋中で風化が促進されることになり、これは海洋アルカリ化の促進（OAE）と呼ばれる。OAEには、海の酸性化に対抗するという非常に大きな付加価値がある。海の酸性化は、第4章で紹介したように、海の生態系の大きな脅威である。

OAEの有力な候補の一つが、緑色の火山鉱物でカンラン石と呼ばれるものだ。カンラン石は二酸化炭素に触れると、炭酸塩を形成して海底に閉じ込められるか、海洋生物の殻や骨格に使われ、その後に海底にとどめられる。粉にしたり砕いたりすると、カンラン石の表面積が増えるので風化が早められる。これを大規模で行えば、大きな効果が得られるだろう。

カンラン石を海岸や海中に設置して、波によって砕いてもらおうという計画がある。オランダのユトレヒト大学のロルフ・シュイリングとポッペ・デ・ボアは、ブリテン島やアイルランド、北フランスの沿岸にある浅い大陸棚にカンラン石をまけば、最大で世界の二酸化炭素排出量の五パーセントを固定できるだろう、と提唱する。[19] ただし、これは〇・三五立方キロメートルのカンラン石を三万五〇〇〇平方キロメートルの浅い海に散布しなければならない大規模な計画になる。海の生物に影響があるのかわからないし、数百万トンもの岩石を海に投棄したり、海岸を緑色に変えたりすることについて、大衆の支持を得る必要があるだろう。しかし、カンラン石の方法は有望そうなので、研究を進めるため、プロジェクト・ヴェスタ（サンフランシスコのＮＰＯ）などの企業に投資する。

陸上での風化プロセスにも投資する。二〇二〇年の重要な研究では、玄武岩の粉じん――二酸化炭素を炭酸塩に変える鉱物だ――を世界の農地の半分にまけば、年間二〇億トンの二酸化炭素を固定できるだろう、ということがわかった。[20] このプロジェクトの主任科学者であるシェフィールド大学のディビッド・ベアリングは、わたしたちの援助があれば、中国やインド、ブラジルといった鍵となる場所で大規模な風化促進を容易に展開できると言う。「一〇年で、五〇億円から一〇〇億円というバーゲン価格で実施できるかもしれない。さらに五〇億円の追加で、アメリカのコーンベルトあるいはヨーロッパの穀倉地帯にまで、岩石の風化促進計画を大幅に拡大できるだろう」と述べる。この計画は、二酸化炭素を減らすだけでなく、かなり劣化の進んだ農地の土壌を回復させるので、穀物の収穫量の改善につながるだろう。

ベアリングの計画にただちに二〇〇億円を配分し、水陸両方の風化促進――すべての実験が成功すると仮定する――を地球規模で始めるために、さらに二〇〇〇億円を使う。

二酸化炭素回収・貯留付バイオエネルギー（ＢＥＣＣＳ）は、空気から二酸化炭素を取り出すためのもっとも古い概念の一つで、発電所で燃やすための穀物や木を育て、発生した二酸化炭素をつかまえて埋めるというものだ。気温上昇を一・五度から二度に抑えておくという予測のすべては、ＣＣＳあるいはＢＥＣＣＳが実に見事な規模で実施されている、という仮定の上に成り立つ。ノルウェーのスライプナー・ガス田にあるプラントと同じような規模の施設が、一万五〇〇〇もあるという話だ[21]。仮に、この一万五〇〇〇の施設がすべてＢＥＣＣＳで運用されるとしたら、インドの面積の二倍から三倍もの土地が燃料用の植物を栽培するために使われるだろう。第4章で触れたように、そうした土地利用は、すでに起こっている大量絶滅を促進し、地球システムの劣化を進めることになる。それにわたしたちは家畜の飼育や、やり方の悪い農業のせいで、あまりに多くの土地を失っている最中である。しかし、持続可能な方法で大規模なＢＥＣＣＳを実施できれば、空気から年間に五ギガトンもの二酸化炭素を取り出せるようになるだろう[22]。

きちんと裏付けされたカーボン・オフセット制度を開始する必要がある。排出した分を相殺するために支払えば、空気から二酸化炭素を吸収することになる。カーボン・ニュートラル、あるいはもっと進んでカーボン・ネガティブであることが保証された製品を販売できるように、製造業にオフセットのサービスを提供する。デザイナーの服に身を包んで高級シャンパンを飲むのを見せつける代わりに、消費者はオフセット商品を購入し、排出削減を誇示するようになるだろう。最近では有機食品を選ぶ人も多いが、わたしたちは「カーボン・ネガティブ」の食品を購入したいと人々に思わせる必要がある。地元で製造したビールを販売する小規模な醸造所が、小売りの重要な部分を占めるようになった。クラフトビールを飲むことはクールだが、こうした企業が排出分を回収したら、どれだけ地球が冷えるだろうか？　多国籍企業が参加すれば、きっと目に見える変化が始まるだろう。新しいゼロ・コーラが地球上でもっともクールな飲料になるだろう。二酸化炭素を直接に回収して隔離するための金額を余分に支払うようなカーボン・ネガティブ特別シートが、航空会社から販売されるかもしれない。大手企業は、小さな痛みを進んで受けようという姿勢を見せることで、気候変動の取り組みをリードできるだろう。

世間の反応がこれを裏付けるかもしれない。カーボン・ニュートラルな暮らしを送ろうと、上乗せされた金額を進んで払おうとする人がいるかもしれない。エディンバラ大学の気候学者であるデビッド・レイは、スコットランドに購入した土地を再野生化することで、生涯に排出する炭素の負債を相殺したいと、わたしに話した。何十万円かかかったが、喜んで支払える額だったと言う。わたしたちは彼と同じ行動をかなり大きな規模で実施できる。子供の未来という卵を巣で温める富裕層に、二酸化炭素の回収に乗り出すことが、自分たちが未来のためにできる最善の策だと心に決めてもらいたい。ヨットを所有するのもいいが、二酸化炭素を購入することにより、気候の面から少しの尊敬を勝ち取ることのほうが素敵だろう。あるいは――もっと思慮的に――メタンを購入してはどうだろうか。

大気から温室効果ガスを回収するという計画のほとんどは、もっとも大量に存在する温室効果ガスの二酸化炭素を中心に据えていて、メタンの影響は過小評価されている。大気中のメタンの含有量は、二酸化炭素よりもはるかに少ない。産業革命の時代と比べて一五〇パーセントも上昇しているが、それでも二ｐｐｍしか存在しないのだ。しかし、気候への影響は飛躍的に高まっている。メタンが放出されてから一〇〇年の間の影響は二酸化炭素の二五倍だが——決定的なのは——放出された最初の二〇年での影響は八四倍にもなる［訳注：大気中のメタンは平均一二年で消滅する］。つまりメタンを除去すると、気候が速攻で大きく変化する。

スタンフォード大学のグローバル・カーボン・プロジェクトのペップ・カナデルとロブ・ジャクソンは、メタン濃度を産業革命前の状態にまで回復できる技術を提案する。このアイデアでは、人間の活動で発生した大気中のメタンを酸化させて二酸化炭素にすることで、メタンをすべて取り除く。直感では反対だろう。結局は二酸化炭素を増やしてしまう（三二億トンのメタンから八二億トンの二酸化炭素が生じる）。しかし、二酸化炭素の拡散速度のほうがはるかに遅いので、反応後に回収しやすい。カナデルとジャクソンによると、地球温暖化を六分の一だけ低下させる効果がある(23)。

わたしたちは大規模なメタン除去技術の開発に投資し、加えて、亜酸化窒素のようなほかの温室効果ガスにも手を広げる。

大量の二酸化炭素を除去できそうな方法を検討してきた。帯水層に隔離すれば数十億トンを貯留でき、課税により一七〇〇万トンの排出削減につなげられそうだ。ここではっきりさせてみよう。二〇一八年だけで三七〇億トンの二酸化炭素を排出した(24)。仮に——この提案がばかばかしいくらい単純に思えても、お付き合い願いたい——もっと植林したらどうなるだろうか。スイス連邦工科大学チューリヒ校によると、地球は、現在の森林量の三分の一を増やしても保持できる。これは二〇五〇億トンの二酸化炭素を吸収し、貯留できる規模だ。すごい！　一ｐｐｍが二一・三億トンの二酸化炭素量に相当するので、この量を削減できれば、およそ三二〇ｐｐｍ、つまり一九六〇年代半ばの濃度にまで低下する。

植林は、時間稼ぎに最善の方法だろうか。もちろん詰めなければならないことは多数あるし、リーズ大学のサイモン・ルイスは二兆五〇億トンは過大評価だと考えている。さらに農業や住宅、娯楽以外にも土地の需要は多い。しかし、打ち捨てられたり、今は劣化したりした土地に大規模な植林制度を敷いて再開発することはできそうだ。

環境学者のトーマス・クラウザーが率いるチューリヒ校のチームは、グーグルアースの森林被覆データと機械学習のアルゴリズムを利用して、新たに森林を支えられそうな地域を予測した。すでに農地や宅地に使われている部分を除いても、植林できそうな土地は一〇〇〇万平方キロメートル近くもあり、それはアメリカとほぼ同じ大きさだ。この余剰地の大半がアメリカ、カナダ、ロシア、中国、オーストラリア、ブラジルの六か国にある。国土が広いうえに森林の大部分が破壊されているためだ[25]。この構想では、新たに五〇〇〇億本を植林することになる。

費用はどのくらいになるだろうか。実際のところ、誰にもわからない。小規模では、アイルランド政府が二〇年間にわたって年間二二〇〇万本、合計で四億四〇〇〇万本を植林すると言う。ＥＵは、二〇三〇年までに三〇億本を植える計画を検討中だ[26]。わたしたちは、こうした政策を支援できるだろう。国土の二七パーセントが砂漠または砂漠化したことで、四億人が被害を受けているという衝撃的な事態にある中国では、三北防護林プロジェクトの下で北西部に「緑の長城（グレート・グリーン・ウォール）」が造られている。[27] これまでに六六〇億本あまりが植えられている。わたしたちは迷うことなく、中国の環境学の技術者に助言を求めたい。そしてわたしたちが（ひと抱えの現金で）支援を申し出るもう一つの団体は、国連砂漠化対処条約だ。

サハラ砂漠以南のアフリカにあるもう一つのグレート・グリーン・ウォール計画は、アフリカ大陸を横断して草木を植える試みだ。これまでに一七万八〇〇〇平行キロメートルの土地がフェンスで仕切られ、植林や植物の再生が促されている。二〇三〇年までに一〇〇万平方キロメートルに植えるのが目標だ。

地球規模の取り組みの多くは農地に植林する予定であるが、これは必ずしも畜産や酪農を脅かすことにはならない。密集せずに植林できる地域があり、これは放牧に干渉しないのだ。ケニアでは政府が、五〇〇〇平方キロメートルに二〇億本を植林する計画だ。しかし、費用面がまだ解決していない。クラウザーは再生計画での一本あたりの費用はたったの三〇円だと言うが、こうした費用レベルでも大規模に実施すると、一兆本の木を植えるのに三〇兆円の費用がかかる。政府や土地の所有者に土地の利用を説得し、時には補償することも間違いなく必要になる。植林構想を成功させるには、数十年間、きちんと木を手入れして保護しなければならない。ところで、わたしたちの資金があれば、このような解決策をだいぶ先まで進められるだろう。生態学的に敏感な植林と自然の再成長（第4章で紹介した）の組み合わせが最善策になりそうだ。

気候変動に関する国連枠組条約（UNFCCC）は、部分的にわたしたちの活動とも同調し、特に林業に関連する、温室効果ガスの排出削減の鍵をにぎる取り組みには賛成だ。先に述べたように、こうした取り組みはＲＥＤＤ＋（森林減少・森林劣化を防ぐための二酸化炭素排出の抑制）として知られていて、既存の森林資源を保護し、持続可能な管理をしつつ、森林を拡大していく。ＲＥＤＤ＋は単純ではない（むしろ複雑だ）。植林活動の中には草地を植林地に変えてしまうものもあり、これでは実質的な種の豊かさが失われてしまう恐れがある。(28) だが、とにかくこの計画は実行可能だ。ガーナではＲＥＤＤ＋プロジェクトで五万九〇〇〇平行キロメートルの森林の持続可能な管理をしており、これは六億トン近くの排出削減につながるだろう。(29)

熱帯林にすべての注目が集まるが、特に泥炭地（沼）や乾燥地、藻場などのほかの生態系を無視してはいけない。泥炭地は地球の三パーセントの面積しかないが、炭素が密に固まっている。そのために泥炭が何世紀にもわたって燃料として利用されてきたのだ。典型的な泥炭地では五〇パーセントが炭素なので、世界中の泥炭地を合わせると、森林の二倍もの炭素を保有することになる。泥炭地が乾くと炭素が逃げてしまうので、泥炭地の乾燥をできる限り防ぐことは必須である。同様に、国連砂漠化対処条約と国連食糧農業機関は、世界中で九〇〇万平方キロメートルの劣化した土地を回復させることにより、気温上昇を二度未満に抑えるという目標達成に役立つほどの量の二酸化炭素を固定できるだろう、と述べる。

まずは泥炭地を取り上げたが、藻場やマングローブ、塩性湿地のほうは「ブルー・カーボン」と呼ばれることがある。国連によると、急速に失われていくこうした土地を保護すると、一〇パーセント排出を削減できるだろう。排出削減は上昇を二度に抑えるという目標達成には欠かせない。(30) ところが、保護以上の行動が見込まれている。特にコンブは非常に有望だ。

大型の海藻のコンブは、ものすごい速さで成長――一日に〇・五メートル――するので、しばしば沿岸の生態系の優占植物となる。最近になって、コンブは枯れると、炭素の大半を含んだまま海底まで沈み、堆積物になってとどまり続けることがわかった。これにより、毎年一億七三〇〇万トンの二酸化炭素が大気から除去されていると見積もられる(31)。

わたしたちにできそうな行動――わたしたちが取ることになる行動――は、世界中でコンブの森を大規模に拡大することだ。海藻は海水を脱酸するので、貝の成長を促して生物多様性を高めるし、コンブはバイオガスに変換して燃やすことができる。十分な規模で行って、発生した二酸化炭素を回収すれば、毎年、何十億トンもの二酸化炭素を減らすことができる。このアイデアの支持者によれば、大量のシーフードを持続的に生産し、増え続ける人口をまかなう助けにもなる(32)。海洋の植林活動を少なくとも通常の陸上での植林活動の規模で行えば、真のライフ・セーバーになるだろう。安価で、実証済みで、規模の拡大が可能であるうえ、さまざまな恩恵までもたらされる方法だ。

マサチューセッツ州ウッズホールにあるクライメート・ファンデーションは、海の持続型農業システムというものを計画している。一キロメートル四方の大きな枠を作製し、海面下二五メートルに固定して、そこにコンブを植える。この深さであれば、農場が上を通過する船の邪魔にならない。波力を利用して深海から冷たい水を送り、栄養を運んでプランクトンの成長を促す。世界中で大規模にこれを繰り返せば、かなりの量の二酸化炭素を隔離できるようになるだろう――わたしたちが化石燃料中毒から抜け出すまでの時間を稼げるかもしれない（雇用の機会や、世界規模の食料安全保障にも、すばらしい成果があるだろう）。コンブの森は、海水が暖かくなりすぎると減少するので、早急に行動を起こす必要がある。[33]

海洋の話題を続けよう。クジラ学者は、クジラの生息数を産業革命前のレベルにまで回復させると、きわめて大量の二酸化炭素を隔離するのに役立つだろう、と試算する。クジラが死んで、死骸が海底に沈む時に、炭素を浅い海から深海へと運ぶからだ。シロナガスクジラの生息数を回復させると、生きたバイオマスの中に三六〇万トンの二酸化炭素を隔離できる。研究者らによると、これは四三〇平方キロメートルの森林に相当する。すべてのヒゲクジラ（シロナガスクジラはこのグループの一種）の数を盛り返せば、八七〇万トンの二酸化炭素を貯留でき、これは一一〇〇平方キロメートル、すなわちロッキーマウンテン国立公園の広さの森に相当する。[34]しかし、生きたバイオマスのクジラに二酸化炭素を貯留すること以上に大切なのは、クジラが海洋全体の食物網の生きたエンジニアであることだ。クジラが存在すると、植物プランクトンの成長を刺激し、二酸化炭素の隔離がさらに促される。クジラが海洋の生態系を修正することで、非常に大きな効果がもたらされる。

国際通貨基金の最新の報告書によれば、クジラの生息数が、捕鯨が始まる前の四〇〇万頭から五〇〇万頭（現在の生息数は、およそ一三〇万頭）まで回復すると、大量の二酸化炭素の回収につながるだろう。[35]報告書の著者らは、ＲＥＤＤ＋の枠組みと同様なモデルを使って、森林破壊を防ぐことを提案している――言いかえると、各国がクジラの保護を推進するための見返りを提供する。

太陽放射管理や海洋アルカリ化促進、二酸化炭素回収技術はシリコンバレーを興奮させ、ビル・ゲイツなどの投資家が資金を提供している。マイクロソフト社は、一九七五年以降に排出された量をすべて相殺するための一〇〇〇億円計画を発表しており、その大半を直接空気回収技術のスケールアップに投資する。[36] ジェフ・ベゾスはベゾス・アース・ファンドを設立し、一兆円を出資して気候変動と「闘う」方法を探す。[37] もちろん短期的には、植林や砂漠の回復、湿地や泥炭地の保護・回復、広大なコンブの森づくり、クジラの生息数の拡大にそうした資金を使うほうが、より効果的だろう。

しかしながら、二酸化炭素回収は拡大しておく必要がある。森は山火事で燃えてしまうし、手入れされなかったり、そぐわない種が植えられたりすれば枯れてしまううえに、吸収する二酸化炭素量を測定するのは難しい。森を増やすのに使いたい土地は、農業に必要な土地でもある。さらに紹介したように、脱炭素化が困難な産業があるため、汚染の元の二酸化炭素を回収する必要があるのだ。けれど、主要な地域に植林し、森の再成長を管理するという巨大計画は、地球を保護するためにできる単独では最大の投資なのだろう。ビル&メリンダ・ゲイツ王国の林や、ワールド・ワイド・ウッド・アマゾン・ドットコム、イーロン・マスクのギガ森林、グーグル森林プレックスの中を、わたしは散策できるようになるかもしれない。地球を救うための時間稼ぎをしてくれていると思いながら、うっそうとしたコンブの森を喜んで泳ごう。富裕層の慈善家にとっての遺産とは、一〇〇兆円ビジネスを宣伝する機会なのだろうか。

本章は、自然界による気候工学に着想を得た芸術から始めた――それなら、締めくくりもそうしよう。インドネシアのタンボラ山が一八一五年に噴火した時、火山灰の雲が突然、世界の気候を変えて、ヨーロッパに「夏のない年」をもたらした。世界の終わりを予測した科学者がいた。世界の終末と人類の滅亡がよぎり、バイロン卿は「暗闇」という詩を次のような言葉で閉じた。

風は、よどんだ空気に枯れた
雲もまた、滅びる。暗闇は、助けを必要とせず
雲の助けなど――暗闇こそが神羅万象なり

わたしたちは分岐点にいる。世界の終末を避ける道をとることができ、そのための道標がはっきりと見える。しかも巨額の資金を注ぐ必要はなさそうだ。

達成したこと

文字通り、地球をもっと緑にする。膨大な量の植物性バイオマスを利用する。脱炭素化が難しい産業が実質ゼロを達するまでの時間稼ぎのために、二酸化炭素を回収する手段を開発する。最悪の事態でなすべきこと、地球規模での気候工学に踏み切らざるを得ないことを理解し、保険を掛けておく。

支　出

太陽放射管理の実地試験……………………………………六〇〇〇億円

風化促進の実地試験……………………………………二〇〇〇億円
雲の白色化の実地試験……………………………………一〇〇〇億円
世界中の泥炭地の回復と保護……………………………………一兆円
地球規模での植林と森林再生計画……………………………………三〇兆円
地球規模でのコンブの植林活動計画……………………………………一〇兆円
クジラの生息数による海洋エンジニアリング……………………………………一〇兆円
再生可能エネルギーによる大規模な二酸化炭素回収の開発……………………………………一〇兆円
ほかの温室効果ガス回収技術の開発……………………………………一兆円
二酸化炭素回収・貯留プラントの委託……………………………………一〇兆円
報奨金
　一〇万トンの二酸化炭素の固定と埋蔵の競争……………………………………一〇〇億円
　二酸化炭素一トンを二万円で固定できるプロセスの競争……………………………………一〇〇億円
合　計……………………………………七二兆九二〇〇億円

第8章　世界を菜食主義に変える

ゴール　地球規模で農業を変え、農業で発生する温室効果ガスの量を大幅に削減する、という真の緑の改革に着手すること。大規模な飢餓を避けるため、今世紀末までに持続可能な農法を強化すること。農業従事者と世間が食料の生産と消費を変え、動物製品の利用を最小に抑えたくなるようにすること。

本書に詰め込まれた問題の多くが、相互に関連している。貧困やグローバルヘルス、生物多様性、気候変動などがそうだ。もちろん、わたしたちの口にする食料も密接に関連する。現代の農業は、驚いたことに汚染行為である。イギリスでは、農業が国土の七〇パーセントの土地を利用しているのに、GDPの〇・七パーセントにしかならず、二酸化炭素の排出量を測定すると、イギリス全体の排出量の一一パーセントにもなる。[1]「GDPの大きさからみれば、これまでもっとも汚染の激しい産業が農業だ――石油企業より、はるかに汚染している」とオックスフォード大学のディーター・ヘルムは言う。農法と食事を変えずに、気候変動に対処しようと望むなど不可能。これが本章のテーマだ。

ところで、農場を購入する方法や、持続可能な農業を通じて世界がきちんと食べられるようにする方法を検討する前に、どのようにして今日の状態にたどり着いたのかを考える時間を作ろう。あるいは、より正確に言うと、一つの種がどのようにしてわたしたちの世界を変え、形作ったのかを考えてみよう。オーロックスの話である。

およそ一万二〇〇〇年前、ヨーロッパからアジア、北アフリカに分布していた立派な体格の動物、オーロックスは、自分の仕事をしていた。つまり、草を食べていた。オーロックスは野生のウシの一種で、ショーヴェ洞窟やラスコー洞窟の壁画から推測すると、古代人の畏敬の対象であったようだ。しかし、およそ一万年前になると、恐ろしく不幸なことに家畜化され、乳や肉のために品種改良された。野生のオーロックスの脚は長くて比較的細いため、高さが人間の肩くらいもあり、胴体が長く、恐ろしい角を持ち、小さくて見つけにくい乳房があった。年月をかけて人為選択が進むと、オーロックスのこうした特徴が変化した。乳牛の乳房は成長し、畜牛はずんぐりと丸くなり、筋肉の量が大幅に増えた。家畜動物が増える一方で、オーロックスそのものは狩猟により絶滅した。最後の一頭が一七世紀に死んだ。ただし、その子孫は世界中を席巻している。

コロンブス交換の一環で、ヨーロッパ大陸からアメリカ大陸へとウシが運ばれ、この大陸間で取り引きが成立した時から、食料としての種のグローバル化が始まった。トウモロコシやマメ、ジャガイモ、トマトがヨーロッパへと東に移動し、家畜のウシやニワトリ（と天然痘）、小麦、砂糖がアメリカに渡った。そして、ウシの物語の第二章が始まった。ウシの牧場とカウボーイが大陸の南北に広がり、新しいアメリカ合衆国の文化として永遠に焼きついた。ウシの牧場は最終的に産業化され、世界の畜牛目録によると、今日では一〇億頭を超える数の畜牛が育てられ、ブラジルだけで二億一二〇〇万頭もいる。畜牛ビジネスが世界の農地の八三パーセントを使用し、農畜産業由来の温室効果ガスの六〇パーセントを排出する。土地開墾の観点からは、畜牛は地球の生態系を単独でもっとも破壊するものだ。(2) 畜牛は終わりにしないといけない。すなわち、わたしたちがウシを飼うことをやめなければならない。大規模ならなおさらだ。たとえ、わたしたちが指をパチンとはじいて、今日にも化石燃料を燃やして温室効果ガスを排出するのをすべて止めたとしても、農畜産業からの排出のせいで、二〇五〇年代の中頃までに気温が一・五度を超えて上昇し、二〇一五年のパリ協定の目標を達成できない。今世紀末までには二度を超えてしまうだろう。(3)「農畜産業は生物多様性や絶滅にとって、単独で最大の脅威だ」と、ミネソタ大学の生態学者デイビッド・ティルマンは言う。

世界の人々に食料を供給するためには、食料の生産法でも改革を起こさなければならない。今日の世界人口七七億人のうち、およそ二〇億人が太りすぎか肥満で、二〇億人が栄養失調だ。およそ八億人が、貧困のために常にお腹を空かせている。今世紀の中頃までに人口は九八億人まで増えるので、全員に食料を届けるには、食料生産を六〇パーセントから一一〇パーセント増やさなければならないだろう(4)。また、低・中所得国が豊かになるにつれて、国民はより多くの肉を食べたくなるだろう。平均的なアメリカ人は年間一二〇キログラムの肉を食べる一方で、インドでは四キログラム、ケニアでは一七キログラムしか食べない(5)。肉や動物製品の世界的な需要は、今後三〇年間で七〇パーセント近く上昇すると予測されている。

世界資源研究所は、こうした需要を満たす方法についての徹底した報告書である『持続可能な食の未来を創る：二〇五〇年までに約一〇〇億人の人々に食料を供給するための解決策リスト』を発表した(6)。この中では、生態系にこれ以上の影響を与えたり、貧困を進めたりすることなく、世界中の人々に食料を届け、かつ同時に、温室効果ガスの排出を削減する方法が紹介されている。

単独で、もっとも重要な提案は、畜牛を減らすことだ。しかも、かなりの数を。ウシにオーロックスと同じ運命をたどらせる必要はないものの（若いウシが、その先の運命を理解できるなら、絶滅を歓迎するかもしれないけれど）、その頭数はかなり大幅に削減しなければならない。そのためには、二〇億人に、牛肉の消費量を半分まで減らしてもらう必要がある。ラム肉も同じだ。一つの案では、生産時の環境コストに応じて食肉の価格を決めるとあるが、わたしたちはこれを推し進めるべきだ。経済協力開発機構（ＯＥＣＤ）によると、農畜産業は年間六二兆円の補助金を受け取っていて、そのうちの三分の二が「農畜産業ビジネスの決定を強くゆがませる」対策によるものだ(7)。こうしたゆがみにより、アメリカ国内での牛肉価格は本来の半分になっている。こうした事態への対処は政治家にまかせたほうがよいだろう。わたしたちにできるのは、代替品――肉を嗜好する人を納得させるための、肉を非常によくまねた植物肉——に投資することだ。

肉はじゃまもの。「肉食は殺人」ほどのインパクトはないものの、現実を物語っている。わたしたちは肉の食べすぎで、健康に悪影響を与えている。それに気候変動を大きく進め、肉の生産に天然資源が消耗され、さらには動物福祉の問題が持ち上がっている。これらは、人の胃袋を変える理由としては十分だろう。

前の章で、ポツダム気候影響研究所のヨハン・ロックストロームと会った。ロックストロームと科学者グループは、「人類が安全に活動できる領域」と彼らが呼ぶ設計図を作り、それを超えると人間は健康を害し、生物圏が不安定になるという限界点で囲まれた領域をまとめた。絶滅率（わたしたちはすでに超えている）や、窒素とリンの循環（上に同じ）、土地利用（超えた）、気候変動（限界は二酸化炭素濃度が四一五ｐｐｍになることで、半分の地点にいる）などの項目が領域の境界だ。この五〇年ほど取り組んできた農法は、さまざまな影響度で、こうした境界をすべて超えさせようとする。地球への影響の大きさや地球を搾取する規模から、生物界は、生物圏というよりも、地球規模生産の生態系と称されるのがもっともふさわしいと言われてきた[8]。

家畜生産は、信じられないくらいに浪費する。食用動物を育てるために、地球の氷結しない土地の四分の一が使用される。これはアフリカ大陸と同じ大きさだ。国連食糧農業機関によると、畜産は、温室効果ガスの全排出量の一四・五パーセントを発生する。(9) これは、列車や自動車、船、飛行機の排出量を合わせた量と同程度である。反芻《はんすう》動物（わたしたちが注目するのはウシとヒツジ）がげっぷをする時に大量のメタンが放出されるため、畜産の影響がこれほどの規模になる。もし「畜牛」が一つの国であったなら、中国とアメリカについで三番目に排出量の多い国になるだろう。

家畜動物は、産業規模というものにも苦しめられる。世界規模では年間六〇〇億羽のニワトリが殺され、その大半がおぞましく残酷な環境で飼育される。毎年、何千万頭のブタが向きも変えることさえできないような檻の中で一生を終える。数億頭のウシが高密度家畜飼養経営体（ＣＡＦＯ）で飼育され、その産業化された大型畜舎は、アメリカ疾病予防管理センターによると、一年間に排出する汚物の量がアメリカの一都市よりも多い。(10) 汚物は、飲料水に流れ込む。こうした集中農法では、感染症の拡大を予防するために、抗生物質などの薬剤が気前よく使われる。こうした薬剤は、広範囲な環境にあまりに簡単に漏れ出るため、抗菌剤に耐性を持つ「スーパー耐性菌」の進化などの問題を引き起こす。

密集した状態で育てられた大型哺乳類の多くはガス室で殺される。皮肉なことに、二酸化炭素で窒息させられるのだ。残りの動物は、船でブラジルからアジアへと運ばれて、殺される。こうした船で運ばれる動物がどんな様子なのかは、恐ろしすぎて想像もできない。アメリカだけで数万ものＣＡＦＯがあり、世界中には、もっとたくさん存在する。単純に忌まわしく、こういった規模の残酷さを助成するなんて非道徳である。

福祉の疑問は（心苦しいけれど）さておき、食物連鎖の上位の生物を食べることは、システム工学の観点からは単純にまずい決定だ。「植物から動物への変換効率」は、最終的に肉などの製品を手に入れる場合に、一頭の動物を育てるために必要な植物量を表す尺度である。鶏肉の変換効率はおよそ一二パーセント、豚肉は一〇パーセント、牛肉は三パーセントで、牛乳は四〇パーセント、卵は二二パーセントだ。植物から牛肉への変換効率が驚くほど低い理由は、世界で生産された穀物の三分の一がウシに与えられているからで、また、一キログラムの牛肉を得るのに一万五〇〇〇リットルの水が必要だからだ[11]。アマゾンでは数十万トンものダイズが、毎日、ウシに与えられている。

こうした事柄すべてが語るのは、もちろん、肉の食べすぎをやめれば、大きな節約になるということだ。アメリカ人が牛肉を食べなければ、現在はウシの飼料を栽培する国内の穀倉地の四二パーセントを利用できるようになるだろう。すなわち、牛乳やチーズ、さらには豚肉や鶏肉さえ諦めることなく、節約の恩恵が手に入るのだ。牛肉の生産はあまりに非効率で、地球を温暖化させるので、これを止めるだけで、きわめて大きな効果が生まれる[12]。

人々に牛肉食から抜け出してもらうためにこれだけは伝えたい。小さな一歩で大きな進歩。「減量主義」の実践だ。毎週月曜日は肉を食べないミート・フリー・マンデーや、毎日、午後六時までヴィーガン［訳注：卵や乳製品を含んだ動物性食品をいっさい口にしない人たち］になるというVB6を取り入れてみよう。食べる肉の量を減らすことは大きなスタートだ。わたしは「ヴィーガニュアリー」というイベントで、一か月間、動物製品をやめてからは、その年の終わりまで、何かとヴィーガン製品を選びがちだった（ほとんど陶酔していたが、これは行き過ぎだ）。オーツミルクやヴィーガン用ワイン、ヴィーガン料理、一般に飲み食いされているもの――動物製品抜きで食事を楽しむことが、はるかに簡単になってきている。わたしたちの目標は、動物製品を食べないことを、もっと簡単に実行できるようにすることだ。

食料生産のさまざまな方法を比較すると、食肉生産のどんぶり勘定が際立つ。オックスフォード大学のジョセフ・プーアと、チューリヒにある農業研究所のアグロスコープのトーマス・ネメセクは、世界の合わせて五億七〇〇〇万の農場から選んだ、三万八七〇〇〇についての膨大なデータを検討した。農場ごとに農法やコスト、利益はさまざまなので、データセットが多岐にわたる。そこから推測できるように、農場が異なると、同じ製品でも環境への影響が大幅に異なる。しかし、動物製品でもっとも環境への影響が小さいものであっても、そのほとんどは、植物製品がもたらす影響を常に上回った。言いかえると、動物製品の生産でもっとも環境負荷の軽いものでも、もっとも負荷の大きい植物製品よりも影響が大きい。例えば、もっとも「環境にやさしい」牛肉は、エンドウマメの六倍の温室効果ガスを排出し、三六倍も土地を使う[13]。

動物製品では、環境と道徳上の対策がすべて上手くいかない。確かに文化的な面で肉食を正当化できる。それは当然だ。大量のニンジンで、勝利や結婚を祝う人たちは、いまだかつて存在しないだろう。わたしは、アンソニー・ボーディンのきわどい冒険精神（「菜食主義は、あらゆる良いものと健全な人間の精神の敵で、わたしを象徴するもの、すなわち、食事の純粋な喜びへの冒瀆だ」）を理解し、拍手さえ送る。それに、わたし自身が、指を立ててチッチッチと左右に振るような、中年白人男性であることを強く認識している。しかし、十分なものは十分だ。動物の大規模農場をやめて、動物製品なしに調理する方法を新たに考えなければならない——少なくとも、代替肉がある程度の水準になるまで。[14]

穀物の生産がまったく問題のない状態だ、と言うつもりは毛頭ない。現在、氷結しない土地のうち、一五億ヘクタールを穀物の生産に利用し、さらに、過去五〇年間で開拓され、利用され、劣化し、打ち捨てられた土地が五億ヘクタールある。食肉需要を満たすためには、これから四〇年で、追加で数億ヘクタールの土地が必要になり、わたしたちが対策を取らなければ、そのほとんどが熱帯地方で開拓される[15]。生物多様性の観点から土地をこれ以上開拓する余裕がないのはもちろんだが、これまで紹介したように、もっとも大切な地域であるアマゾンの熱帯雨林では、森林破壊が崩壊の臨界点近くまですでに進んでいる、というのが大きな理由だ。

二〇世紀の緑の革命が世界中の農業を一変させた。その中心人物であるアメリカの農学者ノーマン・ボーローグは、インドやパキスタン、メキシコなどの国で穀物の多収性品種を開発し、集約農法と組み合わせた。ノーベル平和賞を含む数々の賞を受賞しているが、ボーローグを象徴するすばらしい名誉は、一〇億人を飢餓から救ったという功績だ。これは比類なき成果であるものの、環境コストは高くついてしまった——収穫量を上げるために肥料と農薬が大量に利用され、集約農法につきまとう土地の侵食と、とどまることのない水の需要だ。ボーローグの農業はまた、地球システムの運用の仕方を変化させた。小麦、コメ、トウモロコシ、ダイズのたった四種類の穀物だけで、世界のカロリーの半分以上を供給する（種子貯蔵庫には二〇〇万種以上が保管されている）。そうした穀物は、広大な農地に単一栽培され、目覚ましい収穫高を得るために、合成農薬と窒素肥料にどっぷり浸かって育てられる。

産業規模で使える肥料を誕生させたのがカール・ボッシュ（第7章で出会っている）で、彼もまた、英雄であり悪役だ。農業従事者は年間一億一五〇〇万トンの化学肥料を使い、その大部分は亜酸化窒素（メタンと同様、二酸化炭素よりも高い温室効果を秘めている）として大気中に移動し、硝酸塩やリン酸塩のかたちで飲料水に入り込む。そして土壌から炭素が奪われる。集約農法は肥料のやりすぎと定期的な耕うんの上に成り立つが、こうした行為は自然な土壌の構造を破壊し、土中の微生物の多くを殺す。どちらも、地球規模での土壌中の栄養の減少と、土壌の侵食、土壌炭素の喪失の要因だ。[16] 土の中には大気の三倍もの二酸化炭素があることは、あまり認識されていない[17]［訳注：枯れた植物や堆肥などの有機物が土の中に炭素を貯留する］。

考えなしに肥料をやりすぎたせいで、淡水と海洋の生態系において大規模に水の華［訳注：水の中で特定の植物プランクトンが大量に増殖して水の色を変えてしまう現象］が発生している。植物プランクトンが枯れて分解される時に酸素が消費されるので、水の華は世界中で季節性の大規模なデッドゾーンをもたらす。淡水と海洋のおよそ二四万五〇〇〇平方キロメートルがデッドゾーンに分類される。[18] また、耕される時に土の中の二酸化炭素が大気中に放出されることも、温室効果ガスの原因となる。この二つが原因の汚染は、現時点と比べて今後三〇年あまりで倍になりそうだ。[19] どんな活動よりも農業が水を使うので、第4章で見たように、農地への土地利用が、どんな活動よりももっとも生態系を失わせる。そのためにロックストロームの地球の限界（プラネタリー・バウンダリー）が壊され、ゆがめられるのだ。

わたしたちは農業の臨界点にいる。もう受け入れるしかない。農地のためにこれ以上開拓することをやめて、放っておいた手つかずの土地に着目して保護し、栄養を与え、ほとんどの土地を回復させよう。生態学的にその土地の環境にふさわしい種を栽培すれば収穫量を期待できるので、幅広い種類の穀物を栽培しよう。収穫量が伸び悩んでいたり、気候変動に負けそうであったりしたら、遺伝子組換えで改良しよう。

先ほどは、「ウシ」を国にたとえると、温室効果ガスの排出量ランキングで第3位にあることがわかった。もし「食品廃棄物」が国であったなら、これもまた第3位に入れるだろう。年間排出量の八パーセントも占めている。というのも、生産した食品の三〇パーセントから四〇パーセントが廃棄されているからだ[20]。

富裕国とそうでない国では食品が廃棄される理由が異なり、消費ラインの中で廃棄物が発生する段階も違う。発展途上国では、作物の実りがいまいちだとか、きちんと保管できていないとか、消費者に届けるためのインフラ整備が不十分などの理由により、生産者の地点で食品が廃棄される。保管中に廃棄されるのは冷蔵施設がないことにも一因があり、インドではこれがかなり大きな理由になっている。[21] また、害虫や微生物の攻撃でも廃棄物が発生し、これは東南アジアで廃棄するコメの三分の一近くを占める。[22]

「液体空気」――再生可能エネルギーを利用して、空気を液体になるまで圧縮する――の利用は、世の中に出るための投資を必要とする新規のテクノロジーだ。この技術はバーミンガム大学の低温エネルギー貯蔵センターを中心に開発されている。第3章では、余剰の再生可能エネルギーを貯蔵する方法として、電気分解で水素を発生させる方法を紹介した。もちろん液体空気にもエネルギーを貯蔵する同様な機能があり、さらに二酸化炭素が低排出な冷却ユニットとしても働くことがわかっている。[23] バーミンガム低温エネルギー貯蔵センターとインドの国立コールドチェーン開発センターの連携は、インド亜大陸での（そしてどんな場所でも）低排出冷蔵施設の開発を促進し、腐敗する食物を減らして食品廃棄物を削減し、二酸化炭素排出量が減少する方向に転じさせるだろう。わたしたちは、この一大計画を支援する。

富裕国では、消費者と小売りの段階で食品廃棄物が発生する。消費者は折れ曲がったニンジンを好まず、小売りは「二個買えば一個サービス」などの文句や大袋販売で購買意欲を高めようとする。それに「賞味期限」のラベルは紛らわしい――こうした戦略のどれもが、消費者にまだ食べられる商品を捨てる方向へと導く。食品廃棄物の割合を半分に減らせば、二〇五〇年までに必要な土地の広さが三億ヘクタール減少し、その分だけ温室効果ガスの排出量が減少するだろう。[24]

こうした節約のための方法の一つが、食品廃棄物の再利用だ。堆肥にするのではなく、昆虫に与えて再利用する。アメリカミズアブなどの昆虫の幼虫は、何でもガツガツと食べ、まるまるとしたウジに成長する。これを乾燥させて、ペットや養殖魚の餌にするほか、パンやビスケットにタンパク質を加えたり、アイスクリームに脂肪分を添えたりするのに使えば、人間の食用にもなる。すでに触れたように、熱帯地方で栽培されるダイズの八〇パーセントが飼料用で、これではタンパク質への変換効率がきわめて低い。ダイズに代わり、食品廃棄物で育てて乾燥させた幼虫を家畜に与える。幼虫は四〇パーセントがタンパク質で、三〇パーセントが脂肪だ。また資源が減少し続ける海洋で取った魚の四分の一は、養殖中のより大きな魚の餌にされる。[25]養殖魚にも代わりに昆虫を与えよう！

　昆虫由来の飼料と動物由来の飼料を比べると、昆虫農場のほうがより持続可能であり、[26]食品廃棄物を肥料にするよりも温室効果ガスの排出が少ないことがわかった。[27]ヨーロッパとアメリカの規制当局は、ある行動に乗り出している。ヨーロッパでは、昆虫タンパク質は現在、魚の餌に使用することが許可されていて、もうすぐニワトリや豚にも認められそうだ。アメリカは、ニワトリに与えることをすでに許可している。世界中には、昆虫農場を開発する企業が複数存在する。わたしたちはこうした企業を支え、できるだけ早く規模を拡大できるよう検討しよう。

世界中の富裕国の人は、肉と砂糖、加工食品を食べすぎである。[28]食品メーカーはわたしたちの進化史をうまくつかまえ、体に悪い食べ物を好むように導いた。なぜなら昔は、おいしいと感じる味は体に良い食べ物だと、相場が決まっていたからだ。さわやかな酸味の甘い味は、栄養価の高い果物を意味していた。しかし現在では、精製されたデンプンと砂糖のほうをおいしいと感じる。それから、わたしたちは血に飢えている。アメリカ人は、推奨される量の二倍のタンパク質を食べ、その多くを牛肉あるいは鶏肉が占める[29]。世界中が似たような状況にある。世界資源研究所の研究によると、世界の九〇パーセントを超える国の平均的な人々は、推奨される量を三分の一上回る量のタンパク質を食べている[30]。

人間の健康と食生活、さらには環境に与える影響との関係について、オックスフォード大学のチームが二〇一六年に初めて分析した。ＷＨＯのガイドラインに沿って食事の肉の一部を植物性食品に置き換えると、世界中の死亡者数を六パーセントから一〇パーセント減らせるだろう、ということが明らかになった。同時に、この食生活の変化によって、食べ物に起因する温室効果ガスの排出量を二九パーセントから七〇パーセントも減らせるだろう[31]。健康と環境保全による財政的な恩恵は、二〇五〇年までに一〇〇兆円から三一〇〇兆円の間になると見積もられた。ランセット誌による二〇一八年の追跡調査でも、富裕国では、植物性の食生活に切り替えることで早期死亡率を一二パーセント低下させ、温室効果ガスの排出を最大で八四パーセント減少させることがわかった[32]。

しかし、食肉業界による環境への影響を引き下げるには、どうすればよいだろうか。一つの方法は供給元での排出削減——言いかえると、生産の効率を高めることであり、もう一つの方法は人が食べる肉の量を減らすことだ。

オーストラリアでは、家畜による温室効果ガスの排出量が国全体の排出量の一〇パーセント近くを占めるので、家畜由来のメタンの量を減らすための方法を見つけようと、非常にさまざまな試みがなされてきた。そして、海藻が完璧な添加剤であることを発見した。実験室の試験では、少量のコンブを食料に添加すると、メタンの生成を阻止することが示され[33]、動物試験では、七二日間に五〇パーセントから八〇パーセントの減少が見られた[34]。これはうれしい結果なので、研究はどんどん進められるべきだし、可能なら規模を拡大してほしいものだ。しかし、この手段は問題そのものを解決しない。排出削減のもう一つの方法は、残念なことに、動物福祉にかなりのしわ寄せがくる。広大な畜舎を利用した集約畜産は、環境への影響は小さくするかもしれないが、動物の苦しみは計り知れないものになる。

動物製品を完全に置き換えるための得策は、植物を利用することだ。ダイズが一平方キロメートルあたりに生産するタンパク質の量は、ほかの野菜の二倍で、同じ面積の土地で飼育された乳牛では五倍から一〇倍、食肉の場合は一五倍になる。オランダを拠点にするシンクタンクのクライメート・フォーカス社によると、ウシを放牧したり、家畜の飼料用穀物を栽培したりするために、毎年、二万六七〇〇〇平方キロメートルの土地が開墾されている。そのうち毎年六〇〇〇〇平方メートルはダイズの大規模な植え付けのために開拓される。平たく言えば、現在、ウシにあてられている土地も、人間が食べる穀物を育てるために利用すべきだ。投資家グループの畜産動物投資リスク・リターン（ＦＡＩＲＲ）イニシアチブは、タバコや砂糖などの体に悪い製品と同じように、食肉に課税することを推奨する[35]。食肉税は肉の消費を減らし、健康を拡大し、穀物生産へと舵を切るための金銭的な動機になるだろう。

ダイズは話題のインポッシブル・バーガーの主材料である。このハンバーガーにかぶりつくと、レアなステーキの肉汁のように「血」と脂がしみ出してくるが、完全なる植物性だ。汁はレグヘモグロビンという化合物によるもので、あなたの血液中にあるヘモグロビンによく似た、鉄を運ぶ分子だ。二〇一八年七月、新たな食料加工品を規制するアメリカ食品医薬品局は、インポッシブル・バーガーの安全性を承認した。レグヘモグロビンが遺伝子組換えの酵母から作られているので、わたしはまだ試していないし、ヨーロッパでは、そうした食品をあやしく思っている。だが、わたしはビヨンド・バーガーなら食べたことがある。これもまたヴィーガン食品で、エンドウマメのタンパク質を使って挽肉を再現している。この三〇年間に食べた中で最高においしいハンバーガーだ、と一瞬のうちに思ったが、肉を最後に食べてからも三〇年が経つので、わたしにはわからないだろう。ただし、肉を食すわたしの友人は、本物の肉の味に非常に近いと感じているようだ。

食肉が非常に食欲をそそるのは調理中に起きるメイラード反応によるものだ。この反応は、熱くて、わずかに湿気のある環境で、炭水化物とアミノ酸が結合した時に起こる反応であり、バーベキューや鉄板焼きを連想させる、おいしそうな匂いを発生する。肉の味だと感じるものの大半は、実は匂いであり、慎重に調理すれば、この匂いを再現することができる。そして、肉に対する強い欲求の大部分は、実は脂肪への欲求であり、これもまた再現できる。少量の肉を大豆タンパク質に混ぜて作ったハイブリッド・バーガーは、通常のハンバーガーとほとんど区別がつかない。これもまた、食肉製品のカーボン・フットプリントに大きな効果を発揮する。

しかし、人々に肉を食べるのをやめさせるには、植物性の代替肉では力不足だ。そこに人工肉が登場する。本物の動物の肉だが、細胞培養により作られている。現在の人工肉は法外な値段だ。実験室の動物細胞から作られた最初のハンバーガーが、二〇一三年に宣伝のために食された時の値段は三二二五万円だった。だが、細胞を大規模に培養できるようになり、動物を苦しめずに「本物の」肉を提供できるようになれば、ビジネスが生まれるだろう。人工肉にはさらに課題がある。筋肉細胞だけではなく、本物の肉で見つかる細胞の種類すべてを培養できるようにする必要があるのだ。本物の肉を再現するには脂肪が欠かせない。

ウシ以外の動物の肉もまた再現する必要がある。アメリカのインポッシブル・フーズ社やメンフィス・ミーツ社、イート・ジャスト社、フィンレス・フーズ社、イスラエルのスーパーミート社、オランダのモサ・ミート社といった、さまざまな新興企業は、畜産業に加えて、養殖業さえも徐々に消えていくと断言する。インポッシブル・フーズ社の前CEOで創立者のパトリック・ブラウンは、二〇三五年までに畜産と遠洋漁業に終止符を打ちたいと言う。非常に厳しい期限のようだが、わたしは喜んで投資しよう。

ジョセフ・プーアは、さまざまな種類の食料がもたらす環境への影響を、約四万の農場について研究している人物で、倫理と環境の教育にも投資すべきだと言う。もちろん、第1章で述べたように、わたしたちは多くの国で基礎教育に投資をするつもりだ。プーアは倫理の教育そのものが食生活を変える機動力になると考える。問題を掘り下げて考える人なら、動物が搾取されていたり、環境が不必要に傷つけられたりする状況では、動物性食品の消費は受け入れがたい、と気がつくはずだと言う。

植物性食品や代替肉を単純に目にする機会をつくることに、絶大な効果がある。小規模な例では、ケンブリッジ大学が、すべての学食のメニューから牛肉とラム肉を外して植物性食品を加えると、購入した食品一キログラムあたりの二酸化炭素排出量が三三パーセント減少し、同じく食品一キログラムあたりに利用される土地面積が二八パーセント低下した[36]。植物性食品やヴィーガン食品が提供される学校や病院などの施設が増えれば、より多くの人の買い物の仕方が変わり始めるだろう。しかし、これだけでは不十分だ。先に触れたように、低・中所得国が豊かになることと肉の消費量には、密接な関係がある。また、人に恥ずかしい思いをさせて食生活を変えることは、決してしない。食べてよいもの、食べてはいけないものを法で定めるようなことはしない――わたしたちにできる最善策は、肉に課税することだ。

生態学者のデイビッド・ティルマンには別の考えがある。高額の賞金を出して、食品コンテストを毎年、開催することだ。わたしたちも予算から一億円を拠出して、もっとも持続可能なレシピを競う国際コンテストを立ち上げ、二〇の部門に各五〇〇万円の賞金を出そう。人々は、レシピと料理の写真をウェブサイトに投稿したり、一番気に入ったものに投票したりする。あるいは、審査員が大賞を選ぶ。コンテストというアイデアの長所は、料理がルールの下で、持続可能性の基準と健康の基準を満たさなければならないところにある。水利用の影響や温室効果ガスの排出量などにポイントを設定する。風味づけに少量の牛肉を使用できるものの、わたしたちの厳しい環境への負荷条件をクリアしなければならない。

こうした基準を満たした中で、一番おいしい料理が優勝する。このコンテストが優れるのは、問題解決のために世界中の創造力を動員できることだ。ほかの国やほかの文化に規制を強いることはしない。優勝したレシピを提供するレストランを、エチオピア、ナイジェリア、スリランカ……さまざまに展開する。ティルマンは、コンテストとレストラン・チェーンを「ザ・ウィナーズ」と名付けたいようだが、わたしたちは初期の投資を引き継いだ誰かが自分の名前を付けてくれても構わないと思う。レストラン経営の実業家キンバル・マスク（イーロン・マスクの弟）の名称になるかもしれない。

自画自賛かもしれないが、こうした提案に気に入らない要素などあるだろうか。代替肉の味を改善し、生産規模を拡大できれば、畜産の大部分と入れ替えられるだろう。選べるなら、より美味でより健康にいいうえに、地球を救える食べ物を選ぼうではないか。欲を言えば、適切な補助金が出て、値段が下がってほしい。環境への圧力をきわめて大幅に取り去り、物言わぬ動物の苦しみを減らせるだろう。

農業の方法を現代化する必要はあるが、それは、集中的だが持続可能な方法で農地を拡大し、「収量差」を埋めるという観点から行うべきだ。

現代化は、収穫量を増加させることだけでなく、灌漑を改良することでもある。そして「気候変動対応型の作物」——地元の環境でもっともよく成長するように交配された品種で、収穫量が大きく、栄養価が高く、塩分や干ばつ、熱などの不利な条件に強い遺伝子組換え作物——の栽培を大幅に増やすことだ。

この現代化は、産業化された超大型農場から小規模農場までのあらゆる規模で取り組まれる必要がある。小さく貧しい農場の収穫率と、大型農場の収穫率の差を埋めることが、主な目標だ。最貧国の収穫率は、集約農法で達成できる数字の二〇パーセントから二五パーセントであり、多くの先進国でさえも、収穫率は本来見込める数字の半分にも満たない。もちろん、肥料や農薬で農地をびしょびしょにしただけでは収量差は埋められない。それに、持続可能的に埋めていかなければならないのだ。

そこで持続可能な強化と呼ばれるものを行う。簡単に言えば、肥料を散布するタイミングを変える。標準的な方法では、成長期の初めにすべての肥料をばらまくのだが、この方法は非常に無駄が多い。窒素の大部分は雨や灌漑によって単に洗い流されるか、アンモニアのガスになって空気中に消える。成長期を通じて少量の肥料を与えられるようにタイミングを計れば、三分の二の窒素量で高い収穫率を稼げる。国連環境計画によると、窒素のやり方を二〇パーセント改善すると、肥料二〇〇〇万トン分、すなわち五兆円から四〇兆円が節約できるだろう[37]。

アメリカでは、アダプト・エヌというインターネット上で利用できるツールが、肥料の使用量削減のために試験中である。農業従事者はスマートフォンからツールにアクセスするだけで、肥料をやる時期や最適な成長に見合った投与量を、土壌や天候、穀物の情報に基づいて教えてもらえる。アイオワ州とニューヨーク州にある一一三の農場で、従来通り窒素を与えた場合とアダプト・エヌを利用した場合を比較する試験を行ったところ、収穫量は変化しなかったが、窒素の使用量が減少したおかげで一ヘクタールあたり六五〇〇円も高い利益が得られた(38)。

持続可能な農業は始まったばかりだ。世界中の農業計画についての膨大なデータセットの検討により、一億六三〇〇の農場——世界の農場のおよそ三分の一——で何かしらの持続可能な強化策を行っているという分類基準を満たしていることがわかった。これは四億五三〇〇万ヘクタールの広さになり、世界の農地のおよそ九パーセントにあたる(39)。わたしたちは農場システムで動き出した変化を支え、押し進め、化学合成物質への依存を止める必要がある。

この研究を牽引するエセックス大学のジュールス・プレティは、社会関係資本を立ち上げて農業の知識経済を創り出すことが転換の鍵を握ると言う。農業は数億人が分かち合う試みだ。彼らをつなげ、絆を生み出して強化し、信頼を高め、知識の共有を促進する。これが、プレティの言う社会関係資本である。世界中に改革のプラットフォームを設けて、社会インフラを立ち上げるためのまとめ役を雇い、農業従事者と団体とのつながりを生み出す必要がある。プレティは二回目の農業のグローバル評価に取り組んでいて、過去一五年間で農業コミュニティ全体に八三〇万もの社会グループが設立されたと推測する。世界中のすべての農業従事者をつなげるには、こうしたグループが三〇〇〇万必要だ、とプレティは言う。一人のまとめ役が六つのグループを指導し、それぞれ二〇〇万円が支払われるとすると、この取り組みには、わたしたちの予算から一〇〇億円を割り当てることになる。

政府が特定の有害な農業方法を禁止し、農薬の使用料に関する制限を設けた規制を通過させた一方で、前向きな方法を広めようと規定することはほとんどない、とプレティは主張する。だからこそ、わたしたちの投資が必要不可欠なのだ。こうした社会グループのことを、プロジェクト・ドローダウンのポール・ホーケンは、世界の免疫システムと呼ぶ。

中国は、持続可能な農業に莫大な規模で適応させている。二〇〇五年から二〇一五年の間に持続可能な農業へ変えるため、二〇九〇万の農業従事者と合計およそ四〇〇〇万ヘクタールの土地を巻き込んだ、桁外れの計画を遂行した。数千人の科学者・農業関係者が極寒地から亜熱帯までの地元の小自作農と協力し、農業のやり方を変えた。それも単に科学を並べ立てるのではなく、小自作農を巻き込むかたちで問題解決スキルを高め、協力関係を育み、信頼を築く――プレティの語ったように社会関係資本を発達させる――ことで変更した。平均の日射量や気温、土壌の種類、求める収穫量に基づいた適切な作物を決定するための、統合土壌・作物システム管理（ＩＳＳＭ）の有用性が、この計画からわかった。コメとトウモロコシ、小麦の平均収穫率は、一〇パーセント余り増加する一方で、窒素肥料の使用量は一六パーセント低下した。収穫率の増加と肥料代の節約は一兆二二〇〇億円に相当した[40]。

ＩＳＳＭのような仕組みを世界中に導入すべきだ。地球規模で見ると、二五億人の小自作農がいて、世界の農地の六〇パーセントを使用している。現行の方法は、遺伝的に弱いうえに、高い収穫率を得るために化学物質の力を借りなければならない作物や家畜を増やし、育てている。農薬と（家畜なら）薬剤とのつながりを捨て、何としても、地球の限界を壊したりゆがめたりしない作物を幅広く開発する必要がある。「持続可能な強化のポイントは何も犠牲にしないことだ」と、イーストアングリア大学の農業生態学者リン・ディックスは言う。「高額な農薬と肥料をやめて、収穫量を下げることなく、生態系サービスを最大化することに集中する」と続けた。農学者と農業従事者の地球規模のネットワークを作り、最善の農業法を共有できるように彼らをつなげるべきだ、と助言する。化学物質の使用を極力抑え、生態系サービスを最大化し、持続可能な強化システムを満たすような作物や家畜を選んで育てること。まるで第2章で推奨した医療従事者の地球規模のネットワークのようだ。

農業従事者が研修を受けられるように、農業生態学の大学に投資し、先に述べたように、東ヨーロッパ、アフリカの一部、中南米、アジアなど、これから農業の強化に着手する低所得国や地域を優先する必要がある。「農業生態学的な革命が必要で、しかも革命は現場で起こらなければならない」とディックは述べる。

数百万ヘクタールもの農地が打ち捨てられているのを知っている。灌漑のやりすぎで塩分が多くなりすぎたのかもしれないし、地下水が枯渇したのかもしれないし、土壌が劣化したのかもしれない。こうした土地を回復させ、再生させることができる。土壌への二酸化炭素隔離は、二〇一五年のパリでの会議で発表された計画で、毎年〇・四パーセントずつ、土壌の二酸化炭素濃度を増やしていこうというものだ。オハイオ州立大学のラタン・ラルは、土壌が一年に二四・五億トンの二酸化炭素を隔離できる可能性を見つけた[41]。いくらか費用はかかるものの、不可欠な活動になるだろう。被覆作物を植えて根元を資材で覆い、堆肥をまくことで、土壌の栄養を増やすほか、もともとの土の構造や品質、保水率までも改善してくれるはずだ。

土地は元の状態まで回復させることができる。ニジェールでは、一九七〇年代と一九八〇年代に厳しい干ばつに何回も見舞われ、広大な土地が劣化した。しかしありがたいことに、支援の一部が土壌の回復と保水計画に回された。例えば、石の堤防の建設や昔ながらの植え穴は、保水に役立つ。この方法で三〇万ヘクタールを超える土地が回復し、森林の被覆率と穀物の収穫率の両方が上昇している[42]。

農業こそ気候変動をもたらした最大要因で、だからこそその影響を減らす方法を見つけよう、とわたしは考えがちだが、気候変動が農業に与えうる影響を認識することもまた、同じように重要だろう。

小麦、コメ、トウモロコシ、ダイズの四大穀物が、世界中で生産されるカロリーの半分をどのように提供しているのかは、先に触れた。今度は、気候変動がこのまま進むと四大穀物の収穫量が低下する、という国連食糧農業機関による予測を検討しよう。トウモロコシの収穫量は二〇パーセントから四五パーセント低下し、小麦は五パーセントから五〇パーセント、コメは二〇パーセントから三〇パーセント、ダイズは三〇パーセントから六〇パーセント下がるだろうと予測されている[43]。こうした崩壊が、世界人口がピークを迎えて現在よりも多くの食料を生産する必要がある一方で、これ以上、農地を増やす余裕がないという状況で起こるのは言うまでもない。また、これが終わりではない。対策を取らなければ、収穫量が減るのと同時に作物の品質が下がる。地球規模の気温上昇のせいで、栄養価が下がってしまうからだ[44]。同じだけの栄養を取るために、より多くの作物を食べる必要があり、それが新しい需要の源になる。

将来の食料生産の予測を話しているが、これは、気候変動がまだ農畜産業を傷つけていない、というわけではない。干ばつと洪水は漁業と農業に多大な被害を与えており、世界中でこうした気候変動に関連する被害に遭う頻度が増している[45]。海では、わたしたちは容量を超えてしまった。世界の商業漁業のおよそ九〇パーセントが、捕りすぎまたは完全に捕り尽くした状態にある[46]。

農畜産業の収穫量や食料の値段、栄養素への打撃に加えて、食料安全保障への影響も計り知れない。例えば、二〇一〇年にロシアが不作のために穀物の輸出を一時的にやめると、エジプトとチュニジアでパンが不足し、ある意味では、この二か国の体制の転覆につながった[47]。

だから、気候の変動した世界での試練に対して、農地や種《たね》、漁場を備えておくことが必須である。持続可能な強化が収穫率を引き上げることについては紹介した。ほかには、栽培作物の多様性を高めるという補完的な対策がある。

九一か国について五〇年間におよぶ収穫量のデータを分析すると、国家レベルで非常に多様な作物を栽培すれば、収穫量がとても安定することがわかった。突然の干ばつに見舞われても、多様性が補ってくれるのだ。すなわち、ほかの作物のおかげで被害を軽減することができる[48]。生物多様性の強化は見落とされていた方法であるものの、農地の拡大や肥料の増加をせずに、必要な収穫量を確保するのに役立ってくれる。

そして、シリコンバレー流のアプローチがある。自然環境では、植物は、無菌のスポンジではなく、土壌から水と栄養を吸い上げて育つ。植物は細菌や菌類の密なコミュニティとともに成長し、相互に作用しながら、干ばつ期や必須栄養素の低下、害虫の襲来などの環境の変動を和らげる。従来の農業では、こうした変動は灌漑と肥料や農薬の散布で取り除いていた。今日見るような規模では、こうした方法は持続可能ではなく、無駄が多い。水がないのに肥料と化学物質を使いすぎると、汚染と温室効果ガスの排出をもたらしてしまう。

そのために一部の農業法人は、植物の栽培に微生物を再び導入しようとしている。例えば、ボストンを拠点にするバイオテクノロジー企業のインディゴ・アグリカルチャー社は、栽培前に種《たね》を微生物で処理し、通常の種よりも大きく成長させようとしている。オクラホマ州とカンザス州、テキサス州での試験では、微生物で処理した種は、通常の種よりも平均して一三パーセント収穫量が増加し、干ばつ時には一九パーセント生産量が多かった[49]。

遺伝子組換えはもはや避けようがなくなり、ヨーロッパの人々は誤った潔癖症を乗り越えようとしている。干ばつに強いトウモロコシのほか、遺伝子組換えによりビタミンAを豊富に含むゴールデンライスなど、農業従事者や消費者に多大な恩恵を与えることのできる遺伝子組換え作物が、すでにたくさん手に入る。ビタミンAの欠乏のせいで一年間に五〇万人超の子供が命を落としているのに[50]、規制当局は許可に踏み切れずにいるせいで、ゴールデンライスはこの二〇年間、規制に苦しめられている。ただし、バングラデシュは栽培の最終承認を出すところだ。またビタミンＡを豊富に含んだバナナも開発されていて、改良されたリンゴやジャガイモも存在する。

さらに別の解決策がＣ４米だ。コメは、Ｃ３回路という生化学反応により太陽光を固定する［訳注：太陽光を利用してデンプンなどの養分をつくるという光合成に含まれる反応の一つがＣ３回路］。一方でトウモロコシやサトウキビなどのほかの穀物が使うのは、より効率的に養分をつくるＣ４回路だ。そこで、コメがＣ４回路を使うように設計できれば、農業従事者が小さな土地で大きな収穫を得られるだろう、というのがＣ４米の発想の元である。[51]

ニューヨーク州のコールド・スプリング・ハーバー研究所では、トマトに遺伝子編集を行い、ほかの植物の有用な遺伝子をトマトが持てるように微調整している。一部の植物は、果実と茎の間にふくらみ――こぶ状のかたまり――を作ることなく、果実をつける遺伝子を持つ。こうした果実は機械でも傷つけずに収穫できるが、通常のトマトではそうはいかない。ある植物は自ら枝を落とし、より小さい空間で済み、またある植物はより早期に開花し、さらに抗酸化に重要な栄養素であるリコピンを高濃度で含むものもある。遺伝子編集は、現在では巨大ビジネスになっている。バイエル社やデュポン社、シンジェンタ社（現在は、中国の遺伝子編集企業である中国化工集団公司の傘下）などの巨大多国籍企業が、ジャガイモやトウモロコシ、サトウキビ、ダイズなどの多岐にわたる作物の遺伝子組換え種を開発している。

料理コンテストに加えて、気候ラベリング制度にも投資する。スーパーマーケットに並ぶ商品のどれが環境にやさしいのか、買い物客が見ることができる制度だ。遺伝子組換えにより作物が自ら窒素を固定できるようになれば、肥料をあまり必要としなくなり、干ばつに強くすれば、少ない水で育てられる。こうした事実が、ヨーロッパでの遺伝子編集の食品に対する悪いイメージを払拭してくれることを願う。

わたしたちの目標は、世界の農業を転換し、何十億もの人に恩恵をもたらすことだ。数億人の小自作農は持続可能な生計を得るだろう。わたしたちの健康が増進し、地球への強い圧力が軽減されるはずだ。数十億頭の動物のひどい苦しみが、少なくとも小さくなるだろう。将来のために植物を植えよう——緑豊かな地球にしか将来はない。

アラン・ムーアとイアン・ギブソンによる壮大なスペースオペラ『The Ballad of Halo Jones（仮題：ハロー・ジョーンズのバラード）』のある場面を、わたしは時々思い出す。未来社会で生まれたハロー・ジョーンズが、ある時、遠く離れた系外惑星にいる。その星では、ハローが地球で慣れ親しんだものとは異なるものを食料にしている。だから食堂でハローは尋ねる。フライパンの中のぬるぬるした気味の悪い物体を指さして。「これは何？」「卵焼き。食べる？」「卵ですって？　動物の卵巣から出たものを……食べちゃうの？」

いつかわたしたちに起きることだから、わたしはこの場面を思い出すのだ。いつか人間は、動物や動物性食品を食べることを、単純に気持ち悪いと感じるようになるだろう。なぜか？　わたしたちは、ほかの生命体への共感をかつてないほどに高め、畜産に由来する環境問題への認識を高め、資源は少しも無駄遣いしないという認識に改めていく、その途中にあるからだ。文明と科学技術が進んだ、健康的で持続可能な社会――一〇〇億人を支えるだろう――では、動物に栄養を頼ることをやめなければならないだろう。動物や動物性食品を消費する前には、少なくとも二回は自問することになるはずだ。そうした社会になるための時間と努力に目を向けよう。

達成したこと

農業の無駄と動物の消費を大幅に減らし、それに伴う温室効果ガスの排出を削減する。バイキング形式で地球を扱うことをやめる。貪欲であることをやめ、配分以上に欲しがることをやめる。これらをやめないと、子供たちに代償を払わせることになる。地球規模での食料生産を、持続可能で人道的なシステムへと移行させる。大規模な飢餓と生態系の崩壊を避ける。

支　出

ウシの飼育用の数十万平方キロメートルの土地を農地に転換すること……………………七〇兆円
失われた土地の再生、土壌の復活、農業の改良……………………………………一〇兆円
肉と魚の代替品の開発と拡大生産………………………………………………一兆円
農業生態学の大学の地球規模ネットワークの設立………………………………一〇〇〇億円

炭素低排出な冷熱貯蔵と冷蔵庫の開発……………………………一〇〇〇億円
三〇〇〇万の農業グループをつなげる社会関係資本………………一〇〇億円
昆虫農場への投資…………………………………………………………一兆円
持続可能な料理コンテスト………………………………………………一〇億円
気候変動に強い作物：収穫率と耐性を高めた遺伝子編集作物の開発と分配…………八兆円
合　計……………………………………………………………………九〇兆二一一〇億円

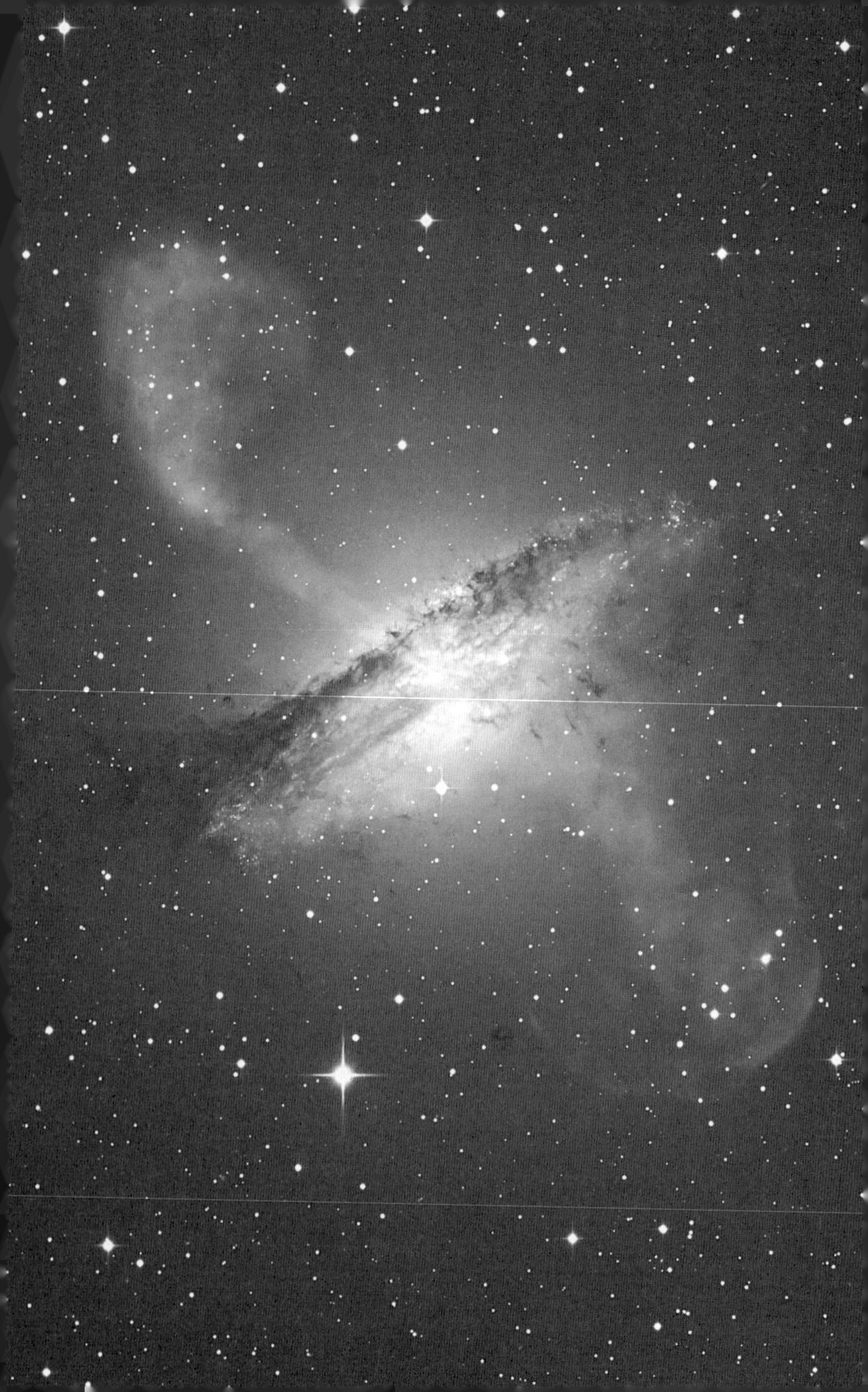

第9章　新しい実在を発見する

ゴール　素粒子物理学の標準理論を打ち壊す、あるいは、そのすき間を埋めること。九五パーセントの行方不明の実在を理解すること。量子重力理論を作り上げること。ビッグバンから一秒後の宇宙背景ニュートリノのマップを作成すること。物質の知識を深めること。

より深く探る方法を見つけるたびに、新しいものを見つけるようだ。

わたしはダブリンのトリニティ・カレッジの物理学研究室に、数年間、勤めていた。わたしの参加したチームは、分子レベルで水の構造と挙動――このもっとも身近な物質の不可思議さに驚くだろう――に着目し、原子間力顕微鏡（ＡＦＭ）を利用して研究していた。ＡＦＭは、レコードの針のようなプローブのきわめて小さな先端をとてもやさしく接触させて、物質の原子そのものの凹凸を探り、分子構造の画像を作成する装置だ。画面に映し出された不明瞭でチェスボードのような画像をわたしが興奮しながら見ていると、物理学者が戸惑った様子で、これは銅板の原子像だよと教えてくれたのを覚えている。服を泥だらけにしてフィールドワークを行う生物学者のわたしは、肉眼で見える、あるいは少なくとも光学顕微鏡で見えるものを扱ってきた。そんなわたしにとって、原子そのものを見るのは規格外のことだったのである。

　わたしの研究は、改造したＡＦＭで、ヒルガタワムシやクマムシなどの脱水を生き延びる動物の体の構造変化を観察することだった。どちらも過酷な環境に強い耐性がある、奇妙で魅力的な微生物なので、もしかしたら構造レベルで特別な仕掛けがあり、そのおかげでしわしわに縮んだ状態で、長い期間、乾燥に耐えるのだろうかとわたしは考えた。

　わたしが原子の像に驚いたように、わたしが研究室の外の側溝から乾いた泥を持ち込んで水を加え、一般的な光学顕微鏡で観察すると、今度は研究室の大学院生たちが驚いた。緑藻の破片や死んだ植物細胞のかたまりのほか、顕微鏡でしか見えない回虫などの「虫」が活動し、水滴の中で鞭毛を動かしたり、うねったりするのが、接眼レンズ越しに見えた。時には、美しいワムシが回転しながら通り過ぎるのを観察できた。物理学の学生たちはこうしたものを観察したことがなかったので、わたしはマジシャンになったような気持ちになった。わたしが興味を抱いていた動物はワムシで、体長約〇・二ミリメートルの多細胞の動物だ。すなわち2×10^{-4}メートルの大きさだ。わたしが観察した銅板の原子は、およそ二〇〇ピコメートル、すなわち2×10^{-10}メートルになる。ということは、ワムシと銅板の原子の大きさは六桁も違う。わたしと一個の原子の間には一〇桁の差があり、世界一高い建造物であるドバイのブルジュ・ハリファと一個の原子なら一三桁も違う（ブルジュ・ハリファの高さは八三〇メートルだが、便宜上、一キロメートルに切り上げている)。これをしばらく覚えておこう。

　アントニ・ファン・レーウェンフックが顕微鏡を持ち出すまで、肉眼では見えない生物の世界について、まったく知られていなかった。現在では、最高性能の光学顕微鏡を使うと、まさに光の波長、10^{-7}メートルまで見分ける解像度をもつ。それより小さいものを観察したいなら、可視光の代わりに、より波長の短い電子を利用すると、10^{-10}メートルまで見えるようになる。この倍率になると原子間に入り込めるようになり、さらに細かく見たい場合には、衝突型加速器で原子をばらばらに砕くことになる。原子を粉砕すると、陽子や中性子を観察できるようになり、10^{-20}メートルのスケールで、何が起きているのかわかるようになる。

　これほど小さいレベルにまで到達するのは容易ではなかった。これまで成し遂げてきた科学計画の中で、もっとも大規模かつ複雑なプロジェクトであった。この人類の協力と創意工夫の記念碑的建造物が、ジュネーブ近郊にある大型ハドロン衝突型加速器（ＬＨＣ）だ。その卓越した科学技術の詳細を並べよう。一周二七キロメートルの円形のトンネルの中には、一万個の超伝導電磁石が並び、一〇〇トンの液体ヘリウムで冷却されている。世界最大のコンピューティンググリッドを導入して、データを三六か国に飛ばして処理する。ここまでして見たいのは、単純なある一点だけだ。ＬＨＣは、実在の織物を引き裂くほど、勢いよく粒子同士を衝突させるのだ。織物を引き裂くという表現が比喩でないことには、驚く。物質を組み立てるブロックそのものを破壊し、そこで起きる現象を測定するのだ。

ヒッグス粒子が二〇一二年に、推定一兆三二五〇億円かけて、[*] LHCで発見された時、大きな祝福が寄せられ、世界中のメディアからは絶賛された。ヒッグス粒子の存在は、現在最善の実在の理論である「標準理論」（大成功を収めれば）というひどく退屈な名前のモデルにより予測されていた。標準理論は一九七五年に誕生した用語で、一九六〇年代初期から多くの科学者が取り組み続ける研究を足がかりに、四つの基本相互作用のうちの三つである電磁気力、弱い力、強い力をまとめる理論だ（四つ目の重力は含まれない）。標準理論はクォークという素粒子の存在を予測し、素粒子は順当に発見されていった。二種類のクォーク（アップクォークとダウンクォークと呼ばれる）があれば、陽子と中性子を作ることができ、これに電子が加われば、元素を作るために必要なものすべてがそろう。

ところが、並外れた予測力があるにもかかわらず、標準理論では説明のできない大きな課題がいくつか存在する。物質を作るのに必要な厳密な数の粒子よりも、多くの粒子が存在する理由を説明しない。ダークマター（暗黒物質）やダークエネルギー（暗黒エネルギー）が何かということも説明できないので、宇宙の九五パーセントが何から構成されているのかも不明だ。反物質よりも物質のほうが宇宙に多く存在する理由も語れない。この状況は、購入した家を友人に披露するのに、入り口から真っ暗な部屋の中をペンライトの光だけでのぞいているようなものだ。見ているのは貯蔵室かもしれないし、庭、あるいはキッチン、あるいは階段かもしれない——わからないのだ。家を購入し、玄関のドアマットの上だけで暮らして数年たった時に、玄関の向こう側にもっと空間があるらしいことに、ぼんやり気がついた状態と言うほうが正しいだろうか。率直に言って、これほど無知なことは少し恥ずかしい。わたしたちが、物質は土と火と空気と水でできていると考えていた古代ギリシャを振り返るように、わたしたちの子孫はわたしたちのことを振り返るだろう。

実在についてさらに知るためには、より力強く観察する必要がある。より大きなエネルギーで粒子を衝突させなければならない。ＬＨＣがこれを担い、さらに大きなエネルギーで陽子を飛ばして陽子同士を衝突させることができるよう、改良が続けられている。観察すべきことは山積みだ。陽子がクォークからできていることは知っている。そして、レプトンという別の種類の粒子があることもわかっている。電子はレプトンだ。だが、それは何なのだ？　クォークとレプトンを構成するものは何であろうか。

物質をどんどん小さくしていく先には、根本的な限界が（おそらく）あることを物理学者は知っている。物理的実在の最小であると見込まれている長さは、プランク長という10^{-35}メートルだ。これがどれだけ小さいのか、その単位に達するためにはどれほどのことをすればいいのか、想像を絶する。ここで思い出してほしい。わたしたちは10^{-20}メートルまでは見られるので、あと一五桁小さいサイ

＊これはＬＨＣを組み立てて運用するまでにかかった費用であり、ヒッグス粒子の探索以外の費用も含まれているので、少し公正さに欠ける。

ズを見られるようにするだけでよい。ただし、この差は一個の原子の大きさとブルジュ・ハリファの高さとの差よりも大きく、あなたと太陽系の半径の大きさの違いよりも離れている。それほどのスケールで起きている反応について何もわかっていないのだ、とわかってほしい。

こうした可能性との大きな隔たりを前に、わたしたちは現在、手をこまねいている。レプトンやクォークを構成する要素の証拠を間接的に探す方法はあるかもしれないが、素粒子の構成を確かめるために粒子を分解することが仮に可能だとしても、わたしたちの最大の衝突型加速器の能力を超えてしまう。レプトンやクォークの中に何があるのかわからないことが、物理学者の頭痛の種なのだ。なぜなら、標準理論の成功を誇りに思いつつ、その理論では説明のつかないこともまた望んでいるからだ。

二〇一八年、標準理論で予測したように、ヒッグス粒子が実際に存在することがＬＨＣのデータから確認された。すなわち、標準理論が最新鋭の健康診断を通過したことになる。健康状態は良好――「腹が立つほど良好だ」と、ある素粒子物理学者は言った。しかしながら、ニュートリノは完全には理論通りの性質ではない、というもっとも曖昧な標準理論のほころびがある。そのほころびこそ、家の中で行方不明の部屋を見つける時に、どこを探せばよいのかの手掛かりとなる。そこで、わたしたちは標準理論の体系のほころびを調査する。しかし、現時点では、ダークマターが何からできているのか、なぜ宇宙の誕生時には実在がものすごい速さで「膨張」したのか、なぜ宇宙の膨張が加速しているのかを解くための糸口はない。加速の原因は、謎に包まれたダークエネルギーにあると考えられているが、このエネルギーについて知っていることは極端に少ない。そのうえ、量子レベルでの重力をどう説明するのかさえ、わかっていないのだ。

わたしたちには知識に対する飽くことのない欲求がある。だから、こうした事柄は解き明かされなければならない。基礎の理解を向上させることに、わたしたちの未来の質がかかっている。「今日の風変わりな疑問の答えが、明日の当たり前な科学技術を支える」と、インペリアル・カレッジ・ロンドンの物理学者ロベルト・トロッタは言った。二〇世紀の初めには相対性理論と量子力学で大きな飛躍があり、その発見が今日のわたしたちの暮らしを形作るテクノロジーへと直接つながった（最終章では、量子コンピュータの開発競争に参戦する）。ダークマターやダークエネルギーとは何かを解明して、量子重力理論を発見できれば、ヒトという種が長く生きながらえるための扉が開けるかもしれない。基礎研究への投資では成功は約束されないものの、宇宙に対するわたしたちの理解だけでなく、哲学や理解そのものの理解についても大きな影響を与えるような試みは、ほかにないのだ。この分野に投資をすれば、人類の知識を飛躍的に前に進め、宇宙への理解全体をリセットし、人類という種の進化を加速できる可能性がある。

科学が歩み出す前には長い導火線があった。古代ギリシャや中世イスラムの賢者がわずかに進めたものの、研究という枠組みとしての科学が本当に飛び立ったのは、一六世紀と一七世紀のルネサンスで、その時代に発見の爆発が起こった。いくつか例を挙げると、コペルニクスとガリレオが太陽系の中心にあると説き、フックが細胞を発見し、さらにニュートンが光や重力、物理法則を説明した。発見の爆発は、今日でもいたるところで続いている。わたしたちの役割は資金を提供することだ。

本章ではまず、物理学界で最大の問題を特定する。それから、解決のために何ができそうなのかを検討していく。

難問1　宇宙の起源

物理では、直感は家の外に置いてこよう。方程式が伝える実在が経験則と決して結びつかなくても、単純に受け入れなくてはならない。というのも、理にかなっていなさそうな点がいくつかあるからといって、そうした点を追求してしまうと、事態が悪くなるのだ。宇宙の起源を例に説明しよう。

天文学者は、二〇世紀の初期から中期にかけて、銀河がお互い離れる方向に移動していることを発見した。宇宙は膨張しているのだ。そして、何かしらの爆発——ビッグバン——から宇宙のすべてが始まったに違いない、と考えられていた。その考えは、最初は良さそうに思われたが、アインシュタインの一般相対性理論がほころびに光を当てた。モーツァルトやシェイクスピア、ミケランジェロのように人類の高みを創り出したので、彼らと並んで称されるアインシュタインは、一九一五年に、重力は力というより宇宙そのもののゆがみだということを示した。さらに空間と時間は、実は、時空という一つの概念に融合しているとも発表した［訳注：一般相対性理論で言う時空の概念が適用されるのは、ビッグバンから10^{-44}秒後］。わたしは本当の意味では理解できないものの、その理論には驚嘆する。宇宙が膨張しているという観察と、一般相対性理論の知識をまとめると、時間を巻き戻したら何もかもがどんどん集まってくることになる。何もかも、すなわち、わたしたちの銀河にある一〇〇〇億個の星や、数億光年先まで広がった超銀河団に散らばる数えきれないほどの銀河が集まるのだ。わたしたちの超銀河団は、太陽の質量の10^{15}倍も重い。さらに時間を巻き戻すと、すべてがつぶれて合わさっていた。すなわち、密度の無限大の点があったのだ。

データと方程式が伝えることを受け入れる際には直感を持ち込んではならない、と先ほど述べたが、それでも――筋が通らないことがある。何もかも、すなわち、すべての物質が凝集すると、質量が無限であるのに大きさがゼロだという特異点には、首をかしげてしまう。

ある意味、ここは直感だ。アインシュタインの一般相対性理論は実在を記すものだが、量子力学で扱うような、きわめて小さな規模で起きる奇妙なことについては説明しない。宇宙の始まりの特異点とビッグバンそのものは、相対性理論と量子力学を組み合わせる方法がわかるまで、完璧に説明することはできないということだ。そのための観測には、特異点があることが判明している場所がふさわしい――ブラックホールの中心である。

難問２　宇宙の成長

宇宙の誕生は、わたしたちの理解していないことの一つだ。そして、宇宙誕生後の拡大の様子もまたわからない。今日、宇宙を見渡すと、宇宙は理論上よりも平らで、しかも均一なので、どこを観測しても同じ温度（二・七三ケルビン。摂氏ではマイナス二七〇度）が得られる。この疑問に答えるため、物理学者はインフレーションと呼ばれる概念を創り出した。ビッグバンの直後、宇宙は光速よりも速いスピードで膨張するという桁外れの成長期を経験した、という概念だ。今となっては、わたしたちは物理学者の考える規模のようなものに慣れつつあるが、それでもこのスケールには圧倒される。インフレーションにより、10^{-32}秒未満の間に宇宙は10^{26}倍に膨張した。物理学では光の速さを超えることはできないが、この限界は宇宙の内部の事柄にだけ当てはまる。インフレーションでは宇宙そのものの成長を追っているので、たとえ一瞬のうちに超莫大な成長をしたようなことが信じがたいとしても、方程式は可能だと語る。

この成長期が均一性と温度の問題を解決するので、物理学者は、その点ではインフレーション理論に満足している。しかし、あらゆる説明がより多くの疑問を生み——確かに、良い説明の本質だ——そして、インフレーションが何により引き起こされるのかも不明だ。宇宙そのものを、とてつもなく短い時間に二六桁も倍の大きさまで成長させたのは何かを知る必要がある。まだ知らぬ、新しい種類の力だろうか。もしかしたら、光の速さが初期の宇宙では今よりも遅く、そのことが宇宙が平らで均一であることの背景にあるのかもしれない。

さらに飛躍して、もしインフレーション理論が正しいと判明すれば、多元宇宙論への扉が開かれることになる。インフレーションの最中に、時空の量子ゆらぎが、時空に裂け目や泡を発生させて切り離すと、それらは膨張する。多元宇宙——無数にある宇宙はすべて関連がない——は、メタ的な実在を超えて増殖する。すべて方程式により証明されている（少なくとも支持されている）。ところで、多元宇宙の概念はフィリップ・プルマンの着想の元となり、『ライラの冒険（原題はダーク・マテリアルズ：His Dark Materials)』のパラレルワールドを生み出すに至った。パラレルワールドを探索するための神秘の短剣*があったらいいのにと思う。宇宙の膨張率がより明白になり、研究しやすくなる。続いて紹介するが、もう一つ、答えが必要なものがある。

難問３　ダークエネルギー

星が死ぬ時には、その大部分が燃えてなくなる。中には一定に燃え続ける種類の星があり、このような星は宇宙空間での距離を正確に測るのに利用できるので、天文学者はこれを「標準光源」と呼ぶ。さらに、このような爆発をする星をⅠ型超新星と呼び、一九九〇年代に二つのチームが宇宙の膨張率を決定するために研究していた。重力がブレーキとして徐々に作用することで、膨張は減速し、それから収縮に転じるのか、それとも、重力では減速させられないほどビッグバンの威力が大きく、そのために宇宙は一定の膨張率で成長しているのか、そのどちらかだろうと考えられていた。ところが、研究チームが明らかにしたのは、どちらの説明も正しくはないということだった。宇宙は加速度的に膨張していたのだ。何かが成長の駆動力になっているが、それが何なのかは見当がつかない。呼び名

*フィリップ・プルマンの『ライラの冒険Ⅱ　神秘の短剣』の中には、小説の題名になっている短剣の刃について、原子一つ分の薄さに切れるほど鋭い、とイオレク・バーニソンが説明する場面がある。ＡＦＭのプローブの先端にカーボン・ナノチューブを置くと、原子数個分の視野での観察が可能だ。神秘の短剣のように、新世界の発見を助けることができるのだ。

が必要だという単純な理由で、それはダークエネルギー（暗黒エネルギー）と呼ばれている。

ダークエネルギーは、宇宙空間の物質のおよそ六八パーセントと、その多くを占める。しかし、これは何なのか？　星間空間の真空に存在するエネルギーの種類で、突如、湧いて出た量子によって引き起こされたものかもしれない。まだ検出したことのない、新しい種類の力という可能性もある。未知のものだが、わたしたちの自尊心のためだけにも解明することが大切だ。

難問4　ダークマター

一九七〇年代にヴェラ・ルービンが、M31としても知られるアンドロメダなどの渦巻銀河の回転を観測していた。たったの二五〇万光年しか離れていない、地球にもっとも近い銀河だ。ルービンは、アンドロメダなどの一部の銀河は、内部に存在すると推定される星の数から割り出した回転速度よりも、速く回っていることを見つけた。一九三〇年代にも、かみの毛座銀河団について同様な観測結果が得られていたのだが、そのデータの意味するところを理解する人がいなかったために、ほとんど無視されていた。ところが、ルービンの観測により、そのデータを無視することは不可能になった。ルービンの観測結果は、観察対象の銀河に、その回転速度をとても高めるような、目に見えない物質が存在することを示していた。その物質はダークマター（暗黒物質）として知られるようになり、何年もの詳細な観測で、宇宙の二七パーセントを構成することがわかった。

ダークマターは、吐き気がするほどわからないことだらけだ。二つの銀河が衝突する（わたしたちの銀河とアンドロメダ銀河は、四五億年のうちに衝突するだろう）時に大きな波紋を生じるのはわかっており、天文学者はその衝突場所でダークマターによる重力のゆがみを見ることができる。巨大な質量が光を曲げることは既知であり、弾丸銀河団という二つの銀河団が衝突する場所では、ダークマターが引き起こした光のゆがみを観測できる。[1] ここで、気が滅入ってしまう。というのも、銀河の目に見える物質——銀河内の数十億の恒星や惑星、塵雲《じんうん》——は、衝突時に、わかりやすく測定可能な爆発を引き起こす一方で、衝突する銀河にある目に見えないダークマターは、互いの銀河を通過してしまうのだ。ここに、研究を試みるうえでの大きな障害がある。ダークマターをとらえることはできない。重力の影響を受けることはわかっているものの、わたしたちの知っているほかの力には反応しないようだ。

難問5　反物質

わたしが子供の頃、父とある賭けをした。父が賭けたのは、サイエンス・フィクションからわたしが想像できるものなら何であれ、わたしの生きているうちに実現するだろう、ということだった。当時わたしは『スター・ウォーズ・エピソード4／新たなる希望』を見終えたばかりだったはずで、最初に思い浮かんだのはレイア姫のホログラム投影だった。父は、その技術はすぐに開発されると躊躇なく予想した（果たして数十年後、2パック〔訳注：一九九六年に亡くなったラッパー〕が墓から連れ出されて、ステージ上でラップを歌っていた）。「ほかには？」と父がうながした。そこで『スター・ウォーズ』から『スター・トレック』に頭を切り替えて思い浮かべたのが、ワープ・ドライブの動力となる「反物質のエンジン」だったので、「反物質ワープ・エンジン」と答えた。それは一生よりも少し時間がかかるかもしれないな、と父が譲歩した。

父もわたしも当時は知らなかったが、反物質は実際に存在する。一九二八年、物理学者のポール・ディラックが特殊相対性理論と量子力学の方程式で遊んでいるうちに、自分が組み合わせた方程式から、正と負の電荷を持つ粒子が解として出されることに気がついた（詳細は省く）。そのためディラックは、負の電荷を持つ電子だけでなく、正の電荷を持つ陽電子を予測した。同じことが、ほかの粒子すべてにあてはまった。あらゆるものに反対の型があった。物質は反物質に反映されていた。反物質の粒子が反対のパートナーと出会うと、お互いに消滅させ合い、光子という形でエネルギーを放出する（光子に質量はない）。ディラック本人でさえ心から信じていなかったが、ディラック方程式はこれを予言し、その後、宇宙線に反物質の粒子が含まれていることが発見された。現在では、衝突型加速器を用いて（かなり難しいものの）反物質を作ることができる。反物質は標準理論の中に登場するけれど、そこには一つの問題がある。標準理論では、ビッグバンの際に反物質と通常の物質が同じ量だけ作られたことになっている。そうであれば、なぜ今では反物質がほとんど存在しないのだろうか。ワープ・ドライブの推進力に使用するには、まだまだ知る必要がある。

これが、標準理論が物理学者を多大にいらつかせる、もう一つの理由だ（わたしが取材した何人かは、標準理論を「抹殺したい」と言っていた）。標準理論はさまざまに機能するものの、不格好でがたつきがあり、改造もされている。物理学者が理論について、もっとも口にしなそうな状態である。美しくない。美しさはたいした問題ではないかもしれないが、標準理論は、基本的な相互作用が、なぜその力の強さを持つのかについて説明しない。すなわち、粒子の存在を正確に予言するものの、わたしたちが見つけたような質量を粒子が持つ理由を説明しないのだ。すでに紹介したように、ダークマターやダークエネルギーについても説明しない。宇宙は気味の悪いほど精緻に調整されているようだ。もし、ダークエネルギーとダークマターの割合がほんのわずかでも異なっていたら、銀河は形作られなかっただろう。基本的な相互作用が異なる力であったのなら、原子は結合せず、星は輝かなかっただろう。こうした繊細な事柄の中でも、反物質の問題がもっとも繊細だ。数十億年前に、もし天秤が物質に有利なほうへと傾かなかったら、わたしたちがここに存在して、気をもむこともなかっただろう。

標準理論を葬りたいのなら、より大型の加速器が必要になるだろう。ＬＨＣで出せる速度よりも速いスピードで粒子を衝突させなければならないだろう。ヨーロッパ合同原子核研究機構（ＣＥＲＮ）には新しい施設の計画があるものの、現時点では、そもそも何をすべきかをわかっていないようだ。新しい衝突加速器が建てられないとしたら、物理学者は、標準理論のほころびを広げそうな奇妙な事象を探すため、小さめの装置を微調整して巧みに利用しながら何とかやっていくしかない。これから紹介するニュートリノ実験は、このようにして行われた。

加速器について、ＣＥＲＮは将来円形衝突型加速器の計画を練っている最中で、ＬＨＣの円周が二七キロメートルなのに対して、計画中の装置の円周は一〇〇キロメートルになる予定だ。一〇倍も強力になる予定で、費用は二兆円を超える。ＣＥＲＮはまた、コンパクト・リニアコライダー（ＣＬＩＣ）と呼ばれる線形の衝突型加速器を計画している。これは、日本で検討されている国際リニアコライダー（ＩＬＣ：推定予算は七五〇〇億円）と同様な装置だ。さらに中国からは円形電子・陽電子衝突型加速器（ＣＥＰＣ）の提案がある。ただし、誰かが動き出すまで、誰も行動を決断しようとしない。

共同研究というのが一つのアイデアだ。わたしたちは投資をするにあたり、この立場を取る。ＬＨＣでさえ小さく見せるような大規模で複雑な装置は、過去に建設されたことはなく、これは数十年単位のプロジェクトになる。現実的には、莫大な予算と時間を投資したのに、「砂漠」の範囲を探索しているだけで、何も発見できないのではないかという懸念がある。わたしたちがより高いエネルギー・レベルに達するまで、物理は次の秘密を打ち明けてくれないのかもしれない。強化されたＬＨＣが再び動き出せば、何かヒントが得られるだろう。次の装置に投資をしよう、という方向に傾くようなヒントになるかもしれない。しかし、投資の限界がほぼない理想的な世界では、ヨーロッパとアメリカ、日本、中国がまとまった画期的な共同研究の中で、次世代の衝突型加速器を推し進めることができる。その協力体制からは新しい発見が生まれるとの確信があり、そうなると今度はそれらを検出するために、さらに大型の衝突型加速器を造ることになるだろう。わたしたちが投資することで、早期の実現を確実にするだろう（比較的早い時期という意味だ。必要な予算が集まったとしても、加速器に必要な超伝導体を組み立てるための科学技術的な理解が追いつかず、その開発に数年はかかるので、加速器の建設にすぐには取りかかれないだろう）。ヒッグス粒子は発見したが、たとえ改良版であっても、ＬＨＣでは何も見つけられないかもしれない。もしそうだとしても、その途上で何かしらの発見はあるはずで、それがテクノロジーにできることの境界をきっと押し広げてくれるだろう。

　未来派の中には、宇宙を拠点にした衝突型加速器を開発する未来を、すでに見ている人がいる。宇宙なら、地球では不可能なエネルギー・レベルに手が届くかもしれない――先に紹介した、量子力学で最小の単位であるプランク長で物質を調べられるくらい高いエネルギーを利用できるかもしれない。こうして得られたデータから、ダークマターを検出できるかもしれない。いまだ隠されている次元が明らかになるかもしれない。（数多くあるうちの）主な問題は、そのような巨大な装置の建設に必要なテクノロジーがないことだ。ちょうど見たように、ＬＨＣの後継機の造り方さえわからないのだ。宇宙を拠点にした大型の衝突型加速器――火星の軌道付近にまで伸長したい――を検討するのに必要なものすべてを開発する費用だけで、世界のＧＤＰを超えてしまうだろう。これは遠い未来の話だ。今のところは、陸上の衝突型加速器に集中したほうがよさそうだ。けれど、そのうち月に建設したくなるかもしれない。

ダークマターの謎に対する一つの解決案として提案されているのが、アクシオンで、行方不明の物質を構成するかもしれない仮説上の素粒子だ。このとらえどころのない厄介な物質が存在するなら、力を加えて光子に変換できる見込みがあり、そうすれば検出できるようになる。ヒッグス粒子の存在は、粒子が崩壊する時に放り出された破片を追いかけるという、同様に演繹的な方法により導かれた。ドイツで設計と建設が待たれている検出器のマッドマックスを使えば、このような実験ができるだろう（装置の名前だけでも、出資するに値する）。また、計画段階にあるほかのアクシオン実験——アメリカのオルフェウスや韓国のCULTASK——でダークマターを探すのに、わたしたちは出資できる。

ダークマターのもう一つの候補が、弱い相互作用をする重い素粒子（WIMP：ウィンプ）だ。WIMPあるいはアクシオンが、次世代の衝突型加速器で検出されることを期待しよう。

科学者はまた、標準理論の各粒子はある種の「パートナー粒子」を持つという、超対称性理論の試験に力を入れている。もちろんそこには物質・反物質の問題がつきまとう。すなわち皮肉っぽいが、物質と反物質が同じ量だけ創られ、それらが互いに消滅させ合うのなら、物質はどのようにしてわたしたちを生き延びさせたのだろうか？

ニュートリノの研究は、新しい衝突型加速器を必要とせずに追い求められる分野だ。ニュートリノは幽霊のような奇妙な粒子で、標準理論のリストに載せられているものの、ほかの形態の物質とほとんど反応しないため、宇宙にもっともありふれた粒子の一つでありながら、その性質はつかめていない。ニュートリノは相互作用にほとんど影響されないようで、理論的には、厚さが数兆キロメートルもある鉛の壁を、原子に触れることなくすり抜けられる。非常に軽いので、一つの所にほとんどとどまっていられないくらいだ――質量を持つ、わかっている素粒子の中で、もっとも軽く、少なくとも電子の六〇〇万倍は軽い(2)。何十億個ものニュートリノが、今もあなたやわたしを通り抜けており、地球を右から左へと通過している。現れたり消えたりし、どういうわけか性質を変えているようだ。ニュートリノの挙動は、標準理論の謎のいくつかをわたしたちに教えてくれるかもしれない。だから、もっと知っておく必要があるのだ。

東京からおよそ一二〇キロメートル北の太平洋岸の茨城県にある東海村という、その施設がある以外はとても静かな場所（わたしがポスドクとして働いていた場所から、それほど遠くない）に、世界最先端の粒子加速器がある。大強度陽子加速器施設（J-PARC）は、CERNの円形加速器とは異なり、先端がある。むしろ銃のようであり、内部で発生させたニュートリノを発射し、岩盤を通して、およそ三〇〇キロメートル離れた岐阜県の神岡山の地下深くにある検出器に向かわせる。このニュートリノビームの出発点と目的地――東海村（T）から神岡山（K）まで――から、実験名はT2Kという。

神岡山の茂住《もずみ》峠は、何十年も昔、日本の工業を引っ張る、亜鉛や銀、鉛の鉱山だった。現在は、五万トンの超純水で満たされた巨大なステンレス鋼のタンクである、スーパーカミオカンデの検出器が置かれている。タンクの側面は一万個を超える光検出器に囲まれる。ニュートリノとタンク内の水原子との相互作用を検出しようと、全体が絶妙に設計されている。地球の表面へと注ぐ宇宙線の攻撃を岩盤で遮蔽できるように、検出器は地下のかなり深い位置に設置しなければならない。ニュートリノいる。

が物質と相互作用すると微小な閃光を生み出すので、それをつかまえるための光検出器が並べられている。

ニュートリノは素粒子で、三つの種類がある。物理学者は、その種類をフレーバーと呼ぶ。大まかに言えば、生物学者が鳥を異なる種に属しているように記述するのと似ている。その三つの種類は、電子ニュートリノ、ミューニュートリノ、タウニュートリノと呼ばれ、これらもまた、つかみどころがない。ニュートリノは電気的に中性であり、質量をほとんど持たないため、ほかの形態の物質とめったに相互作用せず、ほとんどすべての物質をそのまま通り抜けてしまう。しかし、ニュートリノがフレーバーを変換できることはわかっている。このフレーバーの変換こそが、なぜ宇宙に反物質より物質が多く存在するのかという疑問に、光を投げかけるかもしれない現象だ。これにより、わたしたちが非常にぼんやりとしたアイデアしか持ち合わせない影の部分である「暗黒粒子群の世界（ダークセクター）」の全体像が、わかるようになるかもしれない。

そのため、物理学者は完全な理解を求めて、スーパーカミオカンデの後継機であるハイパーカミオカンデをある国際的な共同研究の下ですでに計画している。五万トンの水では足りないことがわかっているので、ハイパーカミオカンデは一〇〇万トンの水を貯める予定だ。衝突型加速器の場合と同様に、計画はほかにもある。国際共同研究の地下深部ニュートリノ実験（ＤＵＮＥ）がアメリカで建設される予定だ。ただし、ハイパーカミオカンデもＤＵＮＥも、まだ建設に至っていない。だからわたしたちは、共同事業にすぐに出資するつもりだ。

それから、一〇年来の物理学の発見がある。二〇一六年の重力波の検出である。重力波は、巨大な質量を持つ物体の移動あるいは衝突によって時空という織物に引き起こされた波であり、レーザー干渉型重力波検出器（ＬＩＧＯ）で検出された。

重力波は、かなりの大物だ。アインシュタインによって予測されていたからだけでなく、天文学の在り方をがらりと変えてしまうからだ。四〇〇〇年間続いた、大部分を光に頼るやり方に代わり、現在は重力を利用して宇宙を観察する。すなわち、ブラックホールやダークマター、ビッグバンのような、目に見えない電磁放射線などを研究できるようになるのだ。クォークで構成された星のほか、もしかしたらプレオン（クォークのレベルより下位にある仮説の粒子）で構成された星など、現在は理論上でしか存在しない珍しい星が発見されるかもしれない。

重力のさざ波を観測することにより、宇宙研究に携わる人々は、以前は不可能だった方法で、基礎物理を探求できるようになるだろう。ダークマターは既知の力や粒子と単純に相互作用しないので、重力効果の利用が、現在のわたしたちがダークマターを研究するためにできる、唯一の手段である。ダークエネルギーの性質についての理解も忘れずに深めたい。というのも、ダークエネルギーが宇宙の加速膨張を引き起こしているからだ。

しかし、こうした謎を調査するには、感度を高めた重力波検出器を建設する必要があり、この感度の向上には宇宙空間に設置することが求められるだろう。ＥＳＡには観測計画がある。それは宇宙重力波望遠鏡計画（ＬＩＳＡ）と呼ばれるものだが、打ち上げはまだ先の二〇三四年の予定だ。わたしたちで重力波天文学の時代を加速させよう。

ガリレオは望遠鏡こそ発明しなかったが、彼の観測は世界を変えた。ガリレオ以降、光学と望遠鏡の設計で改良を重ねながら、わたしたちは学んできた。例えば、チリの高地には欧州超大型望遠鏡（ＥＬＴ）が建設中だ。天文学者はＥＬＴを利用することで、宇宙が膨張するスピードを正確に測定し、時間によってスピードが変化する様子についてアイデアを得られるだろう。

　望遠鏡は安価ではなく、簡単に作れるものでもない。ハッブルの後継機であるジェームズ・ウェッブ宇宙望遠鏡の計画は、一九九六年に始まったものの、実際の打ち上げは二〇二一年であった。そのためにコストは、当初の五〇〇億円から推定九六〇〇億円にまで膨らんだ。ジェームズ・ウェッブ宇宙望遠鏡は系外惑星のハンターで、これにより宇宙人の世界の大気を研究できるようになる（第６章で扱った）。

　山頂は空気が薄く、そのため星のきらめきが少ないので（星のきらめきは、大気の乱気流によって引き起こされる）、こうした望遠鏡を設置するのに適した場所だ。しかし、理想的とはいかない。さらに、遠く離れた物体から放たれた電波を測定して電波天文学を進めたいのなら、衛星通信や携帯電話の信号、デジタルテレビなどの電波まみれの地球は、ふさわしくない。ビッグバンからのかすかな信号を伝える低周波電波は、地球の電離層で選択的に締め出されてしまうため、電波通信の干渉を受けない場所で研究する必要があり、そうなると、太陽系の中で最適な場所は月の裏側になる。決して地球のほうを向くことがないため、電波の騒音から永久に遮断されているからだ。

宇宙モデルが予測した通りにビッグバンが起こったことを示すもっとも強力な証拠の中には、宇宙最古の光の検出がある。宇宙が始まってからの数十万年の間は、あまりに温度が高すぎるために、すべてが、陽子と電子から成る高密度のプラズマの霧として存在していた。そして、宇宙の誕生からおよそ三八万年が経ち、原子が形成されるくらいまで宇宙が冷えた。まるで朝霧が晴れて、窓の外の視界がクリアになったような感じなので、これを宇宙の晴れ上がりと呼ぶ。宇宙にある機器類では、宇宙マイクロ波背景放射という、この晴れ上がりの頃の光の分布を観測しており、これは恒星や惑星が形作られる前の宇宙の様子を示す。この分布図を研究することで、将来の銀河の種になるような重力のばらつきを示す、ねじれや偏りを明らかにできるだろう。そうすれば、物質やダークマター、ダークエネルギーを予測できるようになるだろう。

月を拠点に電波観測を行えば、インフレーション理論を検証し、初期の宇宙を理解できるようになるだろう。ロボットを利用して、月の裏側に多くの電波アンテナを展開したい。月の南極にあるクレーターに赤外線望遠鏡を建てることもできるだろう。こうした場所は太陽の光が注いだことがないため、わかっている中では太陽系内でもっとも冷えた場所の一つだ。

さらに、もっと良い方法がありそうだ。先ほど、宇宙をたゆたう幽霊のような粒子のニュートリノに触れた。宇宙マイクロ波背景放射のように、ニュートリノもまた、初期の宇宙の熱い物質の残りから分離し、痕跡を残した。しかも、そのイベントは、宇宙の誕生からたった一秒後のことだ。今では、宇宙背景ニュートリノが存在するという証拠があるので、その分布図を作ることができれば、ダークマターやインフレーションの研究を進めるための新たな一手となるだろう。(3)

これらは計画中や建設中の大規模な物理学実験の一部であり、さらに夢見ているだけの実験もある。時間のかかるゲームなのだ。これだけの規模になると、装置の設計や建設に数十年もかかる。例えばＬＩＳＡは、地球上のさまざまな干渉や汚染から逃れるために、地球の低軌道に、あるいは月面に観測所や実験施設を建てる必要があるだろう。けれど、月の裏側に科学基地を建てるだけなら、わたしたちの一〇〇兆円の中でまかなえる。こういうことを知るのは考えさせられるし、腹立たしい。比較的低予算で済む、月に行かずにできそうなことも数多くある。しかし、そんなプロジェクトでさえも、資金不足のためにお蔵入りしたり、何年も遅れたりしている。

問題は非常に大きく、根本的で絡み合っているので、これまで以上に、実在の基礎を深く、緻密に検証していかなければならない。地球規模での研究や教育の取り組みを育むためにまとまった金額を投入することが、本書のゲームのルールに矛盾するとは思わない。科学（と社会）の大部分と同じように、物理学にも多岐にわたる課題がある。わたしたちは、女性参加の機会を設けて、アフリカやアジア、南アメリカに研究施設を建てることで、こうした課題に取り組むことができる。

古代ギリシャと比較して、わたしたちにできることを挙げてみよう。機能的MRIでは体内を観察し、生きた脳が働いている様子がわかる。深宇宙の小惑星にロボットを着陸させられる。物質が原子で構成されることを知っているだけでなく、量子力学で原子をもつれさせることができる。実在への理解が進めば、古代ギリシャから現代までに成し遂げたものと同じくらい飛躍できるかもしれないが、その先で何が見つかるのか、単純にわからないために想像もできない。アーサー・C・クラークの名言が頭に浮かぶ。「十分に発達した科学技術は魔法と区別できない」わたしたちを待つ魔法とめくるめく不思議の世界に、もっと早くたどり着ける機会があるのだ。

達成したこと

悲しいかな、何を発見できるのか予測がつかない。それでも、相談した科学者全員が、現在の標準理論を超える物理を明らかにするための、このようなプロジェクトを予想している。アクシオンやダークマターの粒子を発見したり、ダークエネルギーを理解したりすることをわたしたちは望み、期待できる。量子力学と相対性理論の融合も望めるかもしれない。ただし、確証はない。

支　出

ハイパーカミオカンデ……………………一〇〇〇億円
未来型円形衝突型加速器……………………………二兆円

国際リニアコライダー……一兆円
宇宙の重力波検出器……一兆円
月の裏側の科学基地……一二兆円
そのほかの大規模な物理学実験……一〇兆円
世界中の研究機関のネットワーク……一〇兆円
合　計……三六兆一〇〇〇億円

第10章　第二の創世記

ゴール　人類並みの知能を持った機械、あなたやわたしを知覚していると思えるような機械を開発すること。完全に合成遺伝物質でできたゲノムを持つ有機体を組み立て、自然界にはない機能を与えることで、新しい生命体を創ること。

ヘパイストスは、古代ギリシャの神々の中でもっとも有名というわけではないが、もっとも現代的であることは確かだ。冶金と鍛冶の神、すなわち革新とテクノロジーの神であるヘパイストスは、変形（片脚が不自由）という「罪」で、オリンポス山から放り投げられた。ほかのすべての神々に疎んじられたものの、比類ない加工技術では尊敬された。ヘルメスのつば広の帽子や翼のついたサンダル、エロスの弓と矢、アキレウスの武具は耳にしたことがあるだろう。すべて彼が作ったものだ。ピサの王であるペロプスの肩甲骨の代替品もまた、ヘパイストスが作った。

しかし、ヘパイストスのもっともすばらしい才能は、自動化にあった。彼は『イーリアス』の中に登場する。テティスが息子のアキレウスの武具を依頼しようと、鍛冶場にやって来た場面だ。ヘパイストスがとんでもない数の自走型の車輪付きトライポッドを作っているのを、テティスは目にする。今これを読むと、シリコンバレーを動き回っているウェイモ社の自動運転車を、ほとんど描写しているかのように感じる。ヘパイストスは、グーグル社とアップル社の自動運転車をおよそ三〇〇〇年も先取りしていた。テティスが驚かされたのは、ヘパイストスが「乙女の姿を真似た金で作られた」機械人形も持っていて、青銅製の巨大な戦う自動人形のタロスを組み立ててクレタ島を侵入者から守らせ、美しいアンドロイドのパンドラ作りをゼウスから任されていることだ。このパンドラは、火を盗んだことを罰するために人間のもとに送られた。ホメロスや、ヘパイストスを想像した人々は、自動運転と、チューリングテストを通過できる人工知能（ＡＩ）といった、わたしたちがようやく手の届きそうな未来をのぞいていた。

　これからわたしが言わんとすることを、おわかりだろうか。わたしたちは大きく前進している。ヘパイストスが神話の中で行ったことを現実で実行しよう。新しい生命体を創ろう。自動化の夢は、長い間、わたしたちとともにあった。もしかしたら、人間が道具を作った頃からずっと抱いているのかもしれない。生命の創造という夢も、おそらく同じくらい長いものだろう。どちらも現在では、数千億円規模の産業界の目標になっていて、地球規模の覇権争いの元になっている。こうした目標は、人間が問うてきた中でもっとも古く、もっとも大きな二つの疑問の上にある。意識とは何か？　そして、生命とは何か？　本章で取り組む課題である。これらは強大な問いかけで、つかみどころがないけれど、わたしたちは少しずつ進んでいこう。

ヘパイストスを引き合いに出したが、彼を真似るつもりはない。わたしたちには一〇〇兆円プロジェクトのルールという制約がある。軍事への使用は禁止されているし、わたしたちは目に見える結果が欲しい。ヘパイストスは追放者であり、より力のある神々に従った。パンドラは、不幸や疫病、老化をもたらそうと、ゼウスが考えた仕掛けだ。いくらパンドラの箱に希望が一緒に入れられていたとはいえ、人類にとって圧倒的に悪い知らせだった。人工知能が道を誤り、あまたの恐怖が展開するという大惨事を、わたしたちは解き放ちたくない。わたしたちのルールは、人類の苦しみを減らし、科学の知見を増やし、自然環境に恩恵をもたらすことに、きちんと資金を使うためにある。

本章の後半では、生物学的な生命体をゼロから創り出すことを検討する。これは、生命とは何かという疑問に取り組むことを意味するだろう。けれどもまずは、人間並みに柔軟な思考ができるコンピュータを利用した実体、つまりデジタルの実体を見ていこう。

わたしたちが目指すのは、汎用人工知能（ＡＧＩ）と呼ばれるものだ。汎用が鍵になる。完成したＡＩシステムは、すでに運用されているものの、それらはある技能に特化している。

世界最大級のＡＩ企業がグーグルの子会社のディープマインド社だ。同社が開発したアルファゼロというコンピュータ・プログラムは、チェスのルールを与えられ、プログラム内で何億回とゲームを繰り返した結果、史上最強のチェスプレーヤーになった。アルファゼロは驚異的で、画期的なＡＩだが、天気の崩れを知らせることはできない。天候プログラムは、雲の存在を登録し、雨を予想するかもしれないが、それは雲が雨を降らせることを知っているからではなく、雲が統計的に雨と関連があるからだ。常識がない、すなわち、コンピュータ科学者が言うところの因果推論ができない。ＩＢＭ社のワトソンは、クイズ番組『ジョパディ！』で史上最強のチャンピオンを破った一方で、チェスでは、アルファゼロはおろか、六歳の子供にも相手にしてもらえない。

　ほかにも、コンピュータゲームをしたり、ネコの写真を特定したり、声を認識して質問に答えたり、自動車を運転したり、標的にミサイルを誘導したり、好みの映画を選んだりできるＡＩがあるが、その能力を新しい作業で応用する柔軟さを持つＡＩは、一つもない。そうした柔軟さを持つのがＡＧＩであり、人間レベルのＡＩとしても知られる。これは、ある作業を人並みにこなすという意味ではない。ＡＧＩを搭載した機械は、わたしたちよりはるかに優れていて、そのうえ技能を新しい課題の取り組みに持ち出すことができ、それから常識を持つようになるはずなのだ。

　柔軟な知能を有するシステムが手に入れば、医療や公的介護、工業生産、科学や設計、防衛、輸送、食品生産、宇宙探査、グリーンエネルギーの発電と消費など、幅広い分野の取りまとめにこれを利用できるだろう。こうした分野は実のところ、本書のこれまでの章で資金を使ってきたものばかりだ。たとえ、世界中で壊滅的なパンデミックを経験しない限り想像もつかないような社会の混乱を、ＡＧＩが招くことになっても、多くの人は、ＡＩが経済成長と富の創造を前例のない規模で解放してくれるだろう、というふうに考える。だから、ＡＧＩの開発にまっさかさまに飛び込むのだ。わたしたちが投資すべき理由は、革新の成果をきちんと共有し、恩恵を全員に確実に届けるためだ。また、科学の最大の疑問の数々にも興味があり、これ以上に謎のものはないだろう。

まず、スカイネット（映画『ターミネーター』に登場するコンピュータ）のシナリオを見ていこう。スーパーインテリジェンスが最終的には人間の文明を一掃する、という考えについてだ。スタンフォード大学は二〇一六年に、一世紀にわたってAIに関する報告をするという人工知能一〇〇年研究（AI100）を開始した。最初の報告では、AIは、少なくとも近い将来には、人類の脅威にならないと結論づける。しかし、AIの経済的な恩恵が社会で共有されなかったり、生じた変化に不信感を抱かれたりすれば、AI技術の安全性を保障するのに不可欠な取り組みが滞るだろう、とスタンフォード大学の専門家は言う。報告書によると、混乱する業界は必ず出てくるものの、遅くとも二〇三〇年までには、経済的・社会的に圧倒的な恩恵をもたらす。わたしたちの仕事は、二〇三〇年の先を見据えながら、恩恵が確実に共有されるようにすることだ。

AIの研究グループの中には、その実行を誓っているものがある。サンフランシスコを拠点とするオープンAI社は、人間レベルの人工知能を開発し、その恩恵を公平に行きわたらせるという目的で設立された。二〇一九年にはマイクロソフト社から一〇〇〇億円が投資され、そのほとんどが同社のデータファーミングの時間を節約するのに利用される予定だ。データ処理――AIに学習させるための時間――は、きわめて長い時間がかかるのだ。オープンAI社のグレッグ・ブロックマン社長は、五年間で一〇〇〇億円が消えるだろうと言った。世界中のAI開発者がデータ処理により長い時間をかけられるように、わたしたちは五兆円ほどのまとまった金額を投資しよう。そして、その代わりとして結果を共有し、開発段階を透明にすることを約束してもらおう。

ＡＩを主にチェスか何かをプレイするものだと考えていたら、ＡＩに対するこの熱狂を不思議に思うだろう。そこで、ＡＩがすでに成し遂げていることの例を挙げてみよう。わたしたちが期待できそうなことのヒントになる。最初は医療診断だ。

がんの診断の三件に一件が皮膚メラノーマである。地球規模で見ると、オーストラリア、北アメリカ、東ヨーロッパ、西ヨーロッパ、中央ヨーロッパできわめて多く、こうした地域では死亡率もきわめて高く、障害調整生存年（ＤＡＬＹ）という幸福の損失も非常に大きい。ＤＡＬＹの一年は、健康な生活を一年間失ったことを意味する。二〇一五年に行われた病気の調査である世界の疾病負荷研究から、メラノーマの患者数は三五万人を超えていて、ＤＡＬＹは一五〇万以上、死亡者数は六万人近いことがわかった[1]。世界保健機関によると、アメリカ人の五人に一人が生涯のうちに皮膚がんになる。

そこで、診断と治療が登場する。メラノーマかもしれないと疑ったら、近所の診療所を予約し、検査するのが通常の流れで、その後、専門病院に紹介されることもある。十分早い段階で、皮膚に疑わしい部分を発見でき、正しい診断を受けられるなら、その流れでも構わない。しかし多くのケースでは、こう上手くはいかない。そこで、スタンフォード大学のアンドレ・エステヴァらが分類の自動化に乗り出し、各々に進行中の病気の名前を添えた、およそ一三万の皮膚の病変の画像をコンピュータた学習させたアルゴリズムと二人の皮膚科医に、良性と悪性の混ざった学習させたのとは別の皮膚の病変を試験的に分類させた。コンピュータは七二パーセントの精度で状態を特定したのに対して、皮膚科医は六六パーセントだった。[2] より厳しい試験では、アルゴリズムの診断の正確さは、皮膚科医の二一人分の働きになった。エステヴァは、このコンピュータ診断は実験装置の枠を飛び出して、最終的には世の中に浸透するべき診断ツールだと考える。スマートフォンにアプリを入れておきさえすれば、普遍的な診断を低コストで受けられるようになるだろう。

医療業界には、ほかにも多くの例がある。あるＡＩは網膜の画像を解析し、目と循環器の病気を予測することができる。ほかのアルゴリズムは、マンモグラフィー検診の画像（マンモグラム）から乳がんを検出することができる。中には、総合診療医の役割を担うシステムもある。カリフォルニア大学サンディエゴ校のカン・チャンのチームは、中国広州市の医療センターを訪れた一三〇万人の子供の詳細な医療記録を、アルゴリズムに学習させた。医療記録には、カルテと検査結果、医師のメモが含まれる。アルゴリズムは、それ自体が一三〇万人の子供を診たかのように、基本的に知見のすべてを吸収する。初めての新しい症例に出会わせた試験では、病気の範囲——腺熱、インフルエンザ、水疱、手足口病——を九〇パーセントから九七パーセントの精度で診断することができた。試験では、ＡＩのパフォーマンスは経験の浅い皮膚科医よりも優れていて、経験を積んだ医師にしか負けなかった。[3] データが増えると、アルゴリズムの場合は、それだけ改良される。チャンは現在、アルゴリズムに生活習慣病を学習させている。

人間の医師は必要ないと言う人は（まだ）誰もいないが、医師の仕事量や世界の医療へのアクセスのムラを考慮すると、アルゴリズムが多くの時間的制限を解放してくれそうだ。新型コロナウイルス感染症の大流行の時のように、医療制度への負担が大きすぎる場合には、信頼できるＡＩが電話に応答して症状を診断し、助言を与えられる。これは貴重で便利なだけでなく、命を救うことにもなるだろう。確かに、ＡＩに感染症と死亡のデータを学習させておいたら、初期の段階で、ウイルスの蔓延につながるのを防ぐための助言が得られたかもしれない。ＡＩなら病気の発生の痕跡をより正確に追跡し、さまざまな公衆衛生の介入でウイルスを追い出す様子をシミュレーションすることができる。しかし、疫学者とＡＩ研究者の協力は、大流行が起こった後から始まったのが現実だ。次の感染症の大流行に備えられるよう、こうした協力関係を育む必要がある。

人間の医師は、しばらくは存在するだろう。医師の仕事は、ＡＩに取って代わられるのではなく、ＡＩに増強され、補われ、押し上げられることが可能だからだ。それに人を対象にする事柄では、すべての人が参加して医療行為について話し合うことが望ましい。だが、人間を巻き込んでおく必要のない仕事も多くあるだろう。タクシーの運転、受付・問い合わせ、長距離の運搬、ライン生産、食事の準備、農業、人事。ユニリーバ社は、面接の代わりにＡＩで求職者を選別することで、二〇一九年に一〇万時間分の人間の労働時間を節約できた、と発表している。

懸念を過小評価してはいけない。ＥＵは、圏内に入ろうとする人物の顔の特徴から詐欺の証拠を検出するためのシステムを、国境に展開することを検討しているが、[4] 顔認識システムは、例えば白人ではない男性の分類には、上手く機能しないことがわかっている。ＡＩは、わたしたちとは異なる方法で顔を認識する。スタンフォード大学のあるチームが、顔の特徴だけで性的指向を決定するように学習させたＡＩで、一つの問題を実証した。それぞれ一枚の写真から、同性愛者の男性なのか異性愛者の男性なのかを、八一パーセントの精度で特定した。女性の場合は七四パーセントだった。同じことを人間にさせると、男性については六一パーセント、女性については五四パーセントだった。出会い系サイトに公開されたプロフィール写真を実験に使用したので、コンピュータの視覚アルゴリズムは同性愛者の安全と私生活を脅かすという可能性が、この実験により浮き彫りになったと研究者は述べる。[5]

これは、ＡＩが社会の役に立つのか、あるいは妨げになるのかという緊張の図式だ。ほかの分野では、ＡＩはどちらかというと有用だ。二〇一六年にディープマインド社は、グーグル・データセンターのための効率的な冷却システムを分析するＡＩを設計した。この巨大施設では、世界中で実行されたグーグル検索、視聴されたすべてのユーチューブ映像、送信・保管されたすべてのＧメールを扱っている。専用の発電所からサーバーファームへと莫大な量の電気が送られ、温度が上がらないようにサーバーファームには複雑な冷却設備が必要だ。ＡＩはシステムの性能改善を推奨し、おかげで施設の冷却に使われるエネルギーが四〇パーセント削減できた。グーグル社は現在、ＡＩの助言に基づいて、人間がシステムを調整するというよりも、ＡＩにシステムそのものの運用をさせている。[6] グーグル社は、各産業界に導入してエネルギーを節約させることで、二酸化炭素の排出削減に貢献しようと、

ＡＩの利用法を探している。

　ＡＩは同じような方法で、電力網の効率を高められるだろう。化石燃料を燃やすことをやめる以外に、わたしたちを救う方法はないだろうが、ＡＩの支持者は、進化したＡＩなら、二酸化炭素の排出削減と気候危機への対応という戦いにおける重要なツールになれるだろう、と言う。

　もしＡＩに投資する場合には、わたしたちは実行中のことをオープンで透明にしておくべきで、例えば、顔認識に見られたような、既知の落とし穴や、危険、偏見を避けるために取り組まなければならない。データの安全性もまた、重大な問題である。例えば、ＤＮＡの配列を決定する企業は、現在、バイオテクノロジー業者や製薬会社に配列情報を販売している。つまり、祖先をたどるためや配列を見るためにＤＮＡを提出すると、あなたの遺伝情報が第三者の企業にわたって分析されるかもしれないのだ。ディープマインド社は、イギリスの国民保健サービスに登録されたおよそ一六〇〇万人の繊細な医療情報を、患者の同意なしに利用していたことが明らかになり、処分された[7]。より安全にＡＩを取り入れるための一つの方法が、ブロックチェーン技術——ビットコインの暗号化を支えるものと同じ——の利用だろう。個人の医療情報へのアクセスを許可してもいいと思う人が増えるほど、アルゴリズムがより優れた判断をできるようになる。

これは、全能のAGIを創り出し、それがわたしたちの暮らしを便利にしたり、混乱を一掃したりするのを、わたしたちは頭を垂れてありがたがるべきだ、という意味ではない。それは、あまり良い発想とは言えないだろう。社会に大きな力を振るう単一の存在を望まない人もいれば、グーグル社のサーバーファームでの実績にもかかわらず、AIが幅広く助言的な役割を担うのはまだ先だと考える人もいる。企業や政府がAIで行おうとすることは信用すべきでない、と言う人もいる。だからこそ、開発や倫理的意味について話し合い、意見を戦わせつつ、わたしたちの投資がオープンで、公正で、共有可能で、透明であることをはっきりと約束しなければならないのだ。

それから、投資の一部はAGI研究に回すべきであり、さらにその一部は機械学習の処理時間を稼ぐための費用にあてよう。ここに、わたしたちが認識しておくべき問題がある。ムーアの法則――トランジスタの数が二年で倍になり、それゆえに集積回路の処理能力が向上する――は永遠には続かないうえに、もうすぐ終わりを迎えそうだという問題だ。ところが、演算能力への渇望は増す一方のようだ。

一つの解決策が量子コンピュータであり、これは量子もつれなど、直感ではひどくとらえにくい量子力学の特徴を上手く使ったアルゴリズムを利用する。簡単に言うと、通常のコンピュータは、情報をコードするのに0または1のビットを利用する。そのため情報は1か0かでしかない。量子コンピュータでは量子ビット（Qubit：キュビット）を使用するが、これは同時にさまざまな状態をとることができる。そのため理論上は、量子コンピュータは従来のものよりはるかに速く情報を保存し、処理できることになる。

量子コンピュータを作るのは技術的に難しいため、ようやく動き始めたところ、というのが現実だ。しかし、二〇一九年にグーグル社が、最高性能の通常のコンピュータでは何千年もかかる計算問題を、量子コンピュータは二〇〇秒で解いたとして、「量子超越性」の達成を発表すると、量子コンピュータの分野が勢いづいた。(8) この偉業はライト兄弟の最初の飛行と比べられ、飛行機の場合のように世界を変える反響をもたらすと、量子コンピュータは期待されている。

仮に、ほとんど超自然現象のような量子コンピュータの処理能力が、機械学習というＡＩの形態と組み合わされたとしよう。これまで論じてきたＡＩのほとんどの例は、機械学習を基にしている。この機械学習のデータ処理は高額だ。だからオープンＡＩ社は、一〇〇〇億円の大部分をデータ処理に使う予定なのだ。量子コンピュータを使ってアルゴリズムに学習させることができれば、現在よりも速く、安く、効率的に処理できるようになるだろう。

ディープラーニングのための量子ニューラルネットワークの構築は、依然として新興分野にすぎない。(9) 技術的に手ごわい壁がある。しかし、スタート地点に立つことはできる。ヨーロッパやアメリカ、中国は、それぞれ数千億円を量子コンピュータの開発に投入している。ヨーロッパには量子技術フラッグシップという計画があり、量子コンピュータの超越性の争いでアメリカを先行したい中国は、量子情報科学国家実験室を開設したばかりだ。宇宙旅行の場合と同様に、わたしたちの目的は、十分な資金を出資し、こうした競合する関係者が協力を育むための包括的団体を作ることだ。量子力学の鍵となる奇妙な特性を、ダーウィンの『種の起源』の詩的な結びの段落にちなんで、「錯綜した土手」と呼ぼう。錯綜した川沿いの土手を、ダーウィンは進化の可能性のかたまりとみなした。

汎用人工知能（ＡＧＩ）と量子超越性の両方の取り組みに、わたしたちは投資すべきだ。たとえＡＧＩが完成しなくても、その課題の扱いにくさを過小評価すべきではないし、開発途中で多大な恩恵がもたらされるだろう。ここで生じる深刻な疑問は、人間並みの知能を持つコンピュータに意識は必要なのか、ということだ。この研究は、意識とは何かという本質を避けては通れないので、ＡＧＩ研究に取り組むことがこの疑問に答える助けになる、とわたしは考える。これほど多くの混乱が生じる理由の一つは、意識が意味するものを、誰もが暗黙のうちに知っているのに、明確に問われると、ひどくあいまいにしかわからなくなることだ。

この数十年間で最大の難問が、「意識のハードプロブレム」を解明することである。この謎を誰も解けないのは、科学者が対処できるような方法では語られていないからかもしれない。哲学者のデイヴィッド・チャーマーズによって提唱された意識のハードプロブレムは、「物理的反応から、いったいなぜ、豊かな精神生活が生じるのだろうか？」という問題だ。[10] 言いかえると、なぜ、わたしたちは経験できるのか？　なぜ、赤いバラの色やコーヒーの香り——哲学用語でクオリアという——から主観的な感情が引き起こされるのだろうか？

ＡＧＩに求められそうな性能を考える少しの間、意識の問題は頭の片隅に置いておこう。人間並みの知能を持つコンピュータは、将来の計画を立て、戦略を練ることができなければならない。そのためには、短期記憶を使える能力が必要になる。取り得る行動をモデル化し、他者の行動を理解できなければならない。心の理論が必要になるだろう。すなわち、他者の動機を理解し、適切に相互作用できる能力だ。例えば、一匹の犬のリードが外れ、サンドイッチを持った子供に向かって走っているとしよう。わたしたちには、犬が子供のサンドイッチを取るだろう、ということを即座に思いつくはずだ。子供は茫然として、傷ついてさえいるかもしれない。親はスマートフォンに夢中で、このドラマに気がつかずにいる様子が目に浮かぶ。こうした場面を何の苦労もなく描くことができるし、わたしのこうした想像を、確かに起こりそうだね、とほかの人に思わせることさえできる。ところが、コンピュータにとっては大変難しく、複雑で、ほとんど理解できない状況なのである。こうした思考を再現するための方法が機械学習だ、と大部分の科学者が考える。

機械学習は、わたしたちの考える脳の仕組みをゆるくモデル化したものだ。一般的には、ヒトの脳の中で神経細胞がつながり合う様子を真似た方法で、複雑なネットワークのつながりを描いたソフトウェアを使う。ソフトウェアに起こり得るすべての結末をプログラムするのではなく――ソフトウェア技術者がこれを試そうとしたものの、避けられない欠点があった――ニューラルネットワークという機械学習の手法でコンピュータそのものに自己学習させる。ディープラーニングと呼ばれる、その強力型の機械学習は華々しい成功を見せていて、ディープマインド社のアルファ碁やアルファゼロを後方から支え、オープンAI社の事前学習済み生成機械学習モデル、すなわちGPTというシステムの開発の基になっている。

オープンソースのGPT-2は、新しい文章を生成することができる。コマンドがあれば、スポーツ記事や映画の講評、さらには詩さえも生成するだろう。これは、教師なし学習というものに依存するニューラルネットワークだ。すなわちＧＰＴ-２は、大量のデータ（この場合はインターネットから入手した、およそ八〇〇万の文書）にさらされるが、アルファゼロがチェスを自己学習しなければならなかったように、ＧＰＴ-２自体がすべての意味を理解していく。これが実によく学習するのだ。わたしが本章の冒頭の文「ヘパイストスは、古代ギリシャの神々の中でもっとも有名というわけではないが、もっとも現代的であることは確かだ」を与えると、アルゴリズムが「彼はまず光の王子と呼ばれ、神々の案内役で、オリンポス山の神たちの長であった。さらにヘパイストスは、寓話的なバビロニア信仰のアヌビスとも関連する」と続けた。ありがたいことに、わたしの書き出しのほうが好ましい――ＧＰＴ-２は、ヘパイストスがオリンポス山の長だと間違えている。誰もが知るように、ゼウスが治めていた――しかし、これは初歩的なものにすぎず、オープンソースな言語生成アルゴリズムだ。さらに進化したバージョンでは、十分なコマンドが与えられれば、印象的な主張を組み立てることができる。ＧＰＴ-２、あるいはその進化版のＧＴＰ-３に、ヘパイストスが神話の中で行ったことと、科学者が人工知能でやろうとしていることを比べさせたなら、わたしの言いたいことに近い文章をもしかしたら生成するのかもしれない［訳注：ＣｈａｔＧＰＴはユーザーの入力に反応して人間のように会話するチャットボット形式のアプリで、ディープラーニングのモデルとしてＧＰＴ-３・５またはＧＰＴ-４が組み込まれる］。

ディープラーニングのアルゴリズムが本を執筆するようになる日までは、まだ遠い。しかし、アルゴリズムが役に立つ場面は多い。人間よりもはるかに効率的に図書館情報を調べることは、すでに可能である。わたしたちが作り出す情報の量は、ほとんど想像できないくらい莫大だ。一つの例がある。第6章で、新しい電波望遠鏡のスクエア・キロメートル・アレイに触れた。この望遠鏡は、毎日一ペタバイト（一〇〇万ギガバイト）のデータを生み出す。これだけの量のデータに目を通せる人間はいない。しかし、AIなら、一台でこれを平らげることができる。

AIは、ホルヘ・ルイス・ボルヘスが想像した、ありとあらゆる本が所蔵されているという「バベルの図書館」を思い起こさせる。ほとんどの本は意味をなしていないが、広大な図書館のどこかには、未来を完璧に描いた書物があったり、人生をまるごと網羅した伝記がすべての人間の分だけあったり、さらには、まだ生まれていない人間の伝記さえある。また、何百万冊もの偽の伝記もある。あらゆる言語の本が所蔵されている。司書は、プールのように広大な範囲をふるいにかけて、意味のあるたった一文を載せた本を探すのに、人生のほとんどを無駄にする。

しかし、瞬く間に図書館全体を探すことのできるコンピュータが存在したら、どうなるだろうか。ディープラーニングはきわめてスピーディーな司書になれるだろう。電光石火かも。実際に化学の分野では、そうした能力をすでに発揮している。薬の候補の「確率空間」は膨大で、10^{60} もの化学物質が薬になる可能性がある。これは、太陽系に存在する原子の数よりも多い。しかし、ディープラーニングはこうした空間、いわゆる「化学のバベルの図書館」を探索し、わたしたちが喉から手が出るほど欲する、新しく強力な抗生物質を見つけるために利用されている。(11) ユーモアのセンスを持つ科学者は、ＡＩの発見した薬を、『二〇〇一年宇宙の旅』に登場するＨＡＬ（ハル）というコンピュータにちなんで「ハリシン」と名付けた。

作業記憶を有して、一つの文脈で学習したことをほかの文脈に応用できるようなＡＩが、ディープマインド社で実証されている。複雑な推論は、人間なら当たり前に行っていることだ。だから、次のような命題を与えられたら、わたしたちは正しく答えられる。「レプリカントはブレードランナーを恐れる。レイチェルはレプリカントだ。では、レイチェルが恐れる者は？」あるいは、ロンドンの地下鉄路線図を見て、オールドストリートからパトニーへの行き方を誰かに教えることができる。このような推論をコンピュータは苦手とするけれども、ディープマインド社は、短期記憶にアクセスできるニューラルネットワークを持つコンピュータで、これに取り組み始めている[12]。これは人間のような思考に向けた小さな一歩であるが、この成功は、ニューラルネットワークのアプローチが人間のような思考法につながる道だという自信を、ディープマインド社に与えた。心の理論を備えたＡＩの登場は、それほど遠くない。

多様なＡＩの能力を見てきた。もし、すべての能力を詰め込んだＡＩを作ることができたら、どうなるだろうか。数百万件の医療記録からの知識を利用して、人間の医師よりも的確に病気を診断し、もちろん強力な薬や抗生物質を新しく設計し、国の電源システムを戦略化してもっとも効率的な運用法を決定するほか、人間の運転手よりも安全に運転し、犬が道路に飛び出した時に取るべき行動を決断し、わたしたちの感情に気がついて解釈し、わたしたちに共感し、わたしたちが普段使うような形式でメールを書き、わたしたちに電話をかけ、わたしたちを楽しませ、わたしたちと遊ぶことができるものを手に入れることになるのだろうか。もしＡＩが、ハイレベルでこうした行動――立案し、短期記憶を利用し、行動を予測し、他者の動機を理解し、創造性を発揮すること――をすべて実行できたら……。わたしたちは、最終的にはそのような機械を開発する流れになると感じているようだ――それに、ＡＩがコーヒーの香りやバラの色を「経験」するかどうかなど、誰も気にかけない。ディープラーニングから派生したＡＩの常識は、人間の常識と同様、きちんと数値化できないだろう。

フィリップ・Ｋ・ディックの『アンドロイドは電気羊の夢を見るか』の中で、ブレードランナーという賞金稼ぎのデッカードが、人造人間の疑いのある女性に質問をする。そのインタビューの間、デッカードは女性の生理反応を測定する。

「君は誕生日に、子牛の革の財布をもらった」

「受け取れない」とレイチェルは言った。「それに、財布を贈った人物をわたしは通報するでしょうね」

デッカードは、人々がロブスターを生きたまま熱湯に落とし、調理していたという野蛮な時代を話して、再びレイチェルの反応を見る。

「そんな……」レイチェルが言った。「信じられない！　本当にそんなことを？　非道だわ！　だってロブスターは、生きているんでしょ？」

レイチェルは言葉の上では通常の人間のような反応を見せる、とデッカードは記録する一方で、レイチェルの生理反応を測定する装置は何の変化も記録しない。「形式上の正しい答えだ。だが、シミュレーションされたもの」レイチェルは本物の共感を示さないと、デッカードは結論づける。作品の中では、これが人間とアンドロイドを分ける要素である。しかし、その図式には混乱する。デッカード自身が、アンドロイドを殺す時は言うまでもなく、共感というものをほとんど示さないからだ。そのうえ、シミュレーションされた応答と「本物の」応答に違いがあるとすれば、それは何なのかという疑問に、作品は答えない。わたしたちはレプリカントに共感するし、違いを説明するのがほとんど不可能であることに、不都合があるのだろうか。なんとなくそう思う。

「常識」と人間並みの知能があれば意識を模倣させられるだろう、という発想に、わたしは傾いている。しかし残念ながら、意識の模倣はすぐには実現できそうにない。残念だと思うのは、人間以外の知的存在に会ってみたいし、そのためには、今のこの方法しかなさそうだからだ。アレン人工知能研究所のオレン・エツィオーニCEOは、完全な知的存在は言うまでもなく、六歳児の知能を再現することでさえ、何年も先のことだと言う。何年かかるのかという質問に対して、「想像した数字を倍にして、それを三倍にして、さらに四倍した時だ」と答えた[13]。わたしたちの仕事は、研究が進むように助けて、その進捗をオープンにすることだ。目標には届かないとしても、研究の旅路が多大な情報をもたらすだろう。

自律型の機械のほかに、ヘパイストスは命の性質を運ぶ液体を作った。その小さな物質に、わたしたちは現在、依存している。知性のある機械を作ろうとする行為が、意識に対するわたしたちの理解をかき回すように、有機生命体を作ろうとすることは、命そのものの見方を変えるだろう。

人間の脳の働きや機能の仕組みを説明したり、それを真似たりすることは、生命のシステムを作ることよりも難しいので、真に知性的な機械を作るよりも、有機生命体を作るほうが簡単かもしれない。生命のシステムであれば、その構成要素について多くを理解しており、そうした要素がどうまとまるのかもよくわかっている。一方、脳は、わたしたちの知る限り、宇宙でもっとも複雑な物体だ。

コンピュータや高度に複雑なシステムを、シリコンやワイヤー、超伝導体などの無機物質を合わせて組み立てるように、原理上は生命のシステムを作ることができる。これが合成生物学の目指すところだ。生きている物質を使って、無機物と同じようなアプローチで生命体を設計する。工学と設計の法則を整理して、細胞のさまざまな構成要素を「既製」パーツとして、顕微鏡で見るような大きさで作り、生命体を組み立てる。ただし、過度な期待は禁物だ。細胞の要素すべてが協調する様子をわたしたちが完全に知るまでには、すなわち、その詳細を理解するまでには時間がかかる。それに、研究は進めるけれど、それは複雑な動物を作ろうとするものではない――むしろ、細菌ぐらいの複雑さの単細胞の有機体を作りたい。もしかしたら酵母細胞（細菌よりはるかに複雑だ）を作るかもしれない。

細菌の細胞は作れるはずと、強く確信している。こうした発想を強く裏付ける出来事が二〇一〇年に起こった。遺伝学者のクレイグ・ヴェンターのチームが、合成ＤＮＡのかたまりを単純な細菌の遺伝情報を持つようにまとめ上げ、空っぽにしておいた別の細菌の中にそのＤＮＡを入れた。微生物学者のハミルトン・スミスとクライド・ハッチソン三世を擁するチームは、実際に生命のシステムを再起動させ、細胞はついに生きている状態になった[14]。遺伝情報はマイコプラズマ・ミコイデスという細菌のものを合成し、占有され乗っ取られる空っぽな宿主細胞には、近縁種のマイコプラズマ・カプリコルムが使用された。蘇生した細胞が成長し複製すると、正常なマイコプラズマ・ミコイデスができた。

ヴェンターのチームは、それから六年かけて合成ゲノムを徐々にそぎ落とし、生命に必須な遺伝子だけを残した。少なくとも、その細胞は生きていると言える状態だ。最低限のゲノムは四七三個の遺伝子で構成されるが、その三分の一近い一四九個の遺伝子の機能は不明である。最小限のゲノムはもっと少ない数の遺伝子で、少なくとも、もっと機能のわかっているものだろうと期待していたので、チームはその複雑さに衝撃を受けた。これが、合成生物学の分野全体にまたがる困難の味だ。すべてが想像よりもはるかに複雑なのである。

細菌も結構だが、わたしたちが作りたいのは複雑な細胞である。細菌は原核生物で、複雑な内部機構を持たない単細胞だ。一方、わたしたち——とすべての植物、動物、菌類——は真核生物で、さまざまな機能を実行できる、より大きく、より複雑な多細胞だ。真核生物のほうが安定で、信頼でき、丈夫で、制御できる。だから、ゼロから真核生物を作り出すのは一層難しくなる。

酵母は単細胞生物で、単純な真核生物の一つだ。コロニーを形成するが、コロニー内の細胞はまったく同じであり、カエルやヒナギクの集団のように個々を区別することはできない。マイコプラズマ・ミコイデスには四七三個の遺伝子がある一方で、酵母には六二七五個の遺伝子があり、一二〇〇万を超えるDNAの塩基対により一六の染色体を形成する。人工酵母を作るために立ち上げられた国際共同事業体の合成酵母2・0プロジェクトは、酵母細胞の染色体を合成して再現することだけを目的にするのではなく、酵母の設計全体を合理的に説明することを目標にする。新しい酵母は整理されて最適化され、自然淘汰の乱雑な痕跡は取り除かれ、繰り返しの要素は省かれるだろう。研究チームは、新しい機能を指定する、まったく新しい染色体を与えている。

酵母は、細菌よりもはるかに汎用性があり、洗練されていて、柔軟さと信頼性がある。両者を乗り物にたとえるなら、細菌は木製の荷車であるのに対して、酵母は何だろう……テスラ車か『トランスフォーマー』に登場するロボットだろう。

「酵母はパン焼きや醸造、ワイン作りで、地球上のどの生物よりも人間の幸せに貢献している」と、シドニーにあるARC（オーストラリア研究会議）のセンター・オブ・エクセレンス合成生物部門のイアン・ポールセン所長は言う。「馬車馬のように、実によく働く生物だ。安全で、わたしたちが食べて問題なく、病原体ではないので、大規模に取り組むことができる」最後の点が肝だ。酵母は、大量に増殖した場合にウイルスに感染してしまう細菌とは異なり、ウイルス感染などの心配とは無縁な、数少ない生物なのである。

ポールセンが率いる合成酵母を創る共同事業体の各チームは、一本ずつ割り当てられた酵母の染色体を研究してきた。今度は、すべての染色体を合成し、それらをまとめて一つの細胞に入れ、機能させようとしている。この課題は、想像していたよりもはるかに難しいことがわかった。なぜなら、異なる染色体に乗ったDNA間で相互に依存するものがあるために、合成した染色体では、酵母の染色体がもとの細胞内にすべて収まっている場合と同じようには、必ずしも振る舞わないからだ。骨のある課題だが、乗り越えられる。最終的に合成酵母を準備できれば、オーダーメイドの医療や薬のためにマウスやヒトの細胞株を作れる、という原理の証明になるだろう。

インペリアル・カレッジ・ロンドンのポール・フリーモントは、合成生物学で世界を引っ張る人物の一人だ。わたしたちが人工知能の分野で研究者の協力を促したように、フリーモントは同様の包括的な発想で、二〇一九年にグローバル・バイオファウンドリ・アライアンスを立ち上げた。これは、工学者や生物学者、遺伝学者が集まって、生物のシステムや構成要素の研究を進める中心になるものだ。現在の実務レベルは、作った酵素と遺伝子工学を利用して、薬を合成できるような細胞や、特に、他の分子やウイルスの有無を知らせる機能を持つ細胞を作っている。例えばロンドンのバイオファウンドリでは、新型コロナウイルス感染症を診断できる細胞株を三週間かけて作製した。

アライアンスには、合成生物学の研究を加速するため、イギリス、アメリカ、日本、シンガポール、中国、オーストラリア、デンマーク、カナダから二七の国際機関が参加する。わたしたちはアライアンスに投資することで、研究をさらに推し進め、かつすべての情報に誰でもアクセスでき、共有できるようにし、さらに安全問題の評価活動に（アライアンスがこれまで以上に）集中して取り組めるようにする。

合成生物学者がひとたび新しい酵母を作ることができれば、さまざまな機能を持つように調整可能な生物を手に入れたことになる。持続可能な未来を届けることが大きな目標だ。周知の通り、わたしたちの文明は石油化学の礎の上に成り立つが、その石油化学は、不安定で、わたしたちの命を脅かす気候の危機を進めているのである。この基礎を、持続可能で、生物学を基礎にしたものと取り替えなければならない。合成酵母は穀物に含まれる糖分を分解して、燃料に変えることが見込めるものの、変換効率の低さから、現段階ではある程度の規模で実践するのは厳しい。これも課題だろう。それよりも、遺伝子編集した酵母で農薬や工業化学品などの溶剤を作るほうが、簡単だ。例えば、オーストラリアのクイーンズランド大学の合成生物学者クラウディア・ヴィッカーズは、微生物を利用して、酵母を増やし、農薬にもなる植物ホルモンを合成している。

　わたしたちが大規模に作ろうとしている生命体は、二酸化炭素を隔離して、海を脱酸性化し、荒れた環境の汚染を除去し、（新しい抗生物質やワクチンなどの）薬を製造し、栄養価が高い食物を豊富に育てる助けとなり、水を清浄にし、持続可能な建築資材を生産し、廃棄物を分解できるような生物だ。

合成生物学の提案者が訴えてきたのは、今世紀中には生物の根幹を実際にコントロールし始め、合成生物学がわたしたちの生活をもっとも顕著に変える分野になる、ということだ。ただし、これを実行するには、生き物のシステムを組み立てることに関する規制――確実に複雑な規制になる――を定義する必要があるだろう。

合成生物学は、物理学者のリチャード・ファインマンの「作れないものは、理解していないのだ」という発言を地で行く。エネルギーや代謝、運動、感覚など、細胞の機能のさまざまな側面に合わせたパーツを組み立てることを目標に研究しているのだ。こうした要素をまとめて、幅広い生命のシステムを作れるようにしたい。「不活性な無生物で、コンピュータなどのとても複雑なシステムを作ることができるなら、無生物と同じアプローチや洗練を、生物を作るのに当てはめられないのか？」とポール・フリーモントは述べる。「わたしは、それもまた可能だと思う」

わたしの自宅からちょっとの所に地ビール醸造所がある。あなたの近所にもあるだろう。地ビールは、最近の飲料業界で存在感を増していて、醸造所の大きなタンクは、人々を魅了してやまない。内部では酵母がアルコールをせっせと作っている。

わたしたちが――今すぐ――すべきことは、ビールと並行して、バイオリファイナリーを立ち上げることだ。そこでは、ビールを購入するように、バイオ精製商品を購入できる。それは香水かもしれない。食べ物かもしれない。わたしたちの出した有機廃棄物をリサイクルする、小さなバイオリファイナリーなら作れそうだ。完全な合成酵母を必要としないので、遺伝子工学で調整した酵母を利用して、すぐに始められる。合成生物学の概念が、特に香料などの高付加価値品に需要があることを示すことと、それにより生活の一部に合成生物がいることについて世間をなだめることが狙いだ。

ビール造りそのものも簡単に効率を高められる。ホップの毬花《きゅうか》は多くのビールの香り付けに使われるが、ホップは栽培に費用がかかり、大量の水が必要だ。また、毬花の「ホッピネス」——毬花に含まれる油分から生まれる香り——が一定でないため、ビールの味を標準化するのは難しいという問題がある。カリフォルニア大学バークレー校のチャールズ・デンビーらは、ホップの香りを作る遺伝子が発現するように酵母を設計し、その酵母でビールを醸造した。[15] バークレー校のグループはまた、THCなどの大麻成分を作るように酵母を遺伝子編集した。[16] バークレーでは古くから大量の大麻が消費されている一方で、生産コストが高い。値段が張ってもありがたがるのは、大麻常習者の中でも少ないだろう（カリフォルニア州の電力の何と三パーセントも使っている、という報告がある）。より安価で、おいしく、環境にやさしく、持続可能なビールや大麻を作ることが酵母には可能なので、少なくとも世の中のある部門の助けにはなるだろう〔訳注：カリフォルニア州では医療用大麻が一九九六年、嗜好用大麻が二〇一八年から合法である〕。

あらゆる生命体が、同じ記号と同じ機構を有する。だから生命体を完全に合成することにより生じた新しい哲学的な疑問や倫理面の問いと、きちんと向き合わなければならない。ただし、わたしたちの目的は、自然界には存在しない安全な生命体を作って活用することだ。

酵母から始めて、合成真核生物を作る方法を学ぶことができたのなら、そのルートは最終的に合成多細胞生物を作ることへとつながるだろう。例えば、月や火星で人間が生きるうえで望ましい、多岐にわたる変化が想像できる。地球よりも小さい重力や多い放射線量に適応したり、地球外では手に入りにくい栄養やビタミンを細胞が合成したりできるようにするのだ。同様なアプローチで、ほかの動物や植物を再設計するかもしれない。例えば、火星の表面で成長できるように遺伝子を編集した地衣類や藻類が思い浮かぶ。

わたしたちの「第二の創世記」の取り組みは、次のようにまとめられる。基礎研究に多額の資金を拠出して、その研究が確実に共有され、一般に利用できるようにする。これが、意識や生命とは何かという究極の疑問に向かって進むための方法だ。進んでいく過程で、きわめて役に立つ数々の事柄を開発していくだろう。人工知能はエネルギー問題を解決でき、もしかしたら核融合反応の仕組みを解明するかもしれない。それに風や太陽光からより多くのエネルギーを取り出せるはず。遺伝子編集された細胞は、現在、石油に依存して作る商品を製造できるようになるだろう。わたしたちは石油を燃やしているだけでなく、運動靴から衣類、サングラス、口紅、頭痛薬まで、多くの日用品を製造するのに石油を使っていることを簡単に忘れてしまう。こうした商品を石油を使わずに製造する必要があり、合成生物学を利用すれば、これが可能になるだろう。

研究の途中には、究極の疑問の答えが見えてくるだろう。ヴェンターのチームが合成ゲノムを作って、空っぽの細菌の細胞に注入した際の過程は、コンピュータを再起動するかのように描写されたた（数ページ前に記載）。フランケンシュタインのように、まるで「生命」にスイッチがあり、それを押したら「生命が始まった」と言うのは衝撃的すぎると感じる人がいるかもしれない。しかし、実際に起きたことなのだ。「単なる」細菌が生き返ったので、事の重大さが実感されなかったのだろう。ところが、こうした取り組みや本章でわたしたちが出資する研究によって、生物の謎が解明されていくことになる。ただし、生命の不思議がなくなるわけではないし、生物を慈しみ、保護しなくてもよいというわけでもない。新しい生命体を作るために、わたしたちは地球に既存の生物の保護を重んじるべきだ。それこそ、合成生物学の敷いたレールを進み出す理由の核心にある。

生命体を作れるようになるにつれて、生命は、ヘパイストスのロボットのように、命に不可欠な力がもたらす何かではないと考えるようになるだろう。生命はエントロピーに抵抗できるため、わたしたちの知る現象の中でも特異なものだ。生物は少なくともある期間は、エネルギーを往復させることで、減衰と崩壊の秩序である熱力学の第二法則を回避する活動をする。ユニヴァーシティ・カレッジ・ロンドンの生化学者のニック・レーンは、「生は休む場所を探している電子にすぎないのなら、死は停止する電子にすぎない」と形容する。これが生命の不思議の根幹だ。

意識の分野でも、機械学習が発達するとともに、より多くの恩恵をもたらすようになるだろう。繰り返すが、そこには危険性があり、しつこいようだが、安全・安心の問題がある。こうした問題は無視してはならない。けれども、人工知能のシステムが向上し、アルゴリズムに対するわたしたちの共感が増すほど、人工知能がコーヒーの香りを学習できるかどうかなどはささいなことに思えてくるだろう。

ヴェンターは、生物のDNAを導入することで合成細菌の作製に関わった科学者として、名前を刻んだ。彼はジェイムズ・ジョイスの『若い芸術家の肖像』を引用する。「生き、あやまちを犯し、落ち、勝利し、生から生を再び創造すること」

もちろん、すばらしい引用だ。しかし、アラン・ムーアの『ウォッチメン』に登場する超人のDr.マンハッタンのセリフからも引用して欲しかった。「生きていても、死んでいても、人間の分子の数はまったく同じだ。構造的には、一切の違いは認められない。つまるところ、正と死は数値化できない抽象概念でしかない」

達成したこと

ディープラーニング施設と量子コンピュータ研究を拡大し、その進歩と目的の透明性を高める。意識のプロセスを機械で綿密に真似ることで、意識への理解を高める。多目的に利用できる基本の合成細菌を大規模で作る。さらに、酵母細胞を基にした、より「高度な」生命体を合成する。第二の創世記という高い目標を掲げる。すなわち、人間並みの知能を有する機械を作り、自然淘汰を通じて獲得したのではない機能と遺伝情報を持つ合成真核生物を作製する。

支　出

汎用人工知能を作るための研究……一〇兆円
量子コンピュータのための錯綜した土手の団体……一〇兆円
人工・合成生物を開発するための組織である合成アライアンスの設立……一〇兆円
地元のバイオリファイナリーの発展……一兆円
合　計……三一兆円

おわりに　一〇〇兆円の使い方

『100兆円で何ができる?』は、遊び心から出発した。ところが、空想をめぐらせて始めたものの、文献を研究し、世界規模の不公平や科学的発見の遅いペース、気候変動への行動の欠如、毎年、浪費されたり貯め込まれたりする巨額の資金などに対処できる——対処すべき——問題を具体的に考えた途端、そうした想像が現実の問題としてありありと感じられるようになった。

本書で説いた一〇の巨大プロジェクトは、すべて、この世界で実現できそうなことだ。資源と、ほとんどの場合には科学技術的なノウハウが存在する。ただし、もちろん政治的・社会的な意志もそうだが、わたしたちは、これらをしなければならない、と心から思わないと達成できない。それこそ、不満を爆発させよう。

これが、もし映画『マイナーブラザース/史上最大の賭け』の一〇〇兆円版で、一〇の話題から一つを選ばなければならないとしたら、どれを選ぶだろうか。すべてのプロジェクトに思い入れがある。取材した科学者の多くは、説得力のある研究に情熱を傾けていて、研究のどれもが恩恵をもたらしてくれそうだ。

わたしたちの検証してきた科学の難問——人類史上、最大の難問に数えられるものもある——の中には、それほどの大金を必要としないものがある。それにもかかわらず、科学者が資金作りに駆けずり回っている現状には、がっかりだ。

普遍的な教育と現金給付を求める主張には、ほとんど抗えない。この瞬間にも、人々は生きている。教育プログラムに費やされる資金は、数億人の子供の人生を永遠に変えるだろう。こうした現実の人生に目を向けると、物理学や自然の本質の理解のため、あるいは人間並みの能力を持つ人工知能を作ろうという試み、永続的な月の基地の構想に拠出することを正当化しがたい。わたしたちの資金があれば、数百万人の人生を一変させられるだろう。しかし変えないとしても罪ではないだろう。だから、わたしは道徳上の引っかかりを抱き——切実に、わたしに重くのしかかる——ながらも、資金の大部分を世界でもっとも貧しい人々に配らない、と決断する。

巨額の資金があれば、世界を変えるチャンスがある——それに救えるかもしれない——すべきことをすべて実行して、気候変動に立ち向かうのだ。行動しなければ、世界のもっとも貧しい人の多くの未来が、たった今から、ひどい悪化の一途をたどるだろう。だから一〇〇兆円は必然的に、気候の危機に立ち向かうために使わなければならない。ここに、わたしの意志がある。五〇兆円を世界が再生可能エネルギーへと移行するために使い（第3章）、五〇兆円を巨大規模の生物多様性の再生（第4章）と二酸化炭素の排出削減（第7章）に使う。

まずは再生可能エネルギーだ。風力および太陽光エネルギーの成長と拡大については、きわめて楽観視している。再生可能エネルギーの価格は常に下がり続け、多くの国やアメリカの一州では、二〇五〇年までに（中国では二〇六〇年までに）排出量の実質ゼロを目指す、という法的拘束力のある約束をしている。しかし、移行するには後押しが必要だ。地球温暖化を「管理できる」段階にとどめるためには、二〇三〇年までに、少なくとも四五パーセントの削減が求められる。グローバル・サウスには投資が必要で、特にインドの電力需要はよその国をはるかに凌ぐ勢いで拡大している。インドの電力の大部分（およそ七五パーセント）は石炭火力によるもので、ナレンドラ・モディ首相は、国の発展速度を上げようと、四一の炭坑を民間に競売したい考えだ。インドが石炭からの脱却を早め、風力・火力発電を導入し、送電網と再生エネルギーの貯蔵力を現代化するために、わたしは資金を投入したい。こうした目的で、インドには二〇兆円、アメリカと中国の再生可能計画にはそれぞれ一〇兆円、さらに一〇兆円を、世界中で再生可能エネルギーを押し進めるのに使う。

残りの五〇兆円の使い道だ。

再生可能エネルギーの割合を一〇〇パーセントにして、二酸化炭素の排出量を実質ゼロにするには、数年、おそらく数十年はかかる。再生可能エネルギーへの移行は、あまりに遅く、仮に移行が完了しても、それだけでは未来を守ることにはならないだろう。地球が安全でいられる限界のほとんどを突破し、絶滅の危機が地球全体の生態系を崩壊の危機にさらしている状況を、本書では紹介した。だがありがたいことに、わたしたちの文明を脱炭素化させて、生物多様性を守るまでに時間を稼ぐ方法はある。生物多様性や二酸化炭素の貯留・排出削減において鍵を握る地域を、買い上げて保護するのだ。世界では六〇〇万平方キロメートルを超える土地があり、これを単純に放置して、放牧や開発から保護し、再成長させれば、今後三〇年間に数百億トンの二酸化炭素をとらえてくれるだろう。早急にきちんと保護すべき土地はほかにもある。

きわめておおまかな見積もりでは、すべての絶滅危惧種のために土地を購入して管理し、保護し、また、そのような地域の住人の支援を含めると、費用は、毎年およそ一〇兆円になるだろう。五〇兆円の残りのほとんどは、生態系の再生と保護計画に使われるべきだ。その中には、さまざまな樹木の植え付け・再生・復元の大規模計画があり、海と淡水環境もここに含まれる。このための費用の一部は、現在、畜牛に利用されたり、ウシの餌を育てたりしている広大な土地を購入し、自然に再生させることにあてよう。こうした活動が地球規模での牛肉の消費削減に向けた原動力となり、代替肉の開発を刺激することを、わたしは望み、期待する。

五〇兆円を生態系の再生に使っただけでは、気候変動から救われないことを、はっきり伝えておこう。しかし、正しく取り組み、森をひとりでに成長するにまかせると、森は二酸化炭素をつかまえる強力な手段となり、生物多様性を高め、人間社会の残りの部分を脱炭素化させるための時間的猶予を与えてくれるだろう。わたしたちはもちろん、植林した森が成長した途端に伐採されないようにしなければならない――生態系サービスへの投資は、この部分に投入されるだろう。

そのほかの計画は少額で支えたい。一〇〇〇億円は、二酸化炭素を大量に回収できる見込みのある風化の促進試験にあて（第7章）、一兆九〇〇〇億円は、月を目指した地球同盟の設立のために、アフリカ宇宙局に使う（第5章）。NASAはアルテミス合意を利用して、月などの天体上の商業活動を管理しようとしている。[1] ほかの国も月の開発計画で恩恵を受け、宇宙の規制に発言権を持つことが必須である。わたしたちの投資は、これを確実にするために役立てる。おまけとして、多少のズルにはなるが、わたしたちの資金に条件を付けることができるだろう。言いかえると、生物多様性の復活構想やグローバル・サウスでの再生可能エネルギーの開発・導入の出資を、教育と貧困の緩和計画と結び付け、第1章の人道主義の懸念に直接、対処していきたい。

以上。資金はすべて使った。

そろそろ現実の世界に戻ろう。

ジョー・バイデン米大統領の就任して初めての挑戦の一つが、二〇〇〇兆円の気候計画を通過させることだろう［訳注：法案は四三兆円、うち気候関連は三七兆円に規模を縮小して、二〇二二年に成立した］。欧州連合でも大規模な気候対策を約束して、二〇二一年から二〇二七年の間に一三九・六二兆円の予算を通過させており、そのうち八二・五兆円は、直接「緑」のための計画に配分され、残りが環境を「傷つけない」計画にあてられる。さあ、始めよう。EUが排出削減目標を達成するためには、二〇二七年までに低排出に推定三一二兆円を投じなければならない[2]。

国連の一七のグローバル目標は、本書で挙げた計画の多くと重なる（科学と宇宙探査は除く）。公式に持続可能な開発目標と呼ばれるこの目標は、達成できれば（例えば）貧困に終止符を打ち、普遍的な教育やクリーンなエネルギーを手に入れ、気候変動に対処できるという指針だ。この開発目標に一九三の加盟国すべてが同意しているものの、法的拘束力はない。国連は、世界中から貧困を取り除くのに毎年一七・五兆円の費用がかかると推定する。グローバルヘルスや気候変動、生物多様性、持続可能な街や工業、食料の生産と消費など、一七の開発目標すべてを達成するために、国連は、毎年二〇〇兆円――世界のGDPの二パーセント――を見積もる。国連は、その金額には近づけない。二〇二〇年の予算は、わずか三一〇〇億円しかなかった。[3] しかし、本書で見てきたように、新型コロナウイルス感染症後のたくましく生まれ変わった世界では、これは不可能な金額ではない。

二〇二〇年には、新型コロナウイルス感染症に対応するため、九〇〇兆円から一二〇〇兆円が見つかるか創り出された――そして使われた。気候変動や生物多様性の危機、国連の開発目標のために、さらに多くの資金を「見つけなければならない」のは明らかだ。多国籍企業が、脱税のために金をオフショア銀行に移すことで、毎年一〇〇兆円もがグローバル・サウスの経済からひっそりと消えている。グローバル・サウスの人々は輸出業界で不当に低い賃金で働かされているため、その分の数百兆円もまた行方不明だ。[4] 全能な世界の支配者である『アベンジャーズ』のサノス、もしその生態系にやさしい版が指をパチンと鳴らして、世界の富を再配分できるなら、資金をすぐに集められるだろう。それまでは、政治的圧力を加え、世間に訴え、購入するもので意思を示していくしかない。

わたしたちが消費するものの影響を、きちんと認識しておくべきだ。食べて、エネルギーのために燃やして、建設し、商品に加工して、地球から毎年、資源を取っていることを忘れないでほしい。二〇一七年、わたしたちの使用した資源の総量は九二〇億トンに達した。再生可能な資源でまかなえるのは、最大でも年間五〇〇億トンだ。[5] 過剰な消費により、わたしたちは自分の腰かけている枝を切り落そうとしている。単純に継続できない。「継続できない」というのは、かつてある教師がやっていたように、机をこぶしで叩いて誇張しているようなものではなく、文字通りの意味だ。地球のシステムが崩壊するので、継続できない。

　絶望するのは簡単で、不安に思うのが普通だ。わたしも両方、経験した。わたしが警告すべき、支援すべきと思った事柄は、より良い世界のために活動する世界中の数千人の科学者や経済学者、活動家と話すうちに見つけたことだ。世界を変えようというチームや計画には、数百万人が控えている。彼らは人生を捧げている。作家で活動家のアルンダティ・ロイは、新型コロナウイルス感染症の大流行は入り口で、ある世界から次の世界への通過点だと述べた[6]。わたしたちはこの瞬間にも、生態系の崩壊が現実味を帯びている世界への扉を開き、足を踏み入れることを選択しようとしている。わたしたちは今、そうではない世界を作るという選択をしなければならない。

　世界中の富は、人類史上かつてない規模に膨らんでいる。慈善活動も成長している。この成長が続くこと、国が国境を越え、民間とも協力することに期待しよう。わたし個人は、本書で話してきたような大金を持つことはないだろうが、いくらかの資金はある。わたしの税金が大きな移行や再分配に使われるなら満足だ。それから、わたし（とわたしの年金を運用する誰か）は二酸化炭素の排出量が少ない、または実質ゼロ、さらには実質マイナスの商品やサービスを好んで利用することに、喜んで努力しよう。政府は変わらねばならず、わたしたちも変わらねばならない。

　この取り組みで、ひとりになることはない。より環境にやさしく、より公平になった新型コロナウイルス感染症後の世界への扉を、現実に通過したい――そのために行動したい――という希望は、大多数の人が共通して抱いている。ここに一体感があり、わたしたちは史上もっとも重要な共通の任務に参加しているのだ、とわかることが大きな励みになる。

写真提供

はじめに
世界初のトリリオネアになりそうなジェフ・ベゾス。二〇二〇年、ニューデリーでのアマゾン社のイベントにて。
Sajjad Hussain/AFP via Getty Images

第1章　人類の標準を上げる
遠隔の地にある学校で、アムハラ語を学ぶエチオピアの少女。教室には電気が通じていない。
Hadnyvah/Getty Images

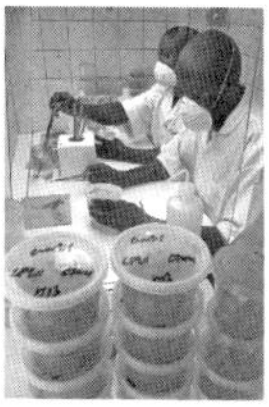

第2章　あらゆる病気を治す
コンゴ民主共和国ブカブの研究所で抗マラリア薬をインビトロ生産する。
Thomas Imo/Getty Images

第3章　カーボン・ゼロに向けて

二〇一八年一一月三〇日、スウェーデン議会の外で「気候のための学校ストライキ」と書かれたプラカードを掲げるグレタ・トゥーンベリ。

Hanna Franzen/AFP via Getty Images

第4章　地球の命を救え

ハダカデバネズミ——もちろん、アフリカでもっとも偉大な哺乳類の一つ。

Lorna Faulkes

第5章　惑星への移住

一九七二年四月、アポロ一六号のミッションで、月のプラム・クレーターからサンプルを回収するチャールズ・デューク。

Encyclopaedia Britannica/Universal Images Group Via Getty Images

第6章　宇宙人を見つける

『E.T.』——いまなお世界一有名な宇宙人。

Sunset Boulevard/Corbis via Getty Images

写真提供

第7章　わたしたちの惑星を再設計する

エドヴァルド・ムンク作『叫び』クラカタウ山の噴火で、ヨーロッパ中の空が赤く染まったことに影響された。

WikiCommons/National Museum of Norway

第8章　世界を菜食主義に変える

大昔に絶滅したオーロックスは、現代の畜牛の祖先で、およそ一万七〇〇〇年前のラスコー洞窟の壁画に描かれている。

WikiCommons

第9章　新しい実在を見つける

ケンタウルス座の中で有名なケンタウルス座Aという銀河に存在する巨大ブラックホール。

Universal Images Group via Getty Images

第10章　第二の創世記

東芝の開発したアンドロイド、地平《ちひら》ジュンこは日本語、中国語、英語を話す。二〇一六年より、アクアシティお台場に展示されている。

Andia/Universal Images Group via Getty Images

おわりに　一〇〇兆円の使い方

有名な「ザ・ブルー・マーブル」――一九七二年一二月にアポロ一七号から見た地球。
NASA/Apollo 17 crew; taken by either Harrison Schmitt or Ron Evans

謝辞

本書は、ニュー・サイエンティスト誌の記事のためのアイデアが始まりで、それから瞬く間にどんどん膨らんでいった。わたしのすばらしいエージェントのパトリック・ウォルシュが、そのアイデアの風船をさらに膨らませ、完璧なエディターのマーク・エリンガムへとつないでくれた。マークは、本書を形作り、記事や文献や最新情報をわたしに知らせ、細心の注意を払って編集し、すばらしい仕上がりに修正してくれたという点で、本書に多大な貢献をしてくれた。パトリックとの二冊目の本に、一緒に取り組めたことは大きな喜びだ。感謝する。それからマークに。そしてプロファイル社のみんなに。特にニッキー・トゥワイマン（校正）、ビル・ジョンコックス（索引）、ヘンリー・アイルズ（デザイン）が、このプロジェクトに協力してくれた。

ニュー・サイエンティスト誌の編集長のエミリー・ウィルソンに感謝する。わたしが本書に取り組む時間を見つけてくれた。同僚のキャサリン・デ・ラングとティファニー・オキャラハンにも。本書は、数十人もの方々からのたくさんのアドバイスや、意見交換、情報が実を結んだものだ。ニュー・サイエンティスト誌のアダム・ヴォーン、グラハム・ロートン、ジェシカ・ハムズルー、マイケル・

ル・ペイジ、リア・クレイン、ジェイコブ・アロン、クレア・ウィルソン、ヴァレリー・ジェイミソン、ペニー・サルシェ、クレイグ・マッキーなど多くのみんなに感謝する。ニュー・サイエンティスト誌は、とても刺激に満ちており、これからも繁栄するだろう。

サイエンス・ライターになった大きな喜びの一つが、ある専門分野の世界でもっとも知識のある人たちと話せることだ。話す機会があるだけでも特別なのに、決して手にすることのないような大金を使って、何ができるだろうかというお題に向き合ってもらうなど、本当に特別なことだ。だから、本書に登場し、本書のアイデアについて考え、話すのに時間を惜しみなく割いてくれたすべての科学者に感謝する。全員を載せることはできないが、何人か紹介しよう。ジェレミー・ファラー、セス・バークレー、スーザン・クック・パットン、マーク・ジェイコブソン、デイビッド・ベアリング、デビッド・レイ、レシェク・ボリセヴィチ、トーマス・クラウザー、レベッカ・ショー、デイビッド・ティルマン、デビッド・キース、ピーター・ワドハムズ、ケイト・ラーセン、ジェームズ・ハンセン、ジョセフ・ムーア、ジュールス・プレティ、リン・ディックス、ポール・フリーモント、イアン・ポールセン、ディーター・ヘルム、エミリー・ニコルソン、ヨハネス・ハウスホーファー、マーク・ジャッカード、スティーヴン・カウリー、チャーリー・ウィルソン、キャメロン・ヘプバーン、ケリー・ワンサー、ゲルノット・ワグナー、ジョン・バターワース、セス・ショスタック、ジュリア・シュタインバーガー、ジョエル・ミルウォード・ホプキンスに感謝する。

親切にも草稿を何章か読んで、とても役に立つコメントをくれた人たちがいる。貴重な時間と意見をありがとう。ケイト・オーキン、アダム・ヴォーン、アジェイ・ガンビア、アンディ・ヘクター、

謝辞

サミュエル・クレボー、ジーヤ・メラリ、トーマス・マッコーリー、アニル・セスに感謝する。本書に残っている誤りは、わたしのものだ。

たくさんの友人やライター仲間や知人が、さまざまに支え、助言してくれた。ガイア・ヴィンス、セレステ・ビーバー、キャサリン・ブラヒック、オリバー・モートン、ビクトリア・ジェームズ、サイモン・オルドリッジ、劉慈欣（資金で何をすべきかの助言に従わなかったけれど）、キム・スタンリー・ロビンスン、クリスティアナ・フィゲレス、トム・リベット・カルナック、クリス・グドール、トム・ベルシャム、アニト・ムカルジー、クリス・フォルケス――みんなに感謝を表する。

家族にも感謝する。特にロックダウンの期間中はありがとう。ロス、ジョン、スティーヴ、母のメアリーと父のリチャードとキャシー、ジェマとフィル、マックとネイト、スカウトとネリーに。

パートナーのローラ・ギャラガーは、本書ができるまでの各段階、本の題名からマラリアや遺伝子編集、熱帯病の詳細に至るまでのアドバイスをくれるだけでなく、本のトーンや雰囲気にも助言をくれるなど、影響を与え、改善してくれた。いつもの通り、愛情とサポートと導きをありがとう。最後に、娘のモリーとアイリスに。二人のために使える一〇〇兆円を持っていないけれど、本書は、未来――君たちの未来――をより良いものにしようとしている。

訳者あとがき

本書は *How to Spend a Trillion Dollars: Saving the world and solving the biggest mysteries in science*, Profile Books（2021）の全訳である。

一〇〇兆円が手に入ったら、あなたは何に使いますか？

突然このように尋ねられても、国家予算レベルの金額（二〇二三年度の日本の一般会計は一一四兆円あまり）に目を白黒させるばかりで何も思いつかないのが通常の反応だろうが、著者のローワン・フーパーはこう答える。地球を苦しめる問題を解決するために使おう。そして本書の中では、地球の抱える問題を一〇個にまで絞り込み、それぞれに一〇〇兆円ずつ使った場合、どのように解決していけるのか思考実験をする。つまり、読者は本書を通じてフーパーの頭の中をのぞくことになる。

ただし空想とはいえ、あくまでも「実験」であるから、本書で扱うのはテクノロジーが主体だ。開発中または構想中の最新テクノロジーを用いた場合に事態がどう好転するのか、仮説を立て、検証していく。

ところで、一〇〇兆円のこの一〇〇という数字がなんとも親切である。あらゆる病気を治したり（第2章）、わたしたちの惑星を再設計したり（第7章）するためのアプローチの内訳が割合としてわかるからである。おかげで、どこにお金がかかるのか、優先すべきか、すぐに実現できそうかなどが直感的にとらえやすい。例えば、カーボン・ゼロに向けた取り組み（第3章）では、太陽光や風力などの再生可能エネルギーの拡大に八六兆円をどんどんとつぎ込む。電力網の整備や余剰分の貯蔵の研究にあてるためだ。せっかく得られたエネルギーを無駄なく使うという段階でもたついていることがわかる。水素やバイオ燃料の拡大には五兆円、小型モジュール式の原子力発電などの開発に三・五兆円を割り当てるが、これらは、地球全体がカーボン・ゼロ経済に完全に移行するまでの時間稼ぎをするという意味で、優先度が高い技術だからである。一方、温室効果ガスを多く放出する製造や交通、建造物については、石油産業から脱却させる動きを刺激するにとどまる。残りの一〇兆円どころか一〇〇兆円でもまるで歯が立たない課題だからだ。

このように医療・農業・気候変動・宇宙とさまざまな科学の話題を取り扱う。中にはダークマターや反物質など、絶賛研究中の最新テクノロジーも登場するのだが、ある問題解決のために分野横断的にテクノロジーをつなげるので、科学技術がわたしたちの日常生活でどう花開くのか、その様子を想像しやすい。ちなみに反物質が消滅する時に莫大なエネルギーを放出するので、この研究の先には、エネルギー問題を解決するための新たな一手が待っているのかもしれない。なお反物質エンジンは、宇宙船の動力源としても期待されている。さらに余談だが、宇宙人探しがなかなか進まない理由のひとっに、生命とは何かを定義できないことがあり、それがＡＩの開発とゆるく関連するところが面白い。

こうした明快さはどこから来るのか？　筆者によるところが大きいのはもちろんだが、秘訣の一部は、著者の属するニュー・サイエンティスト誌にあるようだ。同誌は、一九五六年の創刊以来、最新の科学の話題を大衆にわかりやすく紹介してきたイギリスの週刊科学雑誌で、世界中にファンが多い。科学技術をビジネスや日常とからめて取り扱うのが特徴だ。「カモメは人間の行動を観察して食べ物を選んでいる」や「童顔の人が生物学的な年齢診断を受けたら」など、クスっと笑える記事もある。紙媒体のほか、ウェブ上でも購読できるし、試し読みの記事もあるので、ぜひサイトを訪れてみて欲しい。著者のフーパーは同誌のポッドキャスト番組「ニュー・サイエンティスト・ウィークリー」でホストを務める。まるで「パブで科学談義を繰り広げているような雰囲気」がユーザーに受けて、こちらも人気を博している。

さて本書を翻訳するにあたってはさまざまな人にご協力をいただいた。特に辛抱強く訳文に付き合ってくださった化学同人の加藤貴広さんには感謝を申し上げたい。

二〇二三年七月

滝本安里

索　引

nは傍注であることを示す．

数字・アルファベット

索　引

あ行

索　引

か行

索　引

さ行

た行

索　引

索 引

な行

は行

索 引

ま行

や行

ら行

わ行

注

はじめに　100兆円プロジェクト

1．Elizabeth Schulze (2017) 'The Fed launched QE nine years ago – these four charts show its impact'. www.cnbc.com/2017/11/24/the-fed-launched-qe-nine-years-ago--these-four-charts-show-its-impact.html
2．Credit Suisse (2019) 'Global wealth report 2019'. www.credit-suisse.com/about-us/en/reports-research/global-wealth-report.html
3．Kate Rooney (2020) 'Private equity's record $1.5 trillion cash pile comes with a new set of challenges'. www.cnbc.com/2020/01/03/private-equitys-record-cash-pile-comes-with-a-new-set-of-challenges.html
4．Bloomberg Green (2020) 'Green stimulus proposals for a post-pandemic clean-energy future'. www.bloomberg.com/features/2020-green-stimulus-clean-energy-future/
5．Fitch Ratings report (2020) 'Global QE asset purchases to reach $6 trillion in 2020'. www.fitchratings.com/research/sovereigns/global-qe-asset-purchases-to-reach-usd6-trillion-in-2020-24-04-2020

第1章　人類の標準を上げる

1．この主張については議論が分かれる．次を参照．www.economist.com/briefing/2019/11/28/economists-are-rethinking-the-numbers-on-inequality
2．Tithe an Oireachtais/Houses of the Oireachtas (2020) 'Covid-19 (social protection): statements'. www.oireachtas.ie/en/debates/debate/dail/2020-04-02/5/
3．Anthony Leonardi (2020) '"Take dramatic action": AOC calls for universal basic income as response to coronavirus. www.washingtonexaminer.com/news/take-dramatic-action-aoc-calls-for-universal-basic-income-as-response-to-coronavirus
4．Sara Clarke (2020) 'States with the most billionaires'. www.usnews.com/news/best-states/slideshows/states-with-the-most-billionaires
5．India Today (2019) 'Mukesh Ambani's Reliance Industries becomes world's 6th largest oil company'. www.indiatoday.in/business/story/mukesh-ambani-s-reliance-industries-becomes-world-s-6th-largest-oil-company-1620885-2019-11-20
6．David K. Evans and Anna Popova (2014) 'Cash transfers and temptation goods: a review of global evidence'. *Policy Research Working Paper* 6886, World Bank, Washington, DC.

7. David K. Evans and Anna Popova (2014) 'Cash transfers and temptation goods: a review of global evidence'. *Policy Research Working Paper* 6886, World Bank, Washington, DC.
8. O. Bandiera et al. (2017) 'Labor markets and poverty in village economics'. *Quarterly Journal of Economics* 132(2), 811-870. DOI: 10.1093/qje/qjx003
9. Abhijit Banerjee et al. (2015) 'A multifaceted program causes lasting progress for the very poor: evidence from six countries'. *Science* 348(6236), 1260799. DOI: 10.1126/science.1260799
10. Suresh de Mel et al. (2012) 'One-time transfers of cash or capital have long-lasting effects on microenterprises in Sri Lanka'. *Science* 335(6071), 962-966, DOI: 10.1126/science.1212973
11. Christopher Blattman et al. (2016) "The returns to microenterprise support among the ultrapoor: a field experiment in postwar Uganda'. *American Economic Journal: Applied Economics* 8(2), 35-64. DOI: 10.1257/app.20150023
12. Dennis Egger et al. (2019) 'General equilibrium effects of cash transfers: experimental evidence from Kenya'. *National Bureau of Economic Research Working Paper* 26600. www.nber.org/papers/w26600
13. Damon Jones and Ioana Marinescu (2018) 'The labor market impacts of universal and permanent cash transfers: evidence from the Alaska Permanent Fund'. *National Bureau of Economic Research Working Paper* 24312. www.nber.org/papers/w24312
14. 次を参照. Jesse Cunha et al. (2018) 'The price effects of cash versus in-kind transfers'. *Review of Economic Studies*. www.restud.com/paper/large-the-price-effects-of-cash-versus-in-kind-transfers/
15. アイデアの一部は次で詳しく検討されている. Laurence Chandy et al. (eds) (2015) *The Last Mile in Ending Extreme Poverty*. Washington, DC: Brookings Institution Press.
16. Decca Aitkenhead (2012) 'Abhijit Banerjee: "The poor, probably rightly, see their chances of getting somewhere different are minimal"'. The G2 interview. www.theguardian.com/books/2012/apr/22/abhijit-banerjee-poor-chances-minimal
17. Abhijit Banerjee et al. (2020) 'Effects of a Universal Basic Income during the pandemic'. https://econweb.ucsd.edu/~pniehaus/papers/ubi_Covid.pdf
18. Stephen Kidd (2019) 'The demise of Mexico's Prospera programme: a tragedy foretold'. www.developmentpathways.co.uk/blog/the-demise-of-mexicos-prospera-programme-a-tragedy-foretold/
19. Najy Benhassine et al. (2013) 'Turning a shove into a nudge? A "labeled cash transfer" for education'. *National Bureau of Economic Research Working Paper* 19227. www.nber.org/papers/w19227
20. Charles Murray (2016) *In Our Hands: A Plan to Replace the Welfare State.*

Washington, DC: AEI Press.
21. Richard Akresh et al. (2018), 'Long-term and intergenerational effects of education: evidence from school construction in Indonesia'. *National Bureau of Economic Research Working Paper* 25265. www.nber.org/papers/w25265
22. Rebecca Winthrop and Homi Kharas (2016) 'Want to save the planet? Invest in girls' education'. www.brookings.edu/opinions/want-to-save-the-planet-invest-in-girls-education/
23. 次を参照. 'Sector summary: health and education'. drawdown.org/sectors/health-and-education

第2章　あらゆる病気を治す

1. David Cutler and Lawrence Summers (2020) 'The COVID-19 pandemic and the $16 trillion virus'. *JAMA Network*. DOI: 10.1001/jama.2020.19759
2. Patrick Walker et al. (2020) 'Report 12 – the global impact of COVID-19 and strategies for mitigation and suppression'. www.imperial.ac.uk/mrc-global-infectious-disease-analysis/Covid-19/report-12-global-impact-Covid-19/
3. 心疾患：www.who.int/news-room/fact-sheets/detail/cardiovascular-diseases-(cvds); 脳神経疾患：www.thelancet.com/journals/laneur/article/PIIS1474-4422(19)30029-8/fulltext; がん：www.who.int/news-room/fact-sheets/detail/cancer; 感染症：https://cdn.who.int/media/docs/default-source/gho-documents/global-health-estimates/ghe2019_cod_global_2000_20194e572f53-509f-4578-b01e-6370c65d9fc5_3096f6a3-0f82-4c0c-94e2-623e802527c8.xlsx?sfvrsn=eaf8ca5_7 (Excel ファイル内 2000 Global シート)
4. Matthew Young et al. (2018) 'Single-cell transcriptomes from human kidneys reveal the cellular identity of renal tumors'. *Science* 361(6402), 594-599. DOI: 10.1126/science.aat1699
5. L. W. Plasschaert et al. (2018) 'A single-cell atlas of the airway epithelium reveals the CFTR-rich pulmonary ionocyte'. *Nature* 560(7718), 377-381. DOI: 10.1038/s41586-018-0394-6
6. Ceri Parker (2019) 'What if we get things right? Visions for 2030'. www.weforum.org/agenda/2019/10/future-predictions-what-if-get-things-right-visions-for-2030/
7. Dean T. Jamison et al. (2013) 'Global health 2035: a world converging within a generation'. *Lancet* 392(10156). DOI: 10.1016/S0140-6736(13)62105-4
8. Pan American Health Organization (2020) 'Cumulative and confirmed and probable COVID-19 cases reported by countries and territories in the region of the Americas' ais.paho.org/phip/viz/COVID19Table.asp
9. キューバの 2448 の症例では，患者 10 万人あたり医療従事者は 21 人であるのに対してイギリスでは，10 万人あたり，およそ 600 人である．

10. エチオピア：www.who.int/countries/eth/en/; ガーナ：www.afro.who.int/countries/ghana
11. S. Prabhakaran et al. (2019). 'Financial sustainability of Indonesia's Jaminan Kesehatan Nasional: performance, prospects, and policy options'. Washington, DC: Palladium, Health Policy Plus/Jakarta, Indonesia: Tim Nasional Percepatan Penanggulangan Kemiskinan (TNP2K). www.healthpolicyplus.com/ns/pubs/11317-11576_JKNFinancialSustainability.pdf
12. Emmanuel Akinwotu (2020) 'Africa declared free of wild polio after decades of work'. www.theguardian.com/global-development/2020/aug/25/africa-to-be-declared-free-of-wild-polio-after-decades-of-work
13. 次を参照. www.who.int/news-room/fact-sheets/detail/poliomyelitis
14. WHO (2019) 'Ten threats to global health in 2019'. www.who.int/news-room/spotlight/ten-threats-to-global-health-in-2019 および WHO (2019) 'Thirteenth General Programme of Work 2019–2023'. www.who.int/about/what-we-do/thirteenth-general-programme-of-work-2019-2023
15. Michael Mina et al. (2020) 'Science Forum: a global immunological observatory to meet a time of pandemics'. DOI: 10.7554/eLife.58989
16. Michael Le Page (2016) 'First evidence that GM mosquitoes reduce disease'. www.newscientist.com/article/2097653-first-evidence-that-gm-mosquitoes-reduce-disease/
17. C. M. Collins et al. (2019) 'Effects of removal or reduced density of the malaria mosquito, Anopheles gambiae s.l., on interacting predators and competitors in local ecosystems'. *Medical and Veterinary Entomology* 33(1), 1–15. DOI: 10.1111/mve.12327
18. 次を参照. Max Roser et al. (2019) 'Life expectancy'. ourworldindata.org/life-expectancy
19. Vasilis Kontis et al. (2017) 'Future life expectancy in 35 industrialised countries: projections with a Bayesian model ensemble'. *Lancet* 389(10076), 1323–1335. DOI: 10.1016/S0140-6736(16)32381-9
20. Francine E. Garrett-Bakelman et al. (2019) 'The NASA Twins Study: a multidimensional analysis of a year-long human spaceflight'. *Science* 364(6436). DOI: 10.1126/science.aau8650
21. Chelsea Gohd (2019) 'Can we genetically engineer humans to survive missions to Mars?' www.space.com/genetically-engineer-astronauts-missions-mars-protect-radiation.html
22. David Cyranoski (2019) 'Russian "CRISPR-baby" scientist has started editing genes in human eggs with goal of altering deaf gene'. www.nature.com/articles/d41586-019-03018-0
23. Giorgio Sirugo et al. (2019) 'The missing diversity in human genetic studies'.

Cell 177(1), 26-31. DOI: 10.1016/j.cell.2019.02.048
24. Ergin Beyret et al. (2019) 'Single-dose CRISPR-Cas9 therapy extends lifespan of mice with Hutchinson-Gilford progeria syndrome'. *Nature Medicine* 25, 419-422. DOI: 10.1038/s41591-019-0343-4
25. Cori Bargmann (2018) 'How the Chan Zuckerberg Science Initiative plans to solve disease by 2100'. *Nature*. DOI 10.1038/d41586-017-08966-z
26. Climate Impact Lab (2020) 'Global death rate from rising temperatures projected to surpass the current death rate of all infectious diseases combined'. www.impactlab.org/news-insights/global-death-rate-from-rising-temperatures/

第3章　カーボン・ゼロに向けて

1. Raymond P. Sorenson (2011) 'Eunice Foote's pioneering research on CO_2 and climate warming'. www.searchanddiscovery.com/pdfz/documents/2011/70092sorenson/ndx_sorenson.pdf.html
2. Piers Forster et al. (2020) 'Current and future global climate impacts resulting from COVID-19'. *Nature Climate Change* 10, 913-919. DOI: 10.1038/s41558-020-0883-0
3. Ove Hoegh-Guldberg et al. (2019) 'The human imperative of stabilizing global climate change at 1.5℃'. *Science* 365(6459). DOI: 10.1126/science.aaw6974
4. Solomon Hsiang et al. (2017) 'Estimating economic damage from climate change in the United States'. *Science* 356(6345), 1362-1369. DOI: 10.1126/science.aal4369
5. Fiona Harvey (2020) 'UK facing worst wheat harvest since 1980s, says farmers' union'. www.theguardian.com/environment/2020/aug/17/uk-facing-worst-wheat-harvest-since-1980s-national-farmers-union-nfu
6. *Guardian* (2019) '"The climate doesn't need awards": Greta Thunberg declines environmental prize'. www.theguardian.com/environment/2019/oct/29/greta-thunberg-declines-award-climate-crisis
7. Jonathan Watts et al. (2020) 'Oil firms to pour extra 7m barrels per day into markets, data shows'. www.theguardian.com/environment/2019/oct/10/oil-firms-barrels-markets
8. 2017年のインドの一次エネルギー消費は，石炭が56パーセントを占めた．2040年には，これが48パーセントになると予測される．*BP Energy Outlook: 2019 Edition*. London: BP plc.
9. 次を参照．Bloomberg Green (2020) 'China wants to be carbon neutral by 2060. Is that possible?' www.bloomberg.com/news/articles/2020-09-23/china-wants-to-be-carbon-neutral-by-2060-is-that-even-possible
10. Nicholas Stern and Simon Dietz (2016) 'Growth and sustainability: 10 years on from the Stern Review'. www.lse.ac.uk/Events/Events-Assets/PDF/2016/20171027-Nick-Stern-PPT.pdf

11. Mark Jacobson et al. (2017) '100% clean and renewable wind, water, and sunlight all-sector energy roadmaps for 139 countries of the world'. *Joule* 1(1), 108-121, DOI: 10.1016/j.joule.2017.07.005
12. V. Masson-Delmotte et al. (eds) (2018) *Global Warming of 1.5℃: An IPCC Special Report on the Impacts of Global Warming of 1.5℃ above pre-industrial Levels and Related Global Greenhouse Gas Emission Pathways, in the Context of Strengthening the Global Response to the Threat of Climate Change, Sustainable Development, and Efforts to Eradicate Poverty.* Geneva: World Meteorological Organization/UNEP.
13. 今世紀末までに多ければ6億3000万人が海面上昇の脅威にさらされるという例もある．次を参照．Scott A. Kulp and Benjamin H. Strauss (2019) 'New elevation data triple estimates of global vulnerability to sea-level rise and coastal flooding'. *Nature Communications* 10(4844). DOI: 10.1038/s41467-019-12808-z
14. D. L. Elliott et al. (1991) *An Assessment of the Available Windy Land Area and Wind Energy Potential in the Contiguous United States.* Washington, DC: US Department of Energy.
15. Jack Unwin (2019) 'AWEA names Tri Global Energy leading wind developer in Texas'. www.power-technology.com/news/awea-tri-global-energy-wind/
16. Zhenzhong Zeng et al. (2019) 'A reversal in global terrestrial stilling and its implications for wind energy production'. *Nature Climate Change* 9, 979-985. DOI: 10.1038/s41558-019-0622-6
17. Adam Vaughan (2017) 'Mersey feat: world's biggest wind turbines go online near Liverpool'. www.theguardian.com/environment/2017/may/17/mersey-wind-turbines-liverpool-uk-wind-technology
18. Anne Bergen et al. (2019) 'Design and in-field testing of the world's first ReBCO rotor for a 3.6 MW wind generator'. *Superconductor Science and Technology* 32(12). iopscience.iop.org/article/10.1088/1361-6668/ab48d6
19. *Africa News* (2019) 'Kenya launches Africa's largest wind farm'. www.africanews.com/2019/07/20/kenya-launches-africa-s-largest-wind-farm/
20. US Energy Information Administration (2020) 'Frequently asked questions (FAQs): how much does it cost to generate electricity with different types of power plants?' www.eia.gov/tools/faqs/faq.php?id=19&t=3
21. Lazard (2018) 'Lazard's levelized cost of energy analysis - version 12.0'. www.lazard.com/media/450784/lazards-levelized-cost-of-energy-version-120-vfinal.pdf
22. José Rojo Martín (2019) 'MoU signed for 2.6GW Mecca solar programme'. *PVTech.* www.pv-tech.org/news/mou-signed-for-2.6gw-mecca-solar-programme
23. Charlotte Vogt et al. (2019) 'The renaissance of the Sabatier reaction and its applications on Earth and in space'. *Nature Catalysis* 2, 188-197. DOI: 10.1038/s41929-019-0244-4

24. 次も参照. Chris Goodall (2020) *What We Need To Do Now: For a Zero Carbon Future*. London: Profile Books.
25. Gunther Glenk and Stefan Reichelstein (2019) 'Economics of converting renewable power to hydrogen'. *Nature Energy* 4, 216–222. DOI: 10.1038/s41560-019-0326-1
26. BloombergNEF (2020) '"Hydrogen economy" offers promising path to decarbonization'. https://about.bnef.com/blog/hydrogen-economy-offers-promising-path-to-decarbonization/
27. E&E News (2019) 'Details emerge about DOE "super-grid" renewable study'. www.eenews.net/stories/1061403455
28. Peter Fairley (2020) 'How a plan to save the power system disappeared'. *Atlantic*. www.theatlantic.com/politics/archive/2020/08/how-trump-appointees-short-circuited-grid-modernization/615433/
29. Mark Jacobson et al. (2017) '100% clean and renewable wind, water, and sunlight all-sector energy roadmaps for 139 countries of the world'. *Joule* 1(1), 108–121, DOI: 10.1016/j.joule.2017.07.005
30. Mark Jacobson et al. (2018) 'Matching demand with supply at low cost in 139 countries among 20 world regions with 100% intermittent wind, water, and sunlight (WWS) for all purposes'. *Renewable Energy* 123, 236–248. DOI: 10.1016/j.renene.2018.02.009
31. Emil Dimanchev et al. (2019) 'Health co-benefits of sub-national renewable energy policy in the US'. *Environmental Research Letters* 14(8). DOI: 10.1088/1748-9326/ab31d9
32. Mark Jacobson et al. (2019) 'Impacts of Green New Deal energy plans on grid stability, costs, jobs, health, and climate in 143 countries'. *One Earth* 1(4). 449–463. DOI: 10.1016/j.oneear.2019.12.003
33. US Energy Information Administration (2016) 'Fort Calhoun becomes fifth US nuclear plant to retire in past five years'. www.eia.gov/todayinenergy/detail.php?id=28572
34. Jillian Ambrose (2019) 'New windfarms will not cost billpayers after subsidies hit record low'. www.theguardian.com/environment/2019/sep/20/new-windfarms-taxpayers-subsidies-record-low
35. International Atomic Energy Agency (2020) 'Small modular reactors'. www.iaea.org/topics/small-modular-reactors
36. NuScale Power (2020) 'About us'. www.nuscalepower.com/about-us
37. International Atomic Energy Agency (2020) 'Small modular reactors'. www.iaea.org/topics/small-modular-reactors
38. National Nuclear Laboratory (2020) 'Science and Technology Strategy'. www.nnl.co.uk/wp-content/uploads/2019/02/st-strategy-print-final-18042016.pdf
39. Mariliis Lehtveer et al. (2019) 'What future for electrofuels in transport? Analysis

of cost competitiveness in global climate mitigation'. *Environmental Science & Technology* 53(3), 1690–1697. DOI: 10.1021/acs.est.8b05243

40. Ilkka Hannula and David M. Reiner (2019) 'Near-term potential of biofuels, electrofuels, and battery electric vehicles in decarbonizing road transport. *Joule* 3(10), 2390–2402. DOI: 10.1016/j.joule.2019.08.013
41. GL Reynolds (2019) 'The multi-issue mitigation potential of reducing ship speeds'. *Seas at Risk*. https://seas-at-risk.org/24-publications/988-multi-issue-speed-report.html
42. Jacob Mason et al. (2015) 'A global high shift cycling scenario: the potential for dramatically increasing bicycle and e-bike use in cities around the world, with estimated energy, CO_2, and cost impacts'. https://itdpdotorg.wpengine.com/wp-content/uploads/2015/11/A-Global-High-Shift-Cycling-Scenario_Nov-2015.pdf
43. David Coady et al. (2019) 'Global fossil fuel subsidies remain large: an update based on country-level estimates'. *IMF Working Paper* WP/19/89. www.imf.org/~/media/Files/Publications/WP/2019/WPIEA2019089.ashx

第４章　地球の命を救え

1. Stuart Pimm et al. (2014) 'The biodiversity of species and their rates of extinction, distribution, and protection'. *Science* 344(6187). DOI: 10.1126/science.1246752
2. Malcolm McCallum (2007) 'Amphibian decline or extinction? Current declines dwarf background extinction rate'. *Journal of Herpetology* 41(3), 483–491. DOI: 0.1670/0022-1511(2007)41[483:ADOECD]2.0.CO;2
3. A. Barnosky et al. (2011) 'Has the Earth's sixth mass extinction already arrived?' *Nature* 471, 51–57. DOI: 10.1038/nature09678
4. Jun-xuan Fan et al. (2020) 'A high-resolution summary of Cambrian to Early Triassic marine invertebrate biodiversity'. *Science* 367(6475), 272–277. DOI: 10.1126/science.aax4953
5. Alejandro Estrada et al. (2017) 'Impending extinction crisis of the world's primates: why primates matter'. *Science Advances* 3(1). DOI: 10.1126/sciadv.1600946
6. Francisco Sánchez-Bayo and Kris Wyckhuys (2019) 'Worldwide decline of the entomofauna: a review of its drivers'. *Biological Conservation* 232, 3–27. DOI: 10.1016/j.biocon.2019.01.020
7. Rodolfo Dirzo et al. (2014) 'Defaunation in the Anthropocene'. *Science* 345(6195), 401–406. DOI: 10.1126/science.1251817
8. Charles Piller (2015) 'Verily, I swear. Google Life Sciences debuts a new name'. *Stat News*. www.statnews.com/2015/12/07/verily-google-life-sciences-name/
9. Sandra Díaz et al. (2018) 'Assessing nature's contributions to people'. *Science*.

359(6373), 270-272. DOI: 10.1126/science.aap8826
10. David Tilman et al. (2014) 'Biodiversity and ecosystem functioning'. *Annual Review of Ecology, Evolution and Systematics* 45, 471-493.
11. Robert Costanza et al. (2014) 'Changes in the global value of ecosystem services'. *Global Environmental Change* 2, 152-158. DOI: 10.1016/j.gloenvcha.2014.04.002
12. John Harte and Rebecca Shaw (1995) 'Shifting dominance within a montane vegetation community: results of a climate-warming experiment'. *Science* 267(5199), 876-880. DOI: 10.1126/science.267.5199.876
13. Laura Koteen et al. (2011) 'Invasion of non-native grasses causes a drop in soil carbon storage in California grasslands'. *Environmental Research Letters* 6(4). DOI: 10.1088/1748-9326/6/4/044001
14. James Watson et al. (2018) 'The exceptional value of intact forest ecosystems'. *Nature Ecology and Evolution* 2, 599-610.
15. Adam Vaughan (2019) 'Amazon deforestation officially hits highest level in a decade'. www.newscientist.com/article/2223798-amazon-deforestation-officially-hits-highest-level-in-a-decade/#ixzz65e9OQDaY
16. Thomas Lovejoy and Carlos Nobre (2018) 'Amazon tipping point'. *Science Advances*.4(2). DOI: 10.1126/sciadv.aat2340
17. Susan Cook-Patton et al. (2020) 'Mapping carbon accumulation potential from global natural forest regrowth'. *Nature* 585, 545-550, DOI: 10.1038/s41586-020-2686-x
18. Jon Lee Anderson (2019) 'Letter from the Amazon'. *New Yorker*, 11 November 11. www.newyorker.com/magazine/letter-from-the-amazon
19. Anna Gross and Andres Schipani (2019) 'Brazil tells rich countries to pay up to protect Amazon'. *Financial Times*. www.ft.com/content/187c554a-e820-11e9-a240-3b065ef5fc55
20. Ove Hoegh-Guldberg (2019) 'Coral reefs: megadiversity meets unprecedented environmental change'. In Thomas Lovejoy et al. (eds), *Biodiversity and Climate Change: Transforming the Biosphere*. New Haven, CN: Yale University Press.
21. K. Frieler et al. (2013) 'Limiting global warming to 2 degrees C is unlikely to save most coral reefs'. *Nature Climate Change* 3(2), 165-170.
22. Dylan Chivian et al. (2008) 'Environmental genomics reveals a single-species ecosystem deep within Earth'. *Science* 322(5899), 275-278. DOI: 10.1126/science.1155495
23. Camilo Mora et al. (2011) 'How many species are there on Earth and in the ocean?' *PLOS Biology*. DOI: 10.1371/journal.pbio.1001127
24. Kenneth J. Locey and Jay T. Lennon (2016) 'Scaling laws predict global microbial diversity'. *PNAS* 113(21), 5970-5975. DOI: 10.1073/pnas.1521291113
25. Alexander Nater et al. (2017) 'Morphometric, behavioral, and genomic evidence

for a new orangutan species'. *Current Biology* 27(2), 3576–3577. DOI: 10.1016/j.cub.2017.09.047

26. Isabelle Laumer et al. (2019) 'Orangutans (*Pongo abelii*) make flexible decisions relative to reward quality and tool functionality in a multi-dimensional tool-use task'. *PLOS ONE*. DOI: 10.1371/journal.pone.0211031
27. Erik Stokstad (2017) 'New great ape species found, sparking fears for its survival'. *Science*, 2 November. DOI: 10.1126/science.aar3900
28. Wildlife Conservation Society Cambodia, 'Wild places: Keo Seima Wildlife Sanctuary'. cambodia.wcs.org/Saving-Wild-Places/Seima-Forest.aspx
29. Mengey Eng (2018) 'Wildlife conservationists encouraged by Cambodia's pursuit of justice in murder case of three rangers and committed to the protection of Keo Seima Wildlife Sanctuary'. https://cambodia.wcs.org/About-Us/Latest-News/articleType/ArticleView/articleId/11044/Wildlife-Conservationists-Encouraged-by-Cambodias-Pursuit-of-Justice-in-Murder-Case-of-Three-Rangers-and-Committed-to-the-Protection-of-Keo-Seima--Wildlife-Sanctuary.aspx
30. Robert Wallace et al. (2006) 'On a new species of titi monkey, genus *Callicebus* Thomas (primates, Pitheciidae), from Western Bolivia with preliminary notes on distribution and abundance'. *Primate Conservation* 20, 29–39. DOI: 10.1896/0898-6207.20.1.29
31. Donal McCarthy et al. (2012) 'Financial costs of meeting global biodiversity conservation targets: current spending and unmet needs'. *Science* 338(6109), 946–949. DOI: 10.1126/science.1229803
32. 'Key Biodiversity Areas: keep nature thriving'. www.keybiodiversityareas.org
33. Michael Soulé and Reed Noss (1998) 'Rewilding and biodiversity: complementary goals for continental conservation'. *Wild Earth* 8(3), 19–28.
34. Edward O. Wilson (2016) *Half-Earth: Our Planet's Fight for Life*. New York: W. W. Norton.
35. Jonathan Baillie and Ya-Ping Zhang (2018) 'Space for nature'. *Science* 361(6407), 1051. DOI: 10.1126/science.aau1397
36. Patrick Barkham (2020) 'First wild stork chicks to hatch in UK in centuries poised to emerge'. www.theguardian.com/environment/2020/apr/26/uk-first-wild-stork-chicks-hatch-centuries
37. Eric Dinerstein et al. (2020) 'A "Global Safety Net" to reverse biodiversity loss and stabilize Earth's climate'. *Science Advances* 6(36). DOI: 10.1126/sciadv.abb2824
38. 次を参照. www.leaderspledgefornature.org
39. Mark Bush (2019) 'A neotropical perspective on past human-climate interactions and biodiversity'. In Thomas Lovejoy and Lee Hannah (eds), *Biodiversity and Climate Change*. New Haven, CN: Yale University Press.

40. Céline Bellard et al. (2016) 'Alien species as a driver of recent extinctions'. *Biology Letters*. DOI: 10.1098/rsbl.2015.0623
41. *Global Biodiversity Outlook*, 5th edition, Convention on Biological Diversity. www.cbd.int/gbo5
42. Sandra Díaz et al. (2019) 'Pervasive human-driven decline of life on Earth points to the need for transformative change'. *Science* 366(6471). DOI: 10.1126/science.aax3100

第5章　惑星への移住

1. www.openlunar.org/
2. 次の優れた本がこの点を強調する．Oliver Morton (2019) *The Moon: A History for the Future*. London: Profile Books.
3. Scott Kelly (2017) *Endurance: The Extraordinary True Story of My Year in Space*. New York: Penguin.

第6章　宇宙人を見つける

1. Guy Consolmagno (2018) 'Dreaming Martians'. *L'Osservatore Romano*. www.osservatoreromano.va/en/news/dreaming-martians
2. Abby Ohlheiser (2015) 'Why the Vatican doesn't think we'll ever meet an alien Jesus'. www.washingtonpost.com/news/acts-of-faith/wp/2015/08/01/why-the-vatican-doesnt-think-well-ever-meet-an-alien-jesus/
3. David Willey (2008) 'Vatican says aliens could exist'. http://news.bbc.co.uk/1/hi/world/europe/7399661.stm
4. 1光年は1年間に光の進む距離で，9兆4600億キロメートル．
5. Brent Christner et al. (2008) 'Ubiquity of biological ice nucleators in snowfall'. *Science* 319(5867), 1214. DOI: 10.1126/science.1149757
6. Jane Greaves et al. (2020) 'Phosphine gas in the cloud decks of Venus'. *Nature Astronomy*. DOI: 0.1038/s41550-020-1174-4
7. Jonathan Amos (2020) 'Venus: will private firms win the race to the fiery planet?' www.bbc.co.uk/news/science-environment-54151861
8. Dylan Chivian et al. (2008) 'Environmental genomics reveals a single-species ecosystem deep within Earth'. *Science* 322(5899), 275–278. DOI: 10.1126/science.1155495
9. C. Magnabosco et al. (2018) 'The biomass and biodiversity of the continental subsurface'. *Nature Geoscience* 11, 707–717. DOI: 10.1038/s41561-018-0221-6
10. ロードアイランド大学のスティーヴン・ドンの研究による．https://web.uri.edu/gso/meet/steven-dhondt/
11. J. A. Bradley et al. (2020) 'Widespread energy limitation to life in global subseafloor sediments'. *Science Advances*. DOI: 10.1126/sciadv.aba0697

12. Melissa Guzman et al. (2018) 'Identification of chlorobenzene in the Viking gas chromatograph mass spectrometer data sets: reanalysis of Viking mission data consistent with aromatic organic compounds on Mars'. *Journal of Geophysical Research: Planets* 123(7). DOI: 10.1029/2018JE005544
13. Gilbert Levin (2019) 'I'm convinced we found evidence of life on Mars in the 1970s'. *Scientific American*. https://blogs.scientificamerican.com/observations/im-convinced-we-found-evidence-of-life-on-mars-in-the-1970s/
14. NASA の整理されたアーカイブを参照. https://nssdc.gsfc.nasa.gov/nmc/spacecraft/display.action?id=1975-075A
15. European Space Agency (2020) 'The ExoMars Rover instrument suite'. https://exploration.esa.int/web/mars/-/45103-rover-instruments?fbodylongid=2129
16. F. Goesmann et al. (2017) 'The Mars Organic Molecule Analyzer (MOMA) instrument: characterization of organic material in Martian sediments'. *Astrobiology* 17, 655–685. DOI: 10.1089/ast.2016.1551
17. Anna Grau Galofre et al. (2020) 'Valley formation on early Mars by subglacial and fluvial erosion. *Nature Geoscience* 13, 663–668. DOI: 10.1038/s41561-020-0618-x
18. T. Nordheim et al. (2018) 'Preservation of potential biosignatures in the shallow subsurface of Europa'. *Nature Astronomy* 2, 673–679. DOI: 10.1038/s41550-018-0499-8
19. NASA (2020) 'Life Detection Ladder'. https://astrobiology.nasa.gov/research/life-detection/ladder/
20. Marc Neveu et al. (2018) 'The Ladder of Life Detection'. *Astrobiology* 18(11), 1375–1402. DOI: 10.1089/ast.2017.1773
21. M. Mastrogiuseppe et al. (2019) 'Deep and methane-rich lakes on Titan'. *Nature Astronomy* 3, 535–542. DOI: 10.1038/s41550-019-0714-2 および Shannon MacKenzie et al. (2019) 'The case for seasonal surface changes at Titan's lake district'. *Nature Astronomy* 3, 506–510. DOI: 10.1038/s41550-018-0687-6
22. Steve Oleson (2019) 'Titan submarine – an extraterrestrial submarine for Titan's cryogenic seas'. https://ntrs.nasa.gov/archive/nasa/casi.ntrs.nasa.gov/20190032371.pdf
23. Ruth-Sophie Taubner et al. (2018) 'Biological methane production under putative Enceladus-like conditions'. *Nature Communications* 9(748). DOI: 10.1038/s41467-018-02876-y
24. N. Khawaja et al. (2019) 'Low-mass nitrogen-, oxygen-bearing, and aromatic compounds in Enceladean ice grains'. *Monthly Notices of the Royal Astronomical Society* 489(4), 5231–5243. DOI: 10.1093/mnras/stz2280
25. Devin Powell (2013) 'The Drake equation revisited: interview with planet hunter Sara Seager'. www.space.com/22648-drake-equation-alien-life-seager.html

26. Anders Sandberg et al. (2018) 'Dissolving the Fermi paradox'. https://arxiv.org/abs/1806.02404

第７章　わたしたちの惑星を再設計する

1. Donald Olson et al. (2004) 'The blood-red sky of *The Scream*'. *APS News* 13(5). www.aps.org/publications/apsnews/200405/backpage.cfm
2. Fiona Harvey (2019) 'UN climate talks failing to address urgency of crisis, says top scientist'. www.theguardian.com/environment/2019/dec/08/un-climate-talks-are-failing-to-see-urgency-of-crisis-says-scientist
3. Ian Joughin et al. (2014) 'Marine ice sheet collapse potentially under way for the Thwaites Glacier basin, West Antarctica'. *Science* 344(6185), 735-738. DOI: 10.1126/science.1249055
4. Michaela King et al. (2020) 'Dynamic ice loss from the Greenland Ice Sheet driven by sustained glacier retreat'. *Nature Communications Earth and Environment*, 1(1). DOI: 10.1038/s43247-020-0001-2
5. Hans J. Schellnhuber et al. (2016) 'Why the right climate target was agreed in Paris'. *Nature Climate Change* 6, 649-653. DOI: 10.1038/nclimate3013
6. The Institute for Economics & Peace (2020) 'Ecological Threat Register'. http://visionofhumanity.org/indexes/ecological-threat-register/
7. K. E. McCusker et al. (2015) 'Inability of stratospheric sulfate aerosol injections to preserve the West Antarctic Ice Sheet'. *Geophysical Research Letters*. DOI: 10.1002/2015GL064314
8. Dan Kahan et al. (2015) 'Geoengineering and climate change polarization: testing a two-channel model of science communication'. *Annals of the American Academy of Political and Social Science* 658(1), 192-222. DOI: 10.1177/0002716214559002
9. Jiang, D et al. (2018) 'Climate change of 4℃ global warming above pre-industrial levels'. *Advances in Atmospheric Sciences* 35, 757-770. DOI: 10.1007/s00376-018-7160-4
10. Jeff Tollefson (2017) 'Iron-dumping ocean experiment sparks controversy'. *Nature* 545(7655), 393-394. DOI: 10.1038/545393a
11. Commerce, Justice, Science and Related Agencies Appropriations Act, 2020. https://grist.org/climate/the-climate-policy-mile-stone-that-was-buried-in-the-2020-budget/
12. Jonathan Proctor et al. (2018) 'Estimating global agricultural effects of geoengineering using volcanic eruptions'. *Nature* 560, 480-483. DOI: 10.1038/s41586-018-0417-3
13. Wake Smith and Gernot Wagner (2018) 'Stratospheric aerosol injection tactics and costs in the first 15 years of deployment'. *Environmental Research Letters*

13(12). DOI: 10.1088/1748-9326/aae98d
14. John Moore et al. (2018) 'Geoengineer polar glaciers to slow sea-level rise'. *Nature*. DOI: 10.1038/d41586-018-03036-4.
15. John Latham et al. (2014) 'Marine cloud brightening: regional applications'. *Philosophical Transactions of the Royal Society A*. DOI: 10.1098/rsta.2014.0053
16. Stephen Salter et al. (2008) 'Sea-going hardware for the cloud albedo method of reversing global warming'. *Philosophical Transactions of the Royal Society A*. DOI: 10.1098/rsta.2008.0136
17. Sara Budinis et al. (2018) 'An assessment of CCS costs, barriers and potential'. *Energy Review Strategies* 22, 61–81. DOI: 10.1016/j.esr.2018.08.003
18. Dieter Helm (2020) *Net Zero: How We Stop Causing Climate Change*. London: William Collins.
19. Roelof Schuiling and Poppe de Boer (2013) 'Six commercially viable ways to remove CO_2 from the atmosphere and/or reduce CO_2 emissions'. *Environmental Sciences Europe* 25(35). www.enveurope.com/content/25/1/35
20. David Beerling et al. (2020) 'Potential for large-scale CO_2 removal via enhanced rock weathering with croplands'. *Nature* 583, 242–248. DOI: 10.1038/s41586-020-2448-9
21. Glen Peters (2017) 'Does the carbon budget mean the end of fossil fuels?' CICERO (Center for International Climate Research), Norway. www.cicero.oslo.no/en/posts/klima/does-the-carbon-budget-mean-the-end-of-fossil-fuels
22. Sabine Fuss et al. (2018) 'Negative emissions – part 2: costs, potentials and side effects. *Environmental Research Letters* 13(6). DOI: 10.1088/1748-9326/aabf9f
23. Rob Jackson et al. (2019) 'Methane removal and atmospheric restoration'. *Nature Sustainability* 2, 436–438. DOI: 10.1038/s41893-019-0299-x
24. Global Carbon Project (2020) 'The Global Carbon Project'. www.globalcarbonproject.org
25. Jean-François Bastin et al. (2019). 'The global tree restoration potential'. *Science* 365(6448), 76–79. DOI: 10.1126/science.aax0848
26. European Commission (2020) 'EU Biodiversity Strategy for 2030: bringing nature back into our lives'. www.arc2020.eu/wp-content/uploads/2020/05/Biodiversity-Strategy_draft_200423_ARC2020.pdf
27. Alexandra Petri (2017) 'China's "Great Green Wall" fights expanding desert'. *National Geographic*. www.nationalgeographic.com/news/2017/04/china-great-green-wall-gobi-tengger-desertification/
28. Toby Gardner et al. (2012) 'A framework for integrating biodiversity concerns into national REDD+ programs'. *Biological Conservation* 154, 61–71. DOI: 10.1016/j.biocon.2011.11.018
29. Ghana News Agency (2019) 'Ghana deploys nature-based solutions to tackle

climate change'. https://newsghana.com.gh/ghana-deploys-nature-based-solutions-to-tackle-climate-change/

30. Charles Eisenstein (2018) *Climate: A New Story*. Berkeley, CA: North Atlantic Books.
31. Dorte Krause-Jensen and Carlos Duarte (2016) 'Substantial role of macroalgae in marine carbon sequestration'. *Nature Geoscience* 9, 737-742. DOI: 10.1038/ngeo2790
32. Antoine de Ramon N'Yeurt et al. (2012) 'Negative carbon via ocean afforestation'. *Process Safety and Environmental Protection* 90(6), 467-474. DOI: 10.1016/j.psep.2012.10.008
33. Thomas Wernberg et al. (2016) 'Climate-driven regime shift of a temperate marine ecosystem'. *Science* 353(6295), 169-172. DOI: 10.1126/science.aad8745
34. Andrew J. Pershing et al. (2010) 'The impact of whaling on the ocean carbon cycle: why bigger was better'. *PLOS ONE* 5(8): e12444. https://doi.org/10.1371/journal.pone.0012444
35. Ralph Chami et al. (2019) 'Nature's solution to climate change'. *Finance & Development* 56(4). www.imf.org/external/pubs/ft/fandd/2019/12/natures-solution-to-climate-change-chami.htm
36. James Temple (2020) 'Microsoft will invest $1 billion into carbon reduction and removal technologies'. *MIT Technology Review*. www.technologyreview.com/s/615066/microsoft-will-invest-1-billion-into-carbon-reduction-and-removal-technologies/
37. Sarah Frier and Stephen Soper (2020) 'Bezos says he's committing $10 billion to fight climate change'. *Bloomberg Green*. www.bloomberg.com/news/articles/2020-02-17/bezos-says-he-s-committing-10-billion-to-fight-climate-change

第８章　世界を菜食主義に変える

1. Dieter Helm (2017) 'Agriculture after Brexit'. *Oxford Review of Economic Policy* 33(Suppl 1), 124-133.
2. Brian Machovina et al. (2015) 'Biodiversity conservation: the key is reducing meat consumption'. *Science of The Total Environment* 536, 419-431. DOI: 10.1016/j.scitotenv.2015.07.022
3. Michael A Clark et al. (2020) 'Global food system emissions could preclude achieving the 1.5° and 2℃ climate change targets'. *Science* 370(6517), 705-708. DOI: 10.1126/science.aba7357.
4. David Tilman et al. (2011) 'Global food demand and the sustainable intensification of agriculture'. *PNAS* 108(50), 20260-20264. DOI: 10.1073/pnas.1116437108
5. FAO UN (2013) 'Current worldwide annual meat consumption per capita. Food

supply – livestock and fish primary equivalent'. http://faostat.fao.org/site/610/DesktopDefault.aspx?Page-ID=610#ancor
6. http://sustainablefoodfuture.org
7. OECD (2018) 'Agricultural Policy Monitoring and Evaluation 2018'. www.oecd-ilibrary.org/agriculture-and-food/agricultural-policy-monitoring-and-evaluation-2018_agr_pol-2018-en
8. Magnus Nyström et al. (2019) 'Anatomy and resilience of the global production ecosystem'. *Nature* 575, 98–108. DOI: 10.1038/s41586-019-1712-3
9. www.fao.org/news/story/en/item/197608/icode/
10. Carrie Hribar and Mark Schultz (2010) 'Understanding concentrated animal feeding operations and their impact on communities'. *Centers for Disease Control and Prevention.* www.cdc.gov/nceh/ehs/docs/understanding_cafos_nalboh.pdf
11. Institute of Mechanical Engineers (2013) 'Global food: waste not, want not'. www.imeche.org/docs/default-source/reports/Global_Food_Report.pdf
12. Helen Harwatt et al. (2017) 'Substituting beans for beef as a contribution toward US climate change targets'. *Climatic Change* 143, 161–170. DOI: 10.1007/s10584-017-1969-1
13. J. Poore and T. Nemecek (2018) 'Reducing food's environmental impacts through producers and consumers'. *Science* 630(6392), 987–992. DOI: 10.1126/science.aaq0216
14. 南インドの食事から始めるのがちょうどいい［訳注：南インドには菜食主義者が多い］.
15. H. K. Gibbs et al. (2010) 'Tropical forests were the primary sources of new agricultural land in the 1980s and 1990s'. *PNAS* 107(38), 16732–16737. DOI: 10.1073/pnas.0910275107
16. David R. Montgomery (2017) *Growing a Revolution: Bringing Our Soil Back to Life*. New York: W. W. Norton. 邦訳：デイビッド・モントゴメリー著，片岡夏実訳『土・牛・微生物――文明の衰退を食い止める土の話』築地書館 (2018)
17. Caitlin Hicks Pries et al. (2017) 'The whole-soil carbon flux in response to warming'. *Science* 335(6332), 1420–1423. DOI: 10.1126/science.aal1319
18. Robert J. Diaz and Rutger Rosenberg (2008) 'Spreading dead zones and consequences for marine ecosystems'. *Science* 321(5891), 926–929.
19. David Tilman et al. (2011) 'Global food demand and the sustainable intensification of agriculture'. *PNAS* 108(50), 20260–20264. DOI: 10.1073/pnas.1116437108
20. Charles Godfray et al. (2010) 'Food security: the challenge of feeding 9 billion people'. *Science* 327(5967), 812–818. DOI: 10.1126/science.1185383
21. C. Nellemann et al. (eds) (2009) *The Environmental Food Crisis: The*

Environment's Role in Averting Future Food Crises. Nairobi, Kenya: United Nations Environmental Programme (UNEP).

22. FAO UN (1997) *Estimated post-harvest losses of rice in Southeast Asia.* www.fao.org/english/news-room/factfile/IMG/FF9712-e.pdf
23. 'Liquid air technologies – a guide to the potential'. http://dearman.co.uk/wp-content/uploads/2016/05/Liquid-air-technologies.pdf
24. David Tilman et al. (2019) 'Saving biodiversity in the era of human-dominated ecosystems'. In Thomas Lovejoy and Lee Hannah (eds), *Biodiversity and Climate Change.* New Haven, CN: Yale University Press.
25. Tim Cashion et al. (2017) 'Most fish destined for fishmeal production are food-grade fish'. *Fish and Fisheries* 18(5), 837–844. DOI: 10.1111/faf.12209
26. Sergiy Smetana et al. (2019) 'Sustainable use of *Hermetia illucens* insect biomass for feed and food: attributional and consequential life cycle assessment'. *Resources, Conservation and Recycling* 144, 285–296. DOI: 10.1016/j.resconrec.2019.01.042
27. Adeline Mertenat et al. (2018) 'Black Soldier Fly biowaste treatment – assessment of global warming potential'. *Waste Management* 84, 173–181. DOI: 10.1016/j.wasman.2018.11.040
28. Barry M. Popkin et al. (2012) 'Global nutrition transition and the pandemic of obesity in developing countries'. *Nutrition Reviews* 70(1), 3–21. DOI: 10.1111/j.1753-4887.2011.00456.x
29. Stefan Pasiakos et al. (2015) 'Sources and amounts of animal, dairy, and plant protein intake of US adults in 2007–2010'. *Nutrients* 7(8), 7058–7069. DOI: 10.3390/nu7085322
30. Janet Ranganathan (2016) 'People are eating more protein than they need – especially in wealthy regions'. *World Resources Institute.* www.wri.org/resources/charts-graphs/people-eating-more-protein-wealthy-regions
31. Marco Springmann et al. (2016) 'Analysis and valuation of the health and climate change cobenefits of dietary change'. *PNAS* 113(15), 4146–4151. DOI: 10.1073/pnas.1523119113
32. Marco Springmann et al. (2018) 'Health and nutritional aspects of sustainable diet strategies and their association with environmental impacts: a global modelling analysis with country-level detail'. *Lancet Articles* 2(10), E451–E461. DOI: 10.1016/S2542-5196(18)30206-7
33. Robert Kinley et al. (2016) 'The red macroalgae *Asparagopsis taxiformis* is a potent natural antimethanogenic that reduces methane production during *in vitro* fermentation with rumen fluid'. *Animal Production Science* 56(3), 282–289. DOI: 10.1071/AN15576
34. Xixi Li et al. (2016) '*Asparagopsis taxiformis* decreases enteric methane

production from sheep'. *Animal Production Science* 58(4), 681–688. DOI: 10.1071/AN15883
35. FAIRR: www.fairr.org
36. BBC News (2019) 'University of Cambridge: removing meat "cut carbon emissions"'. www.bbc.co.uk/news/uk-england-cambridgeshire-49637723
37. Project Drawdown (2020) 'Nutrient management'. www.drawdown.org/solutions/nutrient-management
38. S. Sela et al. (2016) 'Adapt-N outperforms grower-selected nitrogen rates in northeast and midwestern United States strip trials'. *Agronomy Journal* 108(4), 1726–1734. DOI: 10.2134/agronj2015.0606
39. Jules Pretty et al. (2018) 'Global assessment of agricultural system redesign for sustainable intensification'. *Nature Sustainability* 1, 441–446. DOI: 10.1038/s41893-018-0114-0
40. Zhenling Cui et al. (2018) 'Pursuing sustainable productivity with millions of smallholder farmers'. *Nature* 555, 363–366. DOI: 10.1038/nature25785
41. Rattan Lal (2018) 'Digging deeper: a holistic perspective of factors affecting soil organic carbon sequestration in agroecosystems'. *Global Change Biology* 24(8), 3285–3301. DOI: 10.1111/gcb.14054
42. C. P. Reij and E. M. A. Smaling (2008) *Land Use Policy* 25(3), 410–420 および Gyde Lund and Harvey Kroze (2008) *Africa: Atlas of Our Changing Environment*. Nairobi, Kenya: United Nations Environment Programme.
43. UN FAO (2016) 'Climate change and food security: risks and responses'. www.fao.org/3/a-i5188e.pdf
44. Chunwu Zhu et al. (2018) 'Carbon dioxide (CO_2) levels this century will alter the protein, micronutrients, and vitamin content of rice grains with potential health consequences for the poorest rice-dependent countries'. *Science Advances* 4(5). DOI: 10.1126/sciadv.aaq1012
45. Richard S. Cottrell et al. (2019) 'Food production shocks across land and sea'. *Nature Sustainability* 2, 130–137. DOI: s-41893-018-0210-1
46. FAO UN (2018) *The State of World Fisheries and Aquaculture 2018: Meeting the Sustainable Development Goals*. Rome: Food and Agriculture Organization.
47. Rob Bailey and Laura Wellesley (2017) 'Chatham House report: chokepoints and vulnerabilities in global food trade'. http://admin.indiaenvironmentportal.org.in/files/file/chokepoints-vulnerabilities-global-food-trade-bailey-wellesley.pdf
48. Delphine Renard and David Tilman (2019) 'National food production stabilized by crop diversity'. *Nature* 571, 257–260. DOI: 10.1038/s41586-019-1316-y
49. Elizabeth Dunn (2018) 'Scientists want to replace pesticides with bacteria'. *Bloomberg Businessweek*. www.bloomberg.com/news/articles/2018-04-16/indigo-s-scientists-are-replacing-pesticides-with-bacteria

50. Robert Black et al. (2008) 'Maternal and child undernutrition: global and regional exposures and health consequences'. *Lancet* 371(9608), 243–260. DOI: 10.1016/S0140-6736(07)61690-0
51. C4 Rice Project (2018) 'Goals of the C4 Rice Project'. c4rice.com/the-project-2/project-goals

第９章　新しい実在を発見する

1. M. Markevitch et al. (2004) 'Direct constraints on the dark matter self-interaction cross-section from the merging galaxy cluster 1E0657-56'. *Astrophysics Journal* 606(2), 819–824. DOI: 10.1086/38317
2. Arthur Loureiro et al. (2019) 'Upper bound of neutrino masses from combined cosmological observations and particle physics experiments. *Physical Review Letters* 123(8). DOI: 10.1103/PhysRevLett.123.081301
3. Brent Follin et al. (2015) 'First detection of the acoustic oscillation phase shift expected from the cosmic neutrino background'. *Physical Review Letters* 115(9). DOI: 10.1103/PhysRevLett.115.091301

第10章　第二の創世記

1. C. Karimkhani et al. (2017) 'The global burden of melanoma: results from the Global Burden of Disease Study 2015'. *British Journal of Dermatology* 177(1), 134–140. DOI: 10.1111/bjd.15510
2. Andre Esteva et al. (2017) 'Dermatologist-level classification of skin cancer with deep neural networks'. *Nature* 542(7639), 115–118. DOI: 10.1038/nature21056
3. Huiying Liang et al. (2019) 'Evaluation and accurate diagnoses of pediatric diseases using artificial intelligence'. *Nature Medicine* 25, 433–438. DOI: 10.1038/s41591-018-0335-9
4. Hannah Devlin (2020) 'AI systems claiming to read emotions pose discrimination risks'. www.theguardian.com/technology/2020/feb/16/ai-systems-claiming-to-read-emotions-pose-discrimination-risks
5. Yilun Wang and Michal Kosinski (2017) 'Deep neural networks are more accurate than humans at detecting sexual orientation from facial images'. *Journal of Personality and Social Psychology* 114(2), 246–257. DOI: 10.17605/OSF.IO/ZN79K
6. 次を参照. DeepMind: https://deepmind.com/blog/safety-first-ai-autonomous-data-centre-cooling-and-industrial-control/
7. Hal Hodson (2016) 'Revealed: Google AI has access to huge haul of NHS patient data'. www.newscientist.com/article/2086454-revealed-google-ai-has-access-to-huge-haul-of-nhs-patient-data/
8. Frank Arute et al. (2019) 'Quantum supremacy using a programmable

superconducting processor'. *Nature* 574, 505–510. DOI: 10.1038/s41586-019-1666-5
9. Kerstin Beer et al. (2020) 'Training deep quantum neural networks'. *Nature Communications* 11(808). DOI: 10.1038/s41467-020-14454-2
10. David Chalmers (1995) 'Facing up to the problem of consciousness'. *Journal of Consciousness Studies* 2(3), 200–219.
11. Jonathan Stokes et al. (2020) 'A deep learning approach to antibiotic discovery'. *Cell* 180(4), 688–702. DOI: 10.1016/j.cell.2020.01.021
12. Alex Graves et al. (2016) 'Hybrid computing using a neural network with dynamic external memory'. *Nature* 538, 471–476. DOI: 10.1038/s41562-016-0032
13. 次で引用されている．'Creating human-level AI: how and when?' Video lecture by Ray Kurzweil, Future of Life Institute. 9 February 2017. www.youtube.com/watch?v=oPyCHwPS04E
14. Daniel G. Gibson et al. (2010) 'Creation of a bacterial cell controlled by a chemically synthesized genome'. *Science* 329(5987), 52–56. DOI: 10.1126/science.1190719
15. Charles M. Denby et al. (2018) 'Industrial brewing yeast engineered for the production of primary flavor determinants in hopped beer'. *Nature Communications* 9(965). www.nature.com/articles/s41467-018-03293-x#Abs1
16. Xiaozhou Luo et al. (2019) 'Complete biosynthesis of cannabinoids and their unnatural analogues in yeast'. *Nature* 567(7746). DOI: 10.1038/s41586-019-0978-9

おわりに　100兆円の使い方

1. Aaron Boley and Michael Byers (2020) 'US policy puts the safe development of space at risk'. *Science* 370(6513), 174–175. DOI: 10.1126/science.abd3402
2. Kate Abnett and Matthew Green (2020) 'EU makes world's biggest "green recovery" pledge – but will it hit the mark?' *Reuters*. https://in.reuters.com/article/us-eu-summit-climate-change/eu-makes-worlds-biggest-green-recovery-pledge-but-will-it-hit-the-mark-idINKCN24N231
3. UN News (2019) 'General Assembly approves $3 billion UN budget for 2020'. https://news.un.org/en/story/2019/12/1054431#:~:-text=The%20UN%20General%20Assembly%20on,to%20cover%20the%20year%202020%20
4. 次より．Jason Hickel (2020), *Less is More: How Degrowth Will Save the World*. London: William Heinemann. 邦訳：ジェイソン・ヒッケル著，野中香方子訳『資本主義の次に来る世界』東洋経済新報社（2023）
5. Stefan Bringezu (2015) 'Possible target corridor for sustainable use of global material resources'. *Resources* 4(1), 25–54.
6. Arundhati Roy (2020) 'The pandemic is a portal'. *Financial Times*, 3 April. www.ft.com/content/10d8f5e8-74eb-11ea-95fe-fcd274e920cant20

【訳者紹介】

滝本　安里（たきもと　あんり）

東京理科大学大学院修了。専攻は応用生物科学。外資系化学メーカーの研究職を経て翻訳家になる。映像翻訳も手掛ける。訳書に『バクテリアブック』、『おなかの花園』（いずれも化学同人）がある。

100 兆円で何ができる？　地球を救う 10 の思考実験

2023 年 7 月 31 日　第 1 刷　発行

訳　者　滝本　安里
発行者　曽根　良介
発行所　（株）化学同人

検印廃止

〒600-8074　京都市下京区仏光寺通柳馬場西入ル
編集部　Tel 075-352-3711　Fax 075-352-0371
営業部　Tel 075-352-3373　Fax 075-351-8301
振替　01010-7-5702
e-mail　webmaster@kagakudojin.co.jp
URL　https://www.kagakudojin.co.jp
印刷・製本　創栄図書印刷（株）

ISBN 978-4-7598-2095-9　無断転載・複製を禁ず

本書のご感想をお寄せください